视觉测量技术基础
（第2版）

白福忠　王建新　高晓娟　编著

电子工业出版社
Publishing House of Electronics Industry
北京·BEIJING

内 容 简 介

本书从计算机视觉、光学成像基础、人眼视觉的基本概念出发，全面系统地阐述视觉测量的硬件系统、基础理论、关键技术、实用算法以及应用案例。全书共 10 章，第 1～3 章介绍视觉测量相关概念、光学基础与人眼视觉、视觉测量硬件系统，内容涉及光学、光电子学等学科知识，由此铺垫视觉测量所需基础理论；第 4～5 章介绍数字图像基础、图像变换，由此了解数字图像的属性、特性、代数运算以及图像处理中的数学基础；第 6～8 章介绍图像增强与复原、图像分割、图像特征分析，主要涉及视觉测量中基本的和常用的数字图像处理技术；第 9～10 章介绍摄像机标定、双目立体视觉测量，为二维和三维视觉测量奠定相关理论与技术基础。

本书既涵盖视觉测量的入门级知识，又包含从事视觉测量工程实践的实用技术，读者即使不具备相关知识背景也可以自成体系地进行学习。本书可作为普通高等院校测控技术与仪器、光电信息工程、机械电子工程、机器人工程、智能制造工程、自动化等专业本科生的教学用书，也可供从事相关专业的科研技术人员学习参考。

图书在版编目（CIP）数据

视觉测量技术基础 / 白福忠等编著. -- 2 版.

北京 ： 电子工业出版社，2025. 3. -- ISBN 978-7-121-50030-5

Ⅰ. TP391.41

中国国家版本馆 CIP 数据核字第 20250FD872 号

责任编辑：马文哲　　　　　文字编辑：郭穗娟

印　　刷：山东华立印务有限公司印刷

装　　订：山东华立印务有限公司印刷

出版发行：电子工业出版社

　　　　　北京市海淀区万寿路 173 信箱　　　　　邮编：100036

开　　本：787×1092　1/16　　　　印张：16.75　　　字数：428.8 千字

版　　次：2013 年 8 月第 1 版

　　　　　2025 年 3 月第 2 版

印　　次：2025 年 3 月第 1 次印刷

定　　价：79.80 元

凡所购买电子工业出版社图书有缺损问题，请向购买书店调换。若书店售缺，请与本社发行部联系，联系及邮购电话：(010) 88254888，88258888。

质量投诉请发邮件至 zlts@phei.com.cn，盗版侵权举报请发邮件至 dbqq@phei.com.cn。

本书咨询联系方式：(010) 88254502，guosj@phei.com.cn。

前 言

本书是在第 1 版的基础上融合编著者所在的研究组近十余年在视觉测量领域取得的教学经验和科研成果编著而成的，其指导思想仍然坚持力求体现知识的基础性、层次性、系统性、先进性与实用性，注重理论与工程实践的结合，努力面向工程应用并反映当前视觉测量技术的发展。本书在第 1 版的基础上优化了视觉测量的理论知识体系，全书共 10 章，可划分为四部分内容：视觉基础（第 1～3 章）、图像基础（第 4～5 章）、图像处理（第 6～8 章），二维和三维视觉测量（第 9～10 章）。

本书主要修订内容如下：删减第 1 版第 1 章中的计算机视觉相关内容，增加图像处理技术发展内容。在融合第 1 版第 2 章人眼视觉和第 3 章中的光度量和色度学内容的基础上重新编写了第 2 章，并增加了光学成像基本原理。在融合第 1 版第 3 章光源照明系统和第 4 章内容的基础上重新编写了第 3 章，并删减了光源照明系统与电荷耦合器件（CCD）的部分理论知识，增加了 3.6 节"成像系统常用参数术语"，对 3.7 节中的成像系统分辨率做了较大的补充描述。在对第 1 版第 4~5 章各节进行优化和补充的基础上，编写了第 5 章，其中 5.1 节、5.3 节和 5.5 节为新增加的内容。在第 6 章中，增加 6.4.3 节"边缘保持滤波算法"和 6.8 节"图像复原"。删除第 1 版第 7 章中的阈值分割相关内容，增加 7.4 节"区域分割"和 7.6 节"运动目标分割"，并对 7.5 节"数学形态学处理"做了较大篇幅的补充。在第 8 章中，增加 8.2.5 节"Gabor 变换法"。优化第 1 版第 9 章各节次序、示意图和部分文字描述，增加 9.8 节"摄像机标定和二维视觉测量实验"。根据双目立体视觉测量原理、模型、主要技术、实现流程这一主线，对第 1 版第 10 章做了较大补充，删除其中的线结构三维测量相关内容。此外，对各章的思考与练习进行补充，补充了重要图像处理技术的 MATLAB 代码或应用案例。本书算法举例、MATLAB 代码、应用案例主要取自工程实践案例和科研成果素材。

在编写本书过程中，编著者借鉴了国内外相关优秀教材、学术期刊刊载的最新研究成果及学术同行的学位论文。在此，对相关文献资料的作者或机构表示衷心感谢!特别致谢国家自然科学基金（项目编号：51765054、62165011）、内蒙古自治区科技计划项目（项目编号：2021GG0263）提供支持。

本书由内蒙古工业大学白福忠教授统稿并定稿，参加编写的人员有西南科技大学王建新（编写第 6 章）、内蒙古工业大学高晓娟（编写第 4 章、第 7 章的 7.5 节、第 8 章的 8.1 节和 8.3 节），其余章节由白福忠编写。感谢梅秀庄副教授在素材搜集方面提供的帮助，感谢刘月硕士对书稿进行文字和格式校对的辛勤付出，同时感谢电子工业出版社郭穗娟编辑的热情帮助及辛勤的编辑工作。

视觉测量涉及知识广泛、技术内容丰富，限于编著者水平，书中难免存在不足之处，敬请广大读者批评指正，以便再版时改进。编著者联系邮箱：fzbaiim@163.com。需要本书彩色插图的读者请登录华信教育资源网下载。

编著者
2025 年 2 月

目　　录

第1章　绪论 ……………………………………………………………………………… 1

1.1　计算机视觉 ………………………………………………………………………… 2

1.1.1　计算机视觉的概念 ………………………………………………………… 2

1.1.2　计算机视觉的发展 ………………………………………………………… 2

1.1.3　计算机视觉的应用 ………………………………………………………… 3

1.1.4　计算机视觉研究面临的问题 ……………………………………………… 4

1.2　相关学科介绍 ……………………………………………………………………… 5

1.2.1　图像处理 …………………………………………………………………… 5

1.2.2　计算机图形学 ……………………………………………………………… 6

1.2.3　模式识别 …………………………………………………………………… 6

1.2.4　人工智能 …………………………………………………………………… 6

1.2.5　人工神经网络 ……………………………………………………………… 7

1.3　视觉测量技术 ……………………………………………………………………… 7

1.3.1　视觉测量技术分类 ………………………………………………………… 7

1.3.2　视觉测量系统的组成 ……………………………………………………… 7

1.3.3　视觉测量的流程 …………………………………………………………… 8

1.4　视觉测量技术特点及应用 ………………………………………………………… 9

思考与练习 ………………………………………………………………………………… 11

第2章　光学基础与人眼视觉 …………………………………………………………… 12

2.1　电磁波谱 …………………………………………………………………………… 12

2.2　辐射度量与光度量 ………………………………………………………………… 14

2.2.1　辐射度量 …………………………………………………………………… 14

2.2.2　光度量 ……………………………………………………………………… 16

2.2.3　辐射度量与光度量之间的关系 …………………………………………… 16

2.3　色度学基础与颜色模型 …………………………………………………………… 17

2.3.1　色度学的基本概念 ………………………………………………………… 17

2.3.2　三基色原理 ………………………………………………………………… 18

2.3.3　颜色模型 …………………………………………………………………… 19

2.4　光学成像基本原理 ………………………………………………………………… 24

2.5　人眼的生理构造及功能 …………………………………………………………… 25

2.6 人眼的视觉过程 ·· 27

    2.6.1 光学过程 ·· 27

    2.6.2 化学过程 ·· 28

    2.6.3 神经处理过程 ·· 30

2.7 人眼视觉特性 ·· 31

    2.7.1 视觉的空间特性 ·· 31

    2.7.2 视觉的时间特性 ·· 32

    2.7.3 视觉的心理物理学特性 ·································· 35

思考与练习 ··· 39

第 3 章 视觉测量硬件系统 ······································· 40

3.1 光源照明系统 ·· 41

    3.1.1 光源照明系统的设计要求 ································ 41

    3.1.2 光源的基本性能参数 ···································· 41

    3.1.3 照明光源类型及照明方式 ································ 43

3.2 镜头 ··· 45

    3.2.1 镜头的分类 ·· 45

    3.2.2 视场 ·· 46

    3.2.3 光学倍率和数值孔径 ···································· 47

    3.2.4 景深 ·· 48

    3.2.5 曝光量和光圈数 ·· 48

    3.2.6 镜头的光学分辨率 ······································ 49

    3.2.7 镜头的选择 ·· 50

3.3 光电成像器件 ·· 51

    3.3.1 光电成像器件的发展 ···································· 51

    3.3.2 CCD 图像传感器 ·· 52

    3.3.3 CMOS 图像传感器 ······································· 55

3.4 数字化设备 ·· 56

3.5 处理器 ··· 57

3.6 成像系统常用参数术语 ······································ 58

3.7 成像系统分辨率的表示和影响因素 ···························· 61

思考与练习 ··· 64

第 4 章 数字图像基础 ··· 65

4.1 图像的产生 ·· 66

4.2 数字图像 ·· 66

    4.2.1 图像的数字化 ·· 66

    4.2.2 数字图像的表示 ·· 69

    4.2.3 计算机中的图像文件格式 ································ 70

4.3　图像分类 ··· 72
　　4.3.1　二值图像 ··· 73
　　4.3.2　灰度图像 ··· 73
　　4.3.3　RGB 图像 ·· 73
　　4.3.4　索引图像 ··· 74
　　4.3.5　多帧图像 ··· 75
4.4　图像文件的操作 ·· 75
　　4.4.1　图像文件的读取 ··· 75
　　4.4.2　图像文件的保存 ··· 76
　　4.4.3　图像文件的显示 ··· 78
4.5　图像的统计特性 ·· 79
　　4.5.1　灰度直方图 ·· 79
　　4.5.2　联合直方图 ·· 80
　　4.5.3　熵和联合熵 ·· 81
　　4.5.4　其他统计特征 ·· 82
4.6　图像的代数运算 ·· 83
　　4.6.1　图像相加 ··· 83
　　4.6.2　图像相减 ··· 85
　　4.6.3　图像相乘 ··· 86
　　4.6.4　图像相除 ··· 86
思考与练习 ·· 86

第 5 章　图像变换 ··· 88
5.1　图像投影和拉东变换 ··· 89
　　5.1.1　二值图像的投影 ··· 89
　　5.1.2　拉东变换 ··· 90
5.2　傅里叶变换 ··· 91
　　5.2.1　傅里叶级数 ·· 91
　　5.2.2　傅里叶变换的定义 ······································ 93
　　5.2.3　二维离散傅里叶变换的性质 ······················ 96
5.3　极坐标变换 ··· 99
　　5.3.1　极坐标变换原理及应用 ······························ 99
　　5.3.2　傅里叶-极坐标变换 ··································· 101
5.4　霍夫变换 ··· 102
　　5.4.1　霍夫变换用于直线检测 ····························· 103
　　5.4.2　霍夫变换用于圆形轮廓检测 ···················· 105
　　5.4.3　广义霍夫变换 ··· 106
5.5　霍特林变换 ··· 107
思考与练习 ·· 111

第6章 图像增强与复原 ··· 112

6.1 图像质量评价 ·· 112
6.2 灰度变换 ·· 114
6.2.1 线性灰度变换 ·· 114
6.2.2 非线性灰度变换 ······································ 116
6.3 直方图均衡化 ·· 117
6.4 空域平滑 ·· 120
6.4.1 均值滤波 ·· 120
6.4.2 中值滤波 ·· 122
6.4.3 边缘保持滤波算法 ···································· 124
6.5 空域锐化 ·· 125
6.6 频域滤波 ·· 126
6.6.1 频域滤波基础 ·· 126
6.6.2 低通滤波 ·· 128
6.6.3 高通滤波 ·· 130
6.6.4 带阻滤波 ·· 132
6.6.5 同态滤波 ·· 133
6.7 彩色增强 ·· 135
6.7.1 假彩色增强 ·· 136
6.7.2 伪彩色增强 ·· 136
6.7.3 彩色图像增强 ·· 138
6.8 图像复原 ·· 140
6.8.1 图像退化的原因 ······································ 140
6.8.2 图像退化模型 ·· 140
6.8.3 噪声模型 ·· 142
6.8.4 退化函数估计 ·· 143
6.8.5 逆滤波复原 ·· 146
6.8.6 维纳滤波 ·· 146
6.8.7 几何失真图像校正 ···································· 148
思考与练习 ·· 151

第7章 图像分割 ··· 155

7.1 图像分割的概念 ·· 156
7.2 边缘检测 ·· 156
7.2.1 一阶导数算子 ·· 157
7.2.2 二阶导数算子 ·· 161
7.2.3 基于边缘跟踪的边缘检测方法 ························ 163
7.3 阈值分割 ·· 165
7.3.1 双峰法 ·· 165

　　　7.3.2　Otsu 算法 ·· 165

　　　7.3.3　最大熵法 ·· 166

　　　7.3.4　迭代阈值法 ·· 166

　　7.4　区域分割 ·· 167

　　　7.4.1　区域生长法 ·· 167

　　　7.4.2　分水岭分割法 ·· 168

　　7.5　数学形态学处理 ·· 170

　　　7.5.1　基本的数学形态学运算 ·· 170

　　　7.5.2　二值图像的数学形态学处理 ·· 172

　　　7.5.3　灰度图像的数学形态学处理 ·· 177

　　7.6　运动目标分割 ·· 181

　　　7.6.1　背景差值法 ·· 181

　　　7.6.2　帧间差分法 ·· 182

　　　7.6.3　三帧差分法 ·· 183

　　思考与练习 ·· 184

第 8 章　图像特征分析 ·· 186

　　8.1　点特征的描述 ·· 187

　　　8.1.1　Moravec 角点检测算法 ·· 187

　　　8.1.2　SUSAN 角点检测算法 ·· 188

　　　8.1.3　Harris 角点检测算法 ·· 190

　　8.2　纹理特征的描述 ·· 191

　　　8.2.1　灰度差分统计 ·· 192

　　　8.2.2　自相关函数 ·· 192

　　　8.2.3　灰度共生矩阵 ·· 193

　　　8.2.4　傅里叶变换法 ·· 195

　　　8.2.5　Gabor 变换法 ·· 196

　　8.3　形状特征的描述 ·· 199

　　　8.3.1　轮廓表示方法 ·· 200

　　　8.3.2　轮廓特征的描述 ·· 202

　　　8.3.3　区域特征的描述 ·· 204

　　思考与练习 ·· 207

第 9 章　摄像机标定 ·· 209

　　9.1　空间几何变换 ·· 210

　　　9.1.1　简单变换 ·· 210

　　　9.1.2　刚体变换 ·· 211

　　　9.1.3　仿射变换 ·· 212

　　　9.1.4　射影变换 ·· 213

9.1.5 非线性变换 ·· 214
9.2 视觉测量常用坐标系 ·· 214
9.3 摄像机成像模型 ·· 215
9.3.1 中心透视投影模型 ··· 216
9.3.2 摄像机内参模型 ·· 216
9.3.3 镜头畸变模型 ·· 217
9.3.4 摄像机外参模型 ·· 219
9.4 摄像机标定法概述 ·· 220
9.4.1 传统标定法 ·· 220
9.4.2 基于主动视觉的标定法和自标定法 ··················· 221
9.5 线性模型摄像机标定法 ··· 221
9.6 Tsai 两步标定法 ·· 224
9.7 基于平面靶标的非线性模型标定法 ···························· 226
9.8 摄像机标定与二维视觉测量实验 ································ 230
9.8.1 摄像机标定步骤 ·· 230
9.8.2 摄像机标定实验结果 ··· 231
9.8.3 二维视觉测量实验 ··· 231
思考与练习 ·· 234

第 10 章 双目立体视觉测量 ·· 235
10.1 双目立体视觉测量原理 ·· 236
10.2 数学模型与三维重建 ·· 237
10.2.1 汇聚式光轴双目立体视觉测量的数学模型 ········· 237
10.2.2 最小二乘法三维重建 ·· 238
10.3 极线几何与基本矩阵 ·· 239
10.3.1 极线几何关系 ·· 239
10.3.2 极线约束方程与基本矩阵 ································· 240
10.3.3 摄像机的相对运动——本质矩阵 ······················ 242
10.3.4 从图像对应点估计基本矩阵 ····························· 242
10.4 双目立体视觉系统标定 ··· 243
10.5 极线校正 ··· 244
10.6 图像配准与图像匹配 ·· 246
10.6.1 图像配准概述 ·· 247
10.6.2 基于模板（区域）的匹配算法 ·························· 249
10.6.3 基于频域的匹配算法 ·· 251
10.6.4 基于特征的匹配算法 ·· 252
10.7 双目立体视觉测量流程 ··· 253
思考与练习 ·· 256

参考文献 ·· 257

第1章 »»»»»»
绪论

教学要求

通过本章学习，了解计算机视觉、视觉测量相关学科以及视觉测量的基本概念，初步了解视觉测量技术的特点及应用。

引 例

视觉测量技术把图像作为检测和传递信息的手段或载体加以利用，从图像中提取有用信号，通过处理被测物体的图像而获得所需的各种参数。

视觉测量技术以机器视觉为基础，集光电子学、计算机技术、激光技术、图像处理技术等现代科学技术为一体，组成光机电算一体化测量系统，具有非接触、全视场、高精度和自动化的检测特点，可以满足现代测量技术对智能化、数字化、多功能化的发展需要，具备在线检测、动态检测、实时分析、实时控制的能力。目前已广泛应用于工业、农业、交通、军事、安全监管、医学等领域，并得到业界极大的关注。

图 1-1 所示为齿轮参数的视觉测量。在实际工程中，需要测量齿轮的齿距、齿廓偏差、内孔尺寸等参数，进而评价齿轮精度或缺陷。图 1-2 所示为牛顿环干涉条纹图像，需要使用视觉测量技术检测环形条纹中心线的直径。图 1-3 所示为高速摄像机拍摄的炮口标记点图像，通过视觉测量技术测量炮口振动位移、速度和加速度等参数，为火炮类武器研制提供重要参考。类似上述工程案例，如何建立科学有效的视觉测量方案、视觉测量与其他技术学科有何联系、视觉测量包含哪些知识理论与关键技术等，本章以及本书将对这些内容进行阐述。

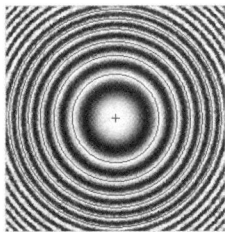

图 1-1　齿轮参数的视觉测量　　图 1-2　牛顿环干涉条纹图像　　图 1-3　高速摄像机拍摄的炮口标记点图像

1.1　计算机视觉

视觉测量技术的理论基础是计算机视觉（Computer Vision），本章介绍计算机视觉的相关知识，并在此基础上对视觉测量技术进行阐述。

1.1.1　计算机视觉的概念

计算机视觉也称机器视觉（Machine Vision），可以实现人眼视觉系统理解外部世界、完成各种测量和判断的功能。计算机视觉是利用计算机对采集的图像或视频进行处理，实现对客观世界三维场景的感知、识别和理解。

计算机视觉不仅能模拟人眼所能完成的动作，更重要的是它能完成人眼所不能胜任的工作。在一些不适合人工作业的危险工作环境或人工视觉难以满足要求的场合，常用计算机视觉来替代人眼视觉，以提高生产的柔性和自动化程度；同时在大批量工业生产过程中，用人眼视觉检查产品质量效率低且精度不高，用计算机视觉检测方法则可以大大提高生产效率。而且计算机视觉易于实现信息集成，是实现计算机集成制造的基础技术。

计算机视觉是一门综合性的学科，它吸引了来自各领域的研究者，其中包括计算机科学和工程、信号处理、物理学、应用数学和统计学、神经生理学和认知科学等学科的研究人员。美国把对计算机视觉的研究列为对经济和科学有广泛影响的科学和工程中的重大基本问题，即所谓的重大挑战。虽然目前还不能够使机器也具有像人类等生物那样高效、灵活和通用的视觉，但计算机视觉在简单视觉应用方面的精确性、可靠性和更为宽广的波谱感受范围等独特优势使其研究和应用进一步扩大。

1.1.2　计算机视觉的发展

计算机视觉技术源于 20 世纪 50 年代，经过几十年的发展，各种研究理论与研究方法层出不穷，研究内容已经从最初的二维图像分析扩展到当前的三维复杂场景理解。

20 世纪 50 年代，计算机视觉的研究开始于统计模式识别。当时的工作主要集中于二维图像的简单分析和识别，如光学字符识别，工件表面、显微图片和航空图片的分析和解释等。

60 年代，Roberts 将环境限制在所谓的"积木世界"，即周围的物体都是由多面体组成的，对需要识别的物体，可以用简单的点、直线、平面的组合表示。通过计算机程序从数字图像中提取出诸如立方体、楔形体、棱柱体等三维结构，并对物体形状及物体的空间关系进行描述。Roberts 的研究工作开创了以理解三维场景为目的的三维计算机视觉研究。

70 年代中期，麻省理工学院人工智能实验室正式开设"计算机视觉"课程。同时，该实验室吸引了国际上许多知名学者参与计算机视觉的理论、算法、系统设计的研究。英国的 Marr 教授就是其中的一位，他于 1973 年应邀在 MIT AI 实验室创建并领导一个以博士生为主体的研究小组，从事视觉理论方面的研究。1977 年，Marr 提出了不同于"积木世界"分析方法的计算视觉理论——Marr 视觉理论，该理论在 80 年代成为计算机视觉研究领域的一个十分重要的理论框架。

80 年代中期，计算机视觉获得蓬勃发展，新概念、新方法和新理论不断涌现。例如，基于感知特征群的物体识别理论框架、主动视觉理论框架、视觉集成理论框架等。

90 年代中期，计算机视觉技术进入一个深入发展、广泛应用时期，它的功能以及应用范围随着工业自动化的发展逐渐完善和推广。

目前图像传感器、嵌入式技术、图像处理和模式识别等技术的快速发展，大大地推动了计算机视觉的发展。

1.1.3 计算机视觉的应用

从医学图像到遥感图像、从工业检测到文件处理、从纳米技术到多媒体技术，都离不开计算机视觉技术的应用。可以说，需要人眼视觉的场合几乎都需要计算机视觉。应该指出的是，在许多人眼视觉无法感知的场合，如精确定量感知、危险场景感知、不可见物体感知等，更能凸显计算机视觉的优越性。下面分别按照工作任务、应用目的和应用行业对计算机视觉的应用进行介绍。

计算机视觉的部分应用示例如图 1-4 所示。按照工作任务的不同，可将计算机视觉的应用分为目标识别、目标定位、表面检测、尺寸测量等；按照应用目的不同，可将计算机视觉的应用归纳为以下 6 个方面。

(a) 工业机器人　(b) 指示表读数识别　(c) 绝缘子缺陷检测　(d) 虚拟现实
(e) 交通监控　(f) 车牌字符识别　(g) 交通标志识别　(h) 车道线识别
(i) 高光谱图像分类　(j) 红外体温检测　(k) 指纹局部脊线方向　(l) 手语识别　(m) 体态识别

图 1-4　计算机视觉的部分应用示例

（1）工业自动化。这个方面的应用例子包括产品检测、质量控制、工业探伤、自动焊接，以及各种危险场合工作的机器人等。将图像和视觉技术用于生产自动化，可提高生产效率、保证产品质量，避免因人眼疲劳而带来的误判。

（2）检验和监视。这个方面的应用例子包括成品检验、显微医学操作、在纺织/印染业进行自动分色、配色，以及工况监视与自动跟踪报警等。

（3）视觉导航。这个方面的应用例子包括巡航导弹制导、无人机、自动行驶车辆、移动机器人、自动巡航目标检测与跟踪等。

（4）图像自动解释。这个方面的应用例子包括对放射图像、显微图像、医学图像、遥感多波段图像、合成孔径雷达图像、航天航测图像等进行自动判读理解等。

（5）人机交互。这个方面的应用例子包括人脸、指纹以及虹膜等生物信息的识别，用于构成智能人机接口，鉴别用户身份，识别用户的体势及表情测定，既符合人类的交互习惯，也可增加交互方便性和临场体验感等。

（6）虚拟现实。这个方面的应用例子包括飞机驾驶员训练、医学手术模拟、战场环境表示等，它可帮助人们超越人的生理极限，"身临其境"，提高工作效率。

计算机视觉涉及的应用行业众多，它在制造业、电子、航天、遥感、印刷、纺织、包装、医疗、制药、食品、智能交通、金融、体育、公共安全等领域有着广泛应用。

1.1.4　计算机视觉研究面临的问题

人们围绕计算机视觉的主要研究内容（输入设备、低层视觉、中层视觉、高层视觉和体系结构）进行了卓有成效的研究，研究出大量的技术和算法，并且在各个领域得到广泛的应用。不过，要建立一个可与人眼视觉系统相比拟的通用视觉系统是非常困难的，主要原因体现在以下4个方面。

1）图像的多义性

三维场景被投影为二维图像时丢失了深度信息和不可见部分的信息，因而会出现不同形状的三维物体投影在图像平面上产生相同图像的问题。另外，在不同角度获取同一物体的图像会有很大的差异（见图1-5）。因此，需要附加约束才能解决从图形恢复景物时的多义性。

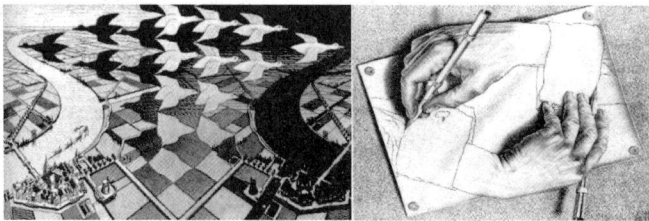

图1-5　图像的多义性

2）环境因素影响

场景中的诸多因素，包括背景光照、光源角度、物体形状、摄像机，以及空间关系变化、空气条件、表面颜色当其中的一个因素发生变化时，都会对图像产生影响，并且，这

些因素都归结到单一的测量结果，即图像灰度。要确定各种因素对图像灰度的作用和大小是很困难的。

3）理解自然景物需要大量知识

理解自然景物需要大量的知识。例如，要用到阴影、纹理、立体视觉、物体大小的知识；关于物体的专门知识或通用知识，可能还有关于物体间关系的知识等。由于所需的知识量大，因此难以简单地用人工进行输入。

4）数据量大

灰度图像、彩色图像、深度图像的信息量巨大，巨大的数据量需要很大的存储空间，同时不易实现快速处理。例如，512 像素×512 像素的灰度图像的数据量为 256KB，相同分辨率的彩色图像的数据量是 768KB。若处理的信息是视频信号或图像序列，则数据量更大。这期待着高速的阵列处理单元及算法（如神经网络、分维算法等）的新突破，用极少的计算量和高度并行性实现大数据的处理。

为了解决计算机视觉所面临的问题，研究人员不断寻求新的途径和手段，如主动视觉、面向任务的视觉、基于知识/模型的视觉、多传感融合和集成视觉等方法。计算机视觉系统的最大特征是，在视觉的各个阶段，计算机视觉系统尽可能地进行自动运算。为此，计算机视觉系统需要使用各种知识，包括特征模型、成像过程、物体模型和物体间的关系。若计算机视觉系统不使用这些知识，则其应用的范围及其功能将十分有限。因此，计算机视觉系统应该使用那些可以被明确表示的知识，使其具有更高的适应性和稳健性。合理地使用知识不仅可以有效地提高计算机视觉系统的适应性和稳健性，而且可以求解计算机视觉中较难的问题。

人眼视觉系统具有高分辨率的特点，并且具有立体观察、优越的识别能力和灵活的推理能力。因此，赋予机器以人眼视觉功能一直是人们不懈追求的目标。

1.2　相关学科介绍

计算机视觉与许多学科都有着千丝万缕的联系，特别与一些相关和相近的学科相互交融交叉。下面介绍 5 个与计算机视觉最接近的学科。

1.2.1　图像处理

图像处理（Image Processing）通常是指把一幅图像转换成另一幅图像。也就是说，图像处理系统的输入量是图像，输出量仍然是图像，常用的图像处理方法有图像增强、复原、编码、压缩等。早期的图像处理是为了改善图像的质量，它以人为对象，以改善人眼视觉效果为目的。

初期图像处理被应用于报纸行业中。在 20 世纪 60 年代，历史上第一台能够处理图像的计算机被研发出来，标志着计算机图形处理技术进入到快速发展阶段，图像处理作为一门学科大致形成于该时期。图像处理首次获得实际成功应用的是美国喷气推进实验室，对航天探测器"徘徊者 7 号"在 1964 年发回的几千张月球照片中使用了图像处理技术，如几何校正、灰度变换、去噪等处理，并考虑了太阳位置和月球环境的影响，由计算机成功地绘制出月球表面地图。

图像处理还被用于医学诊断。1972 年，英国 EMI 公司的 Housfield 与 Cormack 发明了用于头颅诊断的 X 射线计算机断层摄影装置，也就是通常所说的 CT（Computer Tomography）。CT 的基本原理是根据患者头部截面的投影图像重建截面图像，称为图像重建。1975 年，EMI 公司又研制出全身用的 CT 装置。1979 年，CT 这项无损诊断技术获得了诺贝尔医学生理学奖。

此后图像处理技术在许多应用领域受到重视，包括航空航天、生物医学工程、工业检测、机器人视觉、公安司法、军事、文化艺术等。从 20 世纪 70 年代中期开始，随着计算机技术和人工智能等学科的迅速发展，图像处理向更高、更深层次发展。人们已开始研究如何用计算机视觉系统解释图像，实现类似人眼视觉系统理解外部世界，这也被称为图像理解。

1.2.2　计算机图形学

计算机图形学（Computer Graphics）研究如何由给定的描述生成图像。通常将计算机图形学称为计算机视觉的逆问题，因为计算机视觉从二维图像提取三维信息，而计算机图形学使用三维模型生成二维图像，所以计算机图形学属于图像综合，计算机视觉属于图像分析。计算机视觉使用计算机图形学中的曲线/曲面表示方法及其他技术，计算机图形学也使用计算机视觉技术，以便在计算机中建立逼真的图像模型，可视化和虚拟现实把这两个学科紧密地联系在一起。

1.2.3　模式识别

模式识别（Pattern Recognition）主要用于识别各种符号、图画等平面图形。这里的模式是指某类事物区别于其他事物所具有的共同特征。模式识别主要有统计方法和句法方法两种。统计方法是指从模式中抽取一组特征值，并以划分特征空间的方法识别每个模式。句法方法是指利用一组简单的子模式（模式基元）通过预定义的语法规则描述模式的结构关系。模式识别是计算机视觉识别物体的重要基础之一。

1.2.4　人工智能

人工智能（Artificial Intelligence）涉及智能系统的设计和智能计算的研究。经过图像处理和图像特征提取后，要用人工智能对场景特征进行表示，并分析和理解场景。人工智能有三个过程，即感知、认知和行动。"感知"是指把反映现实世界的信息转换成信号，并表示成符号；认知是指对符号进行各种操作；"行动"是指把符号转换成影响周围环境的信号。人工智能的有关技术在计算机视觉的各个方面起着重要作用。事实上，计算机视觉通常被视为人工智能的一个分支。

1.2.5　人工神经网络

人工神经网络（Artificial Neural Networks）是一种信息处理系统，它通过大量简单且具有连接强度的处理单元（称为神经元），实现并行分布式处理。人工神经网络的最大特点是可以通过改变连接强度调整系统，使之适应复杂的环境，实现类似人类的自主学习、归纳和分类等功能。人工神经网络已经在许多工程技术领域得到了广泛的应用，它作为一种方法和机制被用于解决计算机视觉中的许多问题。

除了以上相近学科，从更广泛的领域看，计算机视觉要借助工程方法解决一些生物的问题，完成生物固有的功能，所以它与生物学、生理学、心理学、认知科学等学科也有着互相学习、互为依赖的关系。计算机视觉属于工程应用科学，与工业自动化、人机交互、办公自动化、视觉导航、机器人、安全监控、生物医学、遥感测绘、智能交通和军事等学科也密不可分。一方面，计算机视觉的研究充分利用了这些学科的成果；另一方面，计算机视觉的应用也极大地推动了这些学科的深入研究和发展。

1.3　视 觉 测 量 技 术

视觉测量属于计算机视觉范畴，它是计算机视觉的具体应用领域之一。视觉测量技术是将计算机视觉引入工业检测领域以实现对物体几何尺寸、位置或形貌的精确测量的技术，也是精密测试领域最具有发展潜力的一门新技术。视觉测量技术是以现代光学为基础，集计算机技术、激光技术、图像处理与分析技术等现代科学技术为一体的光机电算一体化的综合测量系统。

1.3.1　视觉测量技术分类

视觉测量技术的分类方法有很多，常用的分类方法有以下 5 种。

（1）根据测量对象的大小，可分为近景测量和显微测量。其中，近景测量对象的尺寸是几十厘米到几十米，而显微测量多指对毫米数量级及更小尺寸的对象利用显微镜进行测量。

（2）根据测量过程中系统是否移动，可分为固定式测量和移动式测量。

（3）根据测量过程的照明方式，可分为主动式测量和被动式测量。

（4）根据所处理图像中的景物是否运动，可分为静态图像视觉测量和动态图像视觉测量。

（5）根据测量系统所使用摄像机的数量，可分为单目视觉测量、双目立体视觉测量和多目视觉测量。

1.3.2　视觉测量系统的组成

典型视觉测量系统的结构和组成示意如图 1-6 所示，其基本工作流程如下：利用光源对场景进行照明，光学成像系统通过光学镜头将被测目标成像在图像传感器的光敏面上；图像传感器的光敏单元将被测目标图像转换为数字图像信号，该信号通过图像采集卡传输到计算机系统；专用的图像处理系统对获取的数字图像进行各种转换和操作，结合 CCD 摄像机标定结果对数字图像中感兴趣的目标进行检测、识别和测量；视觉反馈控制系统（应用反馈）将分析结果反馈到场景中，实现照明场景的参数控制，如目标位姿调整、CCD 摄像机参数调节等，或者通过控制器单元为执行结构单元发送指令，以满足测量需求。

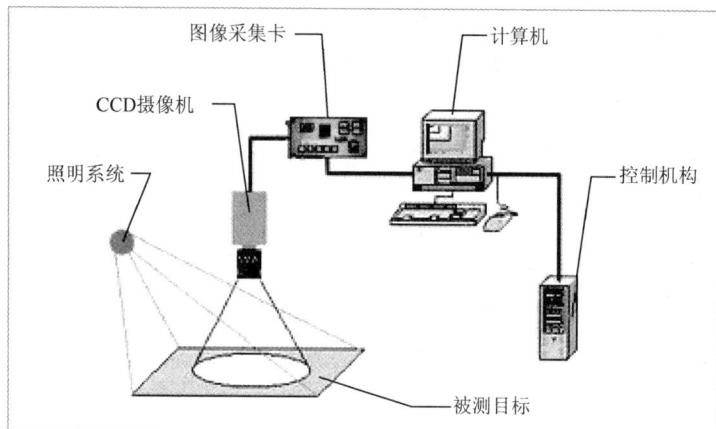

（a）结构示意

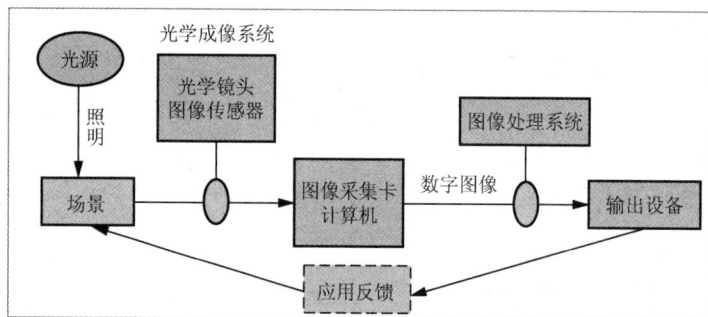

（b）组成示意

图 1-6　视觉测量系统的结构和组成示意

设计视觉测量系统时应遵循以下原则：

（1）保证充分的视场。

（2）有足够的图像分辨率。

（3）有清晰的图像对比度。

（4）尽量缩短图像获取时间。

（5）使视觉测量系统工作稳定、能够抗干扰且成本低。此外，还要综合考虑视场范围、分辨率的大小以及景深长短等因素。

1.3.3　视觉测量的流程

视觉测量的流程如图 1-7 所示，具体内容：

（1）完成成像系统的设计，进行图像采集并输入计算机系统。

（2）根据测量任务完成摄像机标定，包括摄像机内外参数的标定和双摄像机系统结构

参数的标定。

（3）对采集的图像进行预处理，如灰度校正（图像增强、对比度变换）、几何畸变校正，图像滤噪，以提高图像对比度，便于特征提取。另外，根据需要进行图像复原、编码等操作。

（4）预处理后，图像质量得到改善，然后进行图像分割，即目标检测。

（5）在目标图像分割的基础上，完成图像特征的提取。

（6）根据图像的属性和结构描述，对测量结果进行分析判断。根据需要，在摄像机标定和二维图像测量结果的基础上，完成二维/三维测量或空间几何参数的测量。

（7）结果显示。

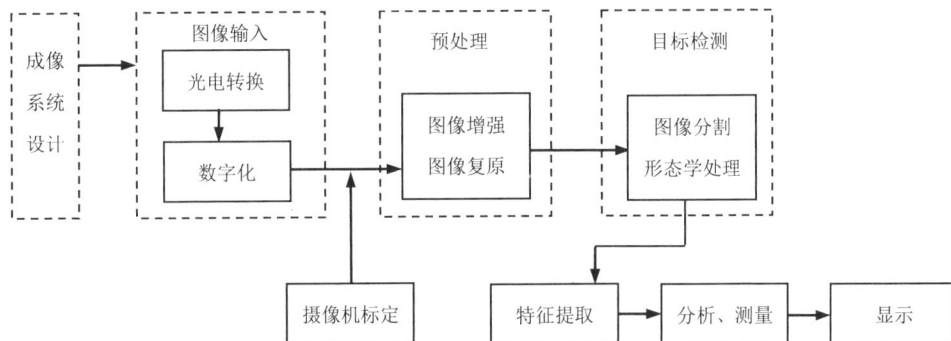

图 1-7　视觉测量的流程

1.4　视觉测量技术特点及应用

1. 视觉测量技术的特点

与传统的测量方法相比，视觉测量技术包含以下 5 个方面特点。

（1）应用非常广泛，信息量大，多数情况下只针对物体表面信息进行测量。

（2）非接触式测量。对测量人员与被测物体都不会产生任何损伤，从而提高系统的可靠性。

（3）具有较宽的光谱响应范围。例如，使用人眼看不见的红外线测量，扩展了人眼的视觉范围。

（4）能够长时间稳定地执行测量、分析和识别任务。

（5）利用计算机视觉解决方案，可以节省大量劳动力资源。

在视觉测量系统研发中，对图像处理和测量参数的计算，需要进行方法研究、系统建立、算法设计与编程。多数情况下视觉测量系统的构成比较简单，无须专门设计主要硬件设备。

2. 视觉测量技术的应用

视觉测量技术的应用涉及工业、农业、医学、军事和科学研究等领域，按应用分类，可分为产品测量、逆向工程、质量检验、机器人导航。视觉测量技术应用示例如图 1-8 所示。

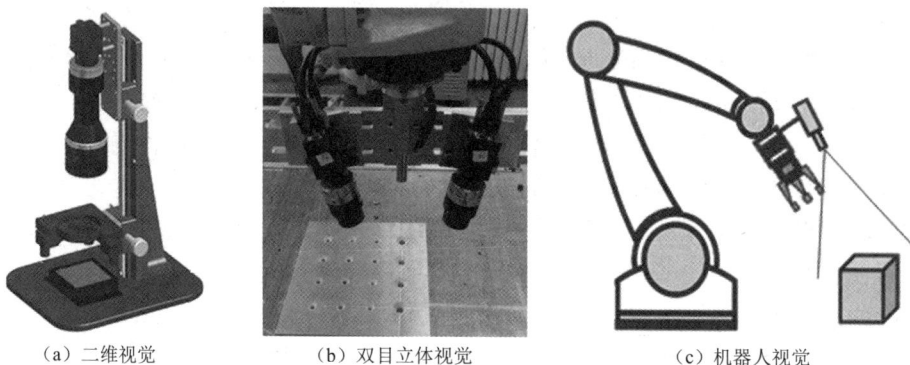

（a）二维视觉　　　　　（b）双目立体视觉　　　　　（c）机器人视觉

图 1-8　视觉测量技术应用示例

（1）产品测量。视觉三维坐标测量机可以测量物体的几何尺寸、位置、圆周分度等信息。由于视觉三维坐标测量机具有不受三维导轨的限制，可以实现大范围的坐标测量，而且具有体积小、便于携带、使用灵活、测量精度高等优点，因此适用于航空、航天、船舶、汽车制造和装配领域的快速现场测量。

（2）逆向工程。随着工业技术的发展和人们生活水平的提高，任何通用性产品在消费者高品质的要求下，功能的需要已不再是赢得市场竞争力的唯一条件。不但要求产品功能先进，其外观造型也必须能吸引消费者的注意。于是在工业设计中传统的顺向工程流程已不能满足需要，取而代之的是以三维尺寸测量方式建立自由曲面的逆向工程。

（3）质量检验。视觉测量技术在产品质量检验领域的应用广泛，如电子工业行业对电路板的自动检测，汽车行业总装线上的检测，农产品品质检测和分类分析，机械零件自动识别和几何尺寸测量及表面粗糙度和表面缺陷检测等，以及冶金行业中钢板表面裂纹检测和焊接质量检测。

（4）机器人导航。在机器人的导航中，可以用同一时刻的关于场景某一视点的两幅二维图像复原场景三维信息，进而完成自身的定位与姿态估计，最终实现路径规划、自主导航、与周围环境自主交互等。

3．视觉测量技术的发展趋势

视觉测量技术是一种具有广泛应用前景的自动检测技术，可以实现智能化、柔性、快速和低成本的检测。视觉测量技术的发展趋势主要体现在以下 6 个方面。

（1）实现在线实时检测。视觉测量系统大多用在工业现场及工业生产线中，实现在线实时检测是视觉测量进入实际应用的关键。视觉测量执行时间在很大程度上取决于底层图像处理速度。因此，使用专用硬件实现独立于环境的处理算法，可大大提高图像处理速度。因此，进一步降低硬件开发难度是未来的一个重要发展趋势。

（2）实现智能检测。制造业中智能仪器一般利用很多传感器获得测量信息，从而得出所需的测量结果，对加工过程进行控制。智能仪器融合智能技术、传感技术、信息技术、仿生技术、材料科学等，实现在线动态检测与控制。

（3）实现高精度测量。精密元器件、半导体集成电路的加工离不开纳米级精度的测量

技术和设备，这对视觉测量技术提出了更高的要求。从成像角度看，需要研制更精密的光学成像系统、光电转换装置及视频/图像采集卡；从图像处理与分析的角度看，传统视觉测量技术的定位精度为整像素级，理论上其边缘定位最大误差为 0.5 像素。随着工业检测精度要求的不断提高，整像素级精度已经不能满足实际测量的要求。因此，更高精度的图像处理算法越来越受到人们的重视。

（4）网络化。远程数据采集与测量、远程设备故障诊断、电/水/燃气/热能自动抄表等，都是网络技术发展并全面发挥作用的必然结果。

（5）实现柔性测量。目前，几乎所有视觉测量系统都只适用于解决特定的检测任务。因此建立一种较为通用的视觉测量系统，以适用于不同条件下的检测任务，进而实现对目标的"完全检测"。

（6）实现更广的测量范围。从测量对象空间结构来说，微结构尺寸测量、大型结构尺寸测量、复杂结构尺寸测量、自由曲面测量是制造领域经常遇到的工程问题，通常需要专业测量仪器，测量过程复杂、成本高，而视觉测量技术将能够在这些领域发挥更大的应用优势。

思 考 与 练 习

1-1　什么是计算机视觉？

1-2　计算机视觉能够完成的 4 项基本任务是什么？

1-3　举出几种生活中常见的计算机视觉的应用实例。

1-4　制约计算机视觉技术应用水平的两大基础是什么？

1-5　计算机视觉与视觉测量是什么关系？

1-6　视觉测量系统主要的硬件组成有哪些？

1-7　与传统测量技术相比较，视觉测量技术具有哪些特点？

第2章

光学基础与人眼视觉

教学要求

通过本章学习，了解光学成像基础知识，包括光谱、辐射度量、光度量和光学成像基本原理，熟悉人眼视觉基本构成与视觉特性，为进一步学习视觉测量技术奠定基础。

引 例

俗话说的"百闻不如一见"体现视觉在人类感觉中的重要性。人类通过眼、耳、鼻、舌、皮肤等感知外界环境信息，其中约70%的信息来自视觉，20%来自听觉，其余感官获取的信息量仅占 10%。人眼视觉过程不仅包含对光信号的感受，还包括对视觉信息的获取、传输、处理和理解的全过程。因此人眼视觉也涉及光学成像、视觉过程、视觉特性等理论知识。

此外，视觉测量的最终目的是帮助观察者理解和分析图像中的某些内容。因此，不但要考虑图像的客观性质，还要考虑视觉系统的主观性质。例如，交通场景下的黄色道路线和建筑物中的绿色导引标识就是利用人眼视觉的视细胞光谱响应特性。可见，视觉测量与光学成像、人眼视觉密不可分。了解人眼视觉，有助于视觉测量技术的研究和应用。本章介绍光学基础与人眼视觉。

2.1 电磁波谱

光是电磁波的一种表现形式，电磁波是横波，其电场和磁场矢量不仅相互垂直，而且两者均垂直于电磁波的传播方向。在电场或磁场的极性变化周期内电磁波传播的距离称为波长，单位时间内电场或磁场的极性重复变化的次数称为频率。光的频率、波长和周期的关系式如下：

$$c = \nu\lambda = \lambda/T \tag{2-1}$$

式中，c 为真空中光的传播速度，其值为 $3 \times 10^8 \text{m/s}$；ν、λ 与 T 分别为光的频率、波长和周期。

电磁波的频率范围涵盖由宇宙射线到无线电波的宽阔频域。目前已经发现并得到广泛利用的电磁波的波长可达 10^4m 以上或 10^{-5}nm 以下。按照频率或波长的顺序，把这些电磁波排列成图表，称为电磁波谱，如图 2-1 所示。在电磁波谱范围内，只有 380～780nm 波长的电磁波才能引起人眼的视觉感，人们把此范围的电磁辐射称为光辐射，这段波长称为可见光谱。广义上，X 射线、紫外线、可见光和红外线都可以称光辐射。

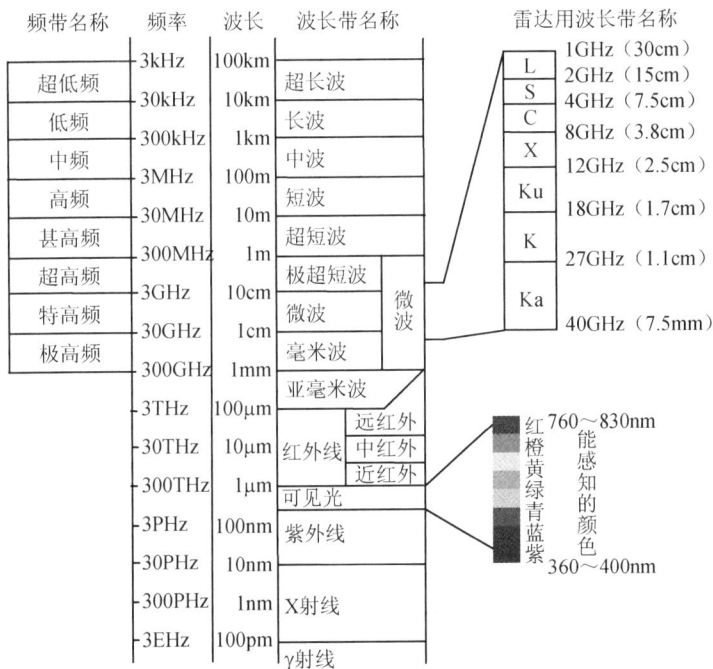

图 2-1　电磁波谱

在电磁波谱的可见光波段之外存在两类重要的非可见辐射：波长在 10～380nm 之间的电磁辐射称为紫外线，波长在 780nm～1mm 之间的电磁辐射称为红外线。

另外，此处将可见光范围表述为 380～780nm，这是 1931 年国际照明委员会（CIE）所定义的等色函数（表示视觉的光谱感度特性）所规定的波长区域。可见光并没有明确规定波长范围。另外，1924 年 CIE 定义的光谱光视效率范围被规定为 400～760nm。此后，1971年修订、现在仍作为标准的等色函数规定的可见光范围为 360～830nm。因此，在图 2-1 中以 360～400nm 作为可见光的短波长一端，760～830nm 作为可见光的长波长一端。

电磁波的波长随传播介质的不同而变化，定义电磁波在真空中传播速度与在介质中传播速度 v_λ 之间的比值为介质折射率 n_λ，即

$$n_\lambda = \frac{c}{v_\lambda} \qquad (2\text{-}2)$$

对于波长约为 590nm 的橙色光而言，空气、水、石英玻璃的折射率分别约为 1.00028、1.3、1.5。如果入射光波长发生变化，相应的介质折射率也会变化。因而，真空中不同波长的光波入射到介质后的传播速度也不同，由此产生色散现象。

2.2 辐射度量与光度量

辐射度学是一门研究辐射能测量的科学，辐射度量是用能量单位描述辐射能的客观物理量。使人眼产生总的目视刺激的度量是光度学的研究范畴，光度量是光辐射能为平均人眼接受所引起的视觉刺激大小的度量。因此，辐射度量和光度量都可以用于定量地描述辐射能强度，但辐射度量是辐射能本身的客观度量，是纯粹的物理量，而光度量包括生理学和心理学的概念。

2.2.1 辐射度量

基本辐射度量见表 2-1，该表列出了基本辐射度量的名称、符号、含义、定义方程、单位名称和单位符号。

表 2-1 基本辐射度量

名 称	符 号	含 义	定义方程	单位名称	单位符号
辐射能	Q	以电磁波的形式发射、传递或接收的能量	—	焦（耳）	J
辐射能密度	w	辐射场单位体积中的辐射能	$w = \mathrm{d}Q/\mathrm{d}v$	焦（耳）每立方米	J/m³
辐射通量（辐射功率）	Φ (P)	单位时间内发射、传输或接收的辐射能	$\Phi = \mathrm{d}Q/\mathrm{d}t$	瓦（特）	W
辐射强度	I	点光源向某方向单位立体角发射的辐射功率	$I = \mathrm{d}\Phi/\mathrm{d}\Omega$	瓦（特）每球面度	W/sr
辐射亮度	L	扩展源在某方向上单位投影面积和单位立体角内发射的辐射功率	$L = \mathrm{d}^2\Phi/\mathrm{d}\Omega\mathrm{d}A\cos\theta$ $= \mathrm{d}I/\mathrm{d}A\cos\theta$	瓦（特）每球面度平方米	W/(sr·m²)
辐射出射度	M	扩展源单位面积向半球空间发射的辐射功率	$M = \mathrm{d}\Phi/\mathrm{d}A$	瓦（特）每平方米	W/m²
辐射照度	E	入射到单位接收面积上的辐射功率	$E = \mathrm{d}\Phi/\mathrm{d}A$	瓦（特）每平方米	W/m²

注：表中的 Ω 代表立体角；A 代表面积。

立体角 Ω 是指描述辐射能向空间发射、传输或被某一表面接收时发散或汇聚的角度，立体角示意如图 2-2 所示。立体角定义如下：以锥体的基点为球心绘制一个球表面，锥体在该球表面上截取的表面积 $\mathrm{d}S$ 和球半径 r 平方之比就是立体角，即

$$\mathrm{d}\Omega = \frac{\mathrm{d}S}{r^2} = \frac{r^2\sin\theta\mathrm{d}\theta\mathrm{d}\varphi}{r^2} = \sin\theta\mathrm{d}\theta\mathrm{d}\varphi \tag{2-3}$$

立体角的单位是球面度(sr)。

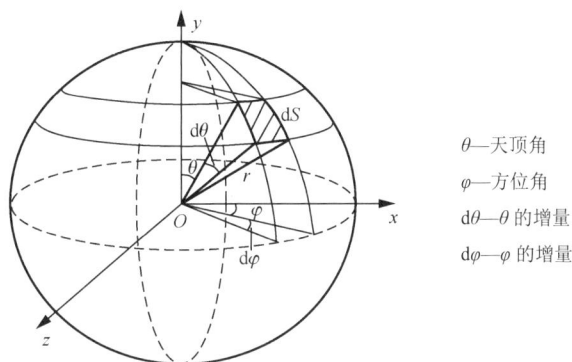

θ—天顶角
φ—方位角
dθ—θ 的增量
dφ—φ 的增量

图 2-2　立体角示意

1．辐射能

辐射能用于描述以辐射的形式发射、传输或接收的能量。当描述辐射的能量在一段时间内的积累值时，用辐射能表示。例如，地球吸收太阳的辐射能，又向宇宙空间发射辐射能，使地球在宇宙中具有一定的平均温度，则用辐射能描述地球辐射能量的吸收辐射平衡情况。

辐射能随时间、空间、方向等的分布特性用以下辐射度量表示。

2．辐射通量

辐射通量也称辐射功率，用于描述辐射能的时间特性，它是辐射度量学中一个最基本的量。在实际应用中，对于连续辐射体或接收体，以单位时间内发射、传播或接收的辐射能表示辐射通量。例如，很多光源的发射特性、辐射接收器的响应值不取决于辐射能的时间积累值，而取决于辐射通量的大小。

3．辐射强度

辐射强度用于描述光源辐射的方向特性，对点光源的辐射强度描述具有重要的意义。

点光源是相对扩展光源而言的，即光源发光部分的尺寸比其实际辐射传输距离小很多时，把它近似认为一个点光源，点光源向空间辐射球面波。如果在传输介质内没有损失（反射、散射、吸收），那么在给定方向上某一立体角内，不论辐射能传输距离多远，其辐射通量是不变的。

大多数光源向空间各个方向发出的辐射通量往往是不均匀的，因此，辐射强度可用于描述光源在空间某个方向上的辐射通量大小和分布特点。

4．辐射亮度

辐射亮度在光辐射的传输和测量中具有重要的作用，用于光源微面元在垂直传输方向辐射强度特性。例如，描述具有螺旋灯丝的白炽灯时，描述该灯丝局部表面（灯丝之间的空隙）的发射特性是没有实用意义的，应把它作为一个整体，即一个点光源，从而描述在给定观测方向上的辐射强度。辐射亮度可以用于描述天空各部分辐射亮度分布的特性。

5. 辐射出射度

辐射出射度定义为离开光源表面单位微面元的辐射通量。微面元对应的立体角是辐射的整个半球空间。例如，太阳表面的辐射出射度是指太阳表面单位表面积向外部空间发射的辐射通量。

6. 辐射照度

辐射照度和辐射出射度具有相同的定义方程与单位，但它们分别用于描述微面元发射和接收辐射通量的特性。如果一个微面元能反射入射到其表面的全部辐射量，那么该微面元可看作一个辐射源表面，即其辐射出射度在数值上等于辐射照度。地球表面的辐射照度是其各个部分（微面元）接收太阳直射及天空向下散射产生的辐射照度之和，而地球表面的辐射出射度是其单位表面向宇宙空间发射的辐射通量。

辐射度量也是波长的函数，当描述光谱辐射量时，可在相应的名称前加"光谱"，并在相应的符号上加波长的符号"λ"。例如，光谱辐射通量记为 $\Phi(\lambda)$。

2.2.2 光度量

光度量是 1760 年由朗伯建立的，他定义了光通量、发光强度、亮度、照度等主要光度学参量，并用数学阐明了它们之间的关系。光度量和辐射度量的定义、定义方程是一一对应的，光度量仅在可见光谱范围内才有意义。基本光度量见表 2-2，该表列出了基本光度量的名称、符号、定义方程、单位名称和单位符号。有时为避免混淆，给辐射量符号加下标"e"，给光度量符号加下标"v"。例如，辐射度量 Q_e 和 Φ_e 对应的光度量为 Q_v 与 Φ_v。

表 2-2　基本光度量

名　称	符　号	定义方程	单位名称	单位符号
光（能）量	Q	—	流明秒	lm·s
光通量	Φ	$\Phi = \mathrm{d}Q/\mathrm{d}t$	流明	lm
发光强度	I	$I = \mathrm{d}\Phi/\mathrm{d}\Omega$	坎德拉	cd
（光）亮度	L	$L = \mathrm{d}^2\Phi/\mathrm{d}\Omega \mathrm{d}A\cos\theta = \mathrm{d}I/\mathrm{d}A\cos\theta$	坎德拉每平方米	cd/m²
光出射度	M	$M = \mathrm{d}\Phi/\mathrm{d}A$	流明每平方米	lm/m²
（光）照度	E	$E = \mathrm{d}\Phi/\mathrm{d}A$	勒克斯（流明每平方米）	lx（lm/m²）

光度量中最基本的单位是发光强度的单位——坎德拉（candela），记为 cd。当发出频率为 540×10^{12}Hz（对应空气中 555nm 的波长）的单色辐射在给定方向上的辐射强度为 1/683（W/sr）时，光源在该方向上的发光强度为 1cd。

光通量的单位为流明，记为 1m。例如，1lm 是指发光强度为 1cd 的均匀点光源在 1sr 内发出的光通量。

2.2.3 辐射度量与光度量之间的关系

光通量 Φ_v 与辐射通量 Φ_e 可通过人眼视觉特性进行转换，即

$$\varPhi_{\mathrm{v}}\left(\lambda\right) = K_{\mathrm{m}}V\left(\lambda\right)\varPhi_{\mathrm{e}}\left(\lambda\right) \tag{2-4}$$

式中，$V\left(\lambda\right)$ 为 CIE 推荐的平均人眼光谱光视效率（或称视见函数）。

图 2-3 给出了人眼对应明视觉和暗视觉的光谱光视效率曲线。

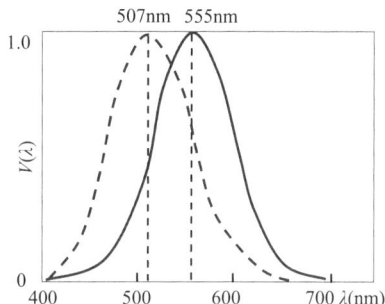

图 2-3　人眼对应明视觉（实线）和暗视觉（虚线）的光谱光视效率曲线

为了描述光源的光度量与辐射度量的关系，通常引入光视效能 K，它被定义为目视引起刺激的光通量与光源发出的辐射通量之比，单位为 lm/W。

$$K = \frac{\varPhi_{\mathrm{v}}}{\varPhi_{\mathrm{e}}} = \frac{K_{\mathrm{m}}\int_{0}^{\infty}V\left(\lambda\right)\varPhi_{\mathrm{e}}\left(\lambda\right)\mathrm{d}\lambda}{\int_{0}^{\infty}\varPhi_{\mathrm{e}}\left(\lambda\right)\mathrm{d}\lambda} = K_{\mathrm{m}}V \tag{2-5}$$

常见光源的光视效能见表 2-3。

表 2-3　常见光源的光视效能

光源类型	光视效能/(lm/W)	光源类型	光视效能/(lm/W)
钨丝灯（真空）	8～9.2	日光灯	27～41
钨丝灯（充气）	9.2～21	高压水银灯	34～45
石英卤钨灯	30	超高压水银灯	40～47.5
气体放电管	16～30	钠光灯	60

必须注意，照度（Illumination）与亮度（Brightness）是两个完全不同的物理量。照度用于表征受照面的明暗程度，照度与光源到被照面距离的平方成反比。亮度用于表征任何形式的光源或被照射物体表面是面光源时的发光特性。如果光源与观察者眼睛之间没有光吸收现象存在，那么亮度值与二者之间的距离无关。

2.3　色度学基础与颜色模型

2.3.1　色度学的基本概念

1. 颜色的含义

在生活中人们习惯地把颜色归属于某一物体的本身，把它作为某一物体所具有的属于自身的基本性质。实际上，颜色是外来的光刺激作用于人的视觉器官而产生的主观感觉，物体的颜色不仅取决于物体本身，还与光源、周围环境的颜色，以及观察者的视觉系统有关。因此，在人眼中反映出的颜色是物体本身的自然属性与照明条件的综合效果。色度学用于评价这种综合效果。

2. 照明颜色

人眼或摄像机观察到的颜色主要由三种不同的方式形成的：

（1）直接从照射光的波长来区分颜色。例如，在 680nm 附近波长的光为红色，在 500nm 附近波长的光为绿色，在 450nm 附近波长的光为蓝色。

（2）相加色。两种或三种波长的光组合成某种波长光的效果就是相加色。例如，黄色光和蓝色光混合，出现绿色光的效果，但实际上在光谱的绿色部分并没有这一光谱段的能量。利用光的这一特性，发明了彩色电视，在电视监视器中由红、绿、蓝三基色可基本上合成自然界的各种颜色。白色是一种混合色，太阳光就是白色光。

（3）相减色。反射时从光谱中去除某些波长的光就是相减色。包含有所有可见光谱的白光照射到红色物体后，红色光谱被反射，而其他成分被物体吸收。例如，白的金属如钢块，黄色金属如金块，它们之间颜色的差别是因为钢块能够较均匀地反射所有光谱的光，而金块反射了白光，但从中减去了蓝光，就会出现黄颜色的效果。

互补色是色环中正好相对的颜色，也称对比色，色环示意如图 2-4 所示。使用互补色光线照射物体时，物体呈现的颜色接近黑色。根据色彩圆盘，用相反的颜色照射，可以达到最高级别的对比度。

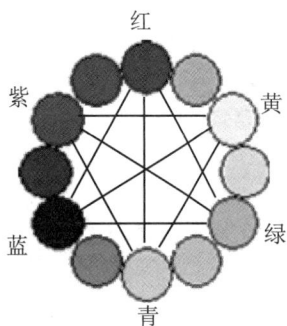

图 2-4　色环示意

2.3.2　三基色原理

白光经过三棱镜后可以分解为各种波长的彩色光，这是由于不同波长的光经过三棱镜的偏折角不同。单色光按波长顺序依次排列，白光分解示意如图 2-5 所示，从上到下分别为红、橙、黄、绿、青、蓝、紫，每种颜色都平缓地融入下一种颜色。

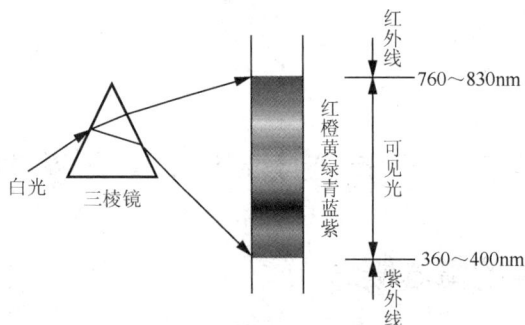

图 2-5　白光分解示意

大多数的颜色都可以通过红、绿、蓝三色按照不同的比例混合而成，同样，绝大多数颜色也可以分解成红、绿、蓝三种色光，这就是色度学的基本原理，即三基色原理。三基色的选择不是唯一的，也可以选择其他三种颜色为三基色，但三种颜色必须是相互独立的，即任何一种颜色不能由其他两种颜色合成。由于人眼对红（R）、绿（G）、蓝（B）三种色光最敏感，因此由这三种颜色相配所得的彩色范围也最广，所以一般都选这三种颜色作为基色。RGB 三基色与混色效果如图 2-6 所示。

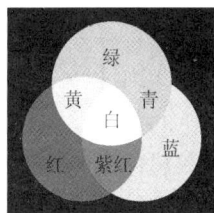

图 2-6　RGB 三基色与混色效果

2.3.3　颜色模型

颜色模型也称颜色空间或颜色系统。为了科学和定量地描述与使用颜色，人们提出了各种颜色模型。常见的颜色模型有 RGB 模型、CMY/CMYK 模型、HSI 模型、YUV 模型、YCbCr 模型、L*a*b*模型等。基于 RGB 模型可以导出其他颜色模型，以适应不同应用的需求。

1. RGB 模型

计算机中的数字图像常用 RGB 模型，如图 2-7 所示。它使用红、绿、蓝的亮度定量表示颜色。该模型也称相加混色模型，它是以 RGB 三色光相互叠加实现混色的，因而适用于彩色显示器、彩色摄像机等设备。通过 RGB 三色光的不同比例，在显示屏幕上合成所需要的任意颜色。因此，不管用什么模型，在输出显示时一定要转换成 RGB 模型。

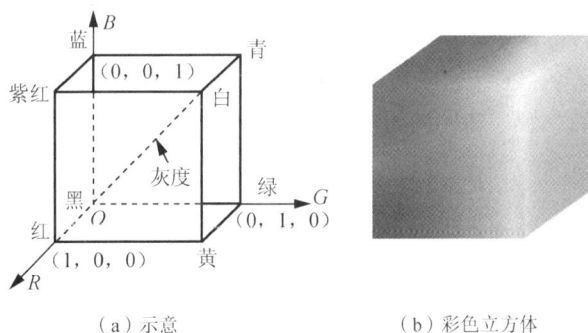

（a）示意　　　　　　　　　（b）彩色立方体

图 2-7　RGB 模型

为了统一标准，CIE 于 1931 年规定，分别取水银光谱中波长为 700nm、546.1nm 和 435.8nm 的彩色光作为标准的红、绿、蓝基色。在图 2-7 中，R、G、B 颜色分量在对应的三个坐标轴上都被归一化到 0~1，其中 0 表示最暗（黑），1 表示最亮（白）。这样，所有颜色的坐标值都位于一个边长为 1 的立方体内。

2. CMY 模型

CMY 模型是图像硬拷贝（Hard Copy）设备上输出图像的颜色模型，常用于彩色绘画、摄影、印刷、印染等行业。青色（Cyan）、品红（Magenta）及黄色（Yellow）在图 2-7（b）所示的彩色立方体中分别是红、绿、蓝的补色，称为减色基，而红、绿、蓝称为加色基。因此，CMY 模型称为相减混色模型。在 CMY 模型中，颜色是从白光中减去一定成分得到的；这类彩色的形成是在白纸介质上生成的，是一个由白色到黑色的过程，而不像 RGB 模型那样，是在黑色光中增加某种颜色。

绝大多数颜色都可以用青、品红及黄三种基色按一定比例混合得到，理论上这三种基色等量混合能得到黑色，CMY 混色效果如图 2-8 所示。但实际上，所有打印油墨都会包含一些杂质，于是这三种油墨混合实际上只能产生一种土灰色，必须与黑色油墨混合才能产生真正的黑色，所以加入黑色作为基色，以形成 CMYK 模型，并且假设 C、M、Y、K 颜色分量均被归一化到 0～1。CMY 模型（见图 2-9）与 RGB 模型的关系式为

$$\begin{bmatrix} C \\ M \\ Y \end{bmatrix} = \begin{bmatrix} 1 \\ 1 \\ 1 \end{bmatrix} - \begin{bmatrix} R \\ G \\ B \end{bmatrix} \tag{2-6}$$

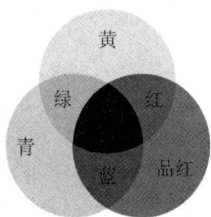

图 2-8　CMY 混色效果　　　　　图 2-9　CMY 模型

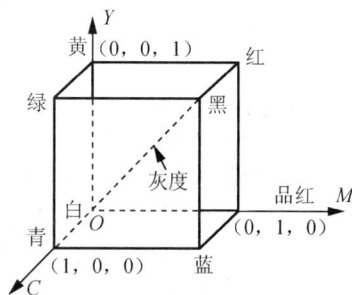

可以理解为涂有青色（C）的原料被白光照射时，红色光被吸收（$C=1-R$）。从 CMY 模型到 CMYK 模型的转换公式如下：

$$\begin{aligned} K &= \min(C,M,Y) \\ C &= C - K \\ M &= M - K \\ Y &= Y - K \end{aligned} \tag{2-7}$$

3. HSI 模型

HSI 模型是由 Munseu 提出的一种颜色模型。作为变量时，其中的 H 定义颜色的波长，称为色调（Hue）；S 表示颜色的深浅，称为饱和度（Saturation）；I 表示发光强度（Intensity）或亮度。色调和饱和度包含颜色信息，而发光强度与颜色信息无关。HSI 模型反映了人眼视觉对色彩的感觉。

在图 2-10 所示的 HSI 模型中，竖直轴表示亮度轴，最亮的顶部表示白色，最暗的底部表示黑色，中间部分表示介于白色和黑色之间深浅不同的灰度。

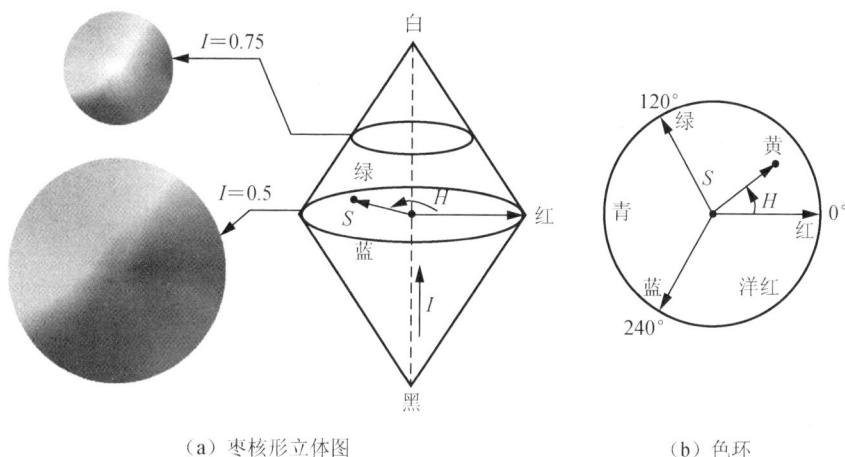

（a）枣核形立体图　　　　　　　　　　（b）色环

图 2-10　HSI 模型

在图 2-10（a）中，与亮度轴垂直的任一平面圆表示色环，色环用于描述色调和饱和度两个参数。色调用角度表示，它反映了颜色最接近哪种光谱波长，即光的不同颜色。通常假定 0°对应的颜色为红色，120°对应的颜色为绿色，240°对应的颜色为蓝色。0°～360°对应的颜色的色调覆盖了所有可见光谱的颜色。

从色环的圆心到颜色点的半径长度表示饱和度。色环边界上的颜色饱和度最高，其饱和度值为 1；从圆周到圆心表示饱和度逐渐降低。

人眼能识别 128 种不同的色调和 130 种不同的饱和度（色泽）。根据不同的色调，人眼可以识别若干种明暗级。例如，对于黄色，可以识别 23 种明暗级；对于蓝色，人眼可以识别 16 种明暗级。人眼可以识别大约 266 240 种不同的颜色。

利用 0～1 范围内的 R、G、B 3 个颜色分量，可以用以下计算公式得到 HSI 模型的 3 个颜色分量，即

$$I = \frac{1}{3}(R+G+B)$$

$$S = 1 - \frac{3}{(R+G+B)}\min(R,G,B) \tag{2-8}$$

$$H = \begin{cases} \theta, & B \leq G \\ 2\pi - \theta, & B > G \end{cases}$$

其中，$\theta = \arccos\left\{ \dfrac{\frac{1}{2}\left[(R-G)+(R-B)\right]}{\left[(R-G)^2+(R-B)(G-B)\right]^{1/2}} \right\}$。

将图 2-7（b）所示的 RGB 彩色立方体及一幅彩色图像分别转换到 HSI 模型后，各颜色分量显示效果如图 2-11 所示。

注意：当 $R=G=B$ 时，H 没有被定义；并且当 $I=0$ 时，S 没有被定义。

同理，假设 H、S、I 的值在 0～1 之间，R、G、B 的值也在 0～1 之间，在将 HSI 模型转换为 RGB 模型时需要依据颜色点落在色环的哪个扇区选择转换公式。

（a）RGB彩色立方体及其HSI模型的各颜色分量显示效果

彩色图像　　　　H颜色分量　　　　S颜色分量　　　　I颜色分量

（b）彩色图像及其HSI模型的各颜色分量显示效果

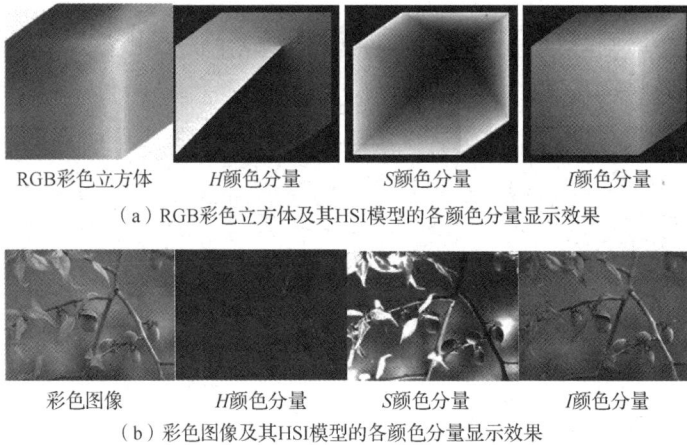

图 2-11　RGB 彩色立方体和彩色图像的 HSI 模型的各颜色分量显示效果

（1）当 $0 < H \leqslant \dfrac{2\pi}{3}$ 时，

$$R = I\left[1 + \dfrac{S\cos(H)}{\cos\left(\dfrac{\pi}{3} - H\right)}\right]$$

$$B = I(1 - S) \tag{2-9}$$

$$G = 3I - R - B$$

（2）当 $\dfrac{2\pi}{3} < H \leqslant \dfrac{4\pi}{3}$ 时，

$$G = I\left[1 + \dfrac{S\cos(h)}{\cos\left(\dfrac{\pi}{3} - h\right)}\right]$$

$$R = I(1 - S) \tag{2-10}$$

$$B = 3I - R - G$$

式中，$h = H - \dfrac{2}{3}\pi$。

（3）当 $\dfrac{4\pi}{3} < H \leqslant 2\pi$ 时，

$$B = I\left[1 + \dfrac{S\cos(h)}{\cos\left(\dfrac{\pi}{3} - h\right)}\right]$$

$$G = I(1 - S) \tag{2-11}$$

$$R = 3I - B - G$$

式中，$h = H - \dfrac{4}{3}\pi$。

4. YUV 模型

在电视信号传输过程中经常使用 YUV 模型。该模型的亮度信号 Y 分量和色度信号 U、V 分量是分离的，如果只有 Y 分量而没有 U、V 分量，就显示黑白灰度图。彩色电视机采用 YUV 模型，正是为了用亮度信号 Y 分量解决彩色电视机和黑白电视机的兼容问题，使黑白电视机也能接收彩色信号。根据美国国家电视标准委员会（NTSC）制定的标准，当白光的亮度用 Y 表示时，它和红、绿、蓝三色光的关系式如下：

$$Y=0.3R+0.59G+0.11B \tag{2-12}$$

式（2-12）就是常用的亮度公式。YUV 模型和 RGB 模型的关系式如下：

$$\begin{bmatrix} Y \\ U \\ V \end{bmatrix} = \begin{bmatrix} 0.3 & 0.59 & 0.11 \\ -0.15 & -0.29 & 0.44 \\ 0.61 & -0.52 & -0.096 \end{bmatrix} \begin{bmatrix} R \\ G \\ B \end{bmatrix} \tag{2-13}$$

$$\begin{bmatrix} R \\ G \\ B \end{bmatrix} = \begin{bmatrix} 1 & 0 & 1.140 \\ 1 & -0.395 & -0.581 \\ 1 & 2.032 & 0 \end{bmatrix} \begin{bmatrix} Y \\ U \\ V \end{bmatrix} \tag{2-14}$$

彩色电视制式中使用的另一种颜色模型是 YIQ 模型，YIQ 模型与 YUV 模型非常相似。在 YIQ 模型中，作为变量时，其中的 Y 代表光源亮度，I、Q 表示两个颜色分量，I 颜色分量包含从橙色到青色的色彩信息，Q 颜色分量包含从绿色到品红的色彩信息。YIQ 模型与 RGB 模型的关系式为

$$\begin{bmatrix} Y \\ I \\ Q \end{bmatrix} = \begin{bmatrix} 0.299 & 0.587 & 0.114 \\ 0.596 & -0.274 & -0.322 \\ 0.211 & -0.523 & 0.312 \end{bmatrix} \begin{bmatrix} R \\ G \\ B \end{bmatrix} \tag{2-15}$$

5. YCbCr 模型

YCbCr 模型不是一种标准的颜色空间，而是对 YUV 模型进行缩放和偏移的改进版，该模型是计算机中应用最广泛的颜色模型之一。作为变量时，其中的 Y 描述亮度信息，Cb 为蓝色色度分量，Cr 为红色色度分量。YCbCr 模型与 RGB 模型的关系式为

$$\begin{bmatrix} Y \\ Cb \\ Cr \end{bmatrix} = \begin{bmatrix} 0.2568 & 0.5041 & 0.0979 \\ -0.1482 & -0.2910 & 0.4392 \\ 0.4392 & -0.3678 & -0.0714 \end{bmatrix} \begin{bmatrix} R \\ G \\ B \end{bmatrix} + \begin{bmatrix} 16 \\ 128 \\ 128 \end{bmatrix} \tag{2-16}$$

YCbCr 模型三个参数的取值范围都是[0，255]，该模型常用于肤色检测。

6. L*a*b*模型

L*a*b*模型是一种与设备无关的颜色模型，如图 2-12 所示。作为变量时，其中的 $L*$ 表示明度（Luminosity），取值范围为[0，100]，表示从纯黑到纯白；$a*$ 表示从洋红色到绿色的范围，取值范围为[127，−128]；$b*$ 表示从黄色到蓝色的范围，取值范围也是[127，−128]。在 L*a*b*模型中亮度和颜色是分开的，$L*$ 通道没有颜色，$a*$ 通道和 $b*$ 通道只有颜色。

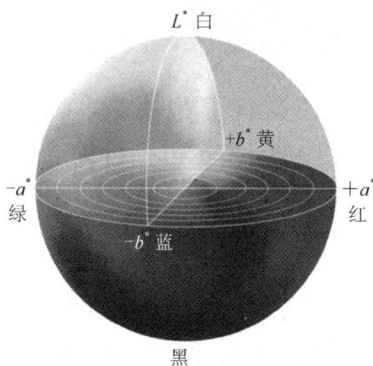

图 2-12　L*a*b*模型

从 RGB 模型转换到 L*a*b*模型时，需要先把图像从 RGB 模型转换到 XYZ 模型，再从 XYZ 模型转换到 L*a*b*模型。

2.4　光学成像基本原理

摄像机拍摄的图像是物体通过成像系统在像平面上的反映，即物体在像平面上的投影。图像中每个点的灰度反映物体表面对应点的亮度，而图像中点的位置对应物体表面的几何位置。实际物体位置与其在图像上的位置的相互对应关系由成像系统的几何投影模型决定。成像过程就是从三维空间向二维空间（像平面）的映射，这种从高维空间向较低维空间的映射关系就是投影。

1. 中心透视投影模型

中心透视投影简称中心投影，中心透视投影模型也就是针孔模型，即假设物体表面的反射光或发射光都经过一个"针孔"而投射在像平面上。此投影中心称为光轴中心（简称光心），物点、光心和对应像点在一条直线上，即满足光的直线传播定律。中心透视投影模型成像原理如图 2-13 所示，其中，光心到像平面的像距 L' 称为焦距 f，光心到物体的距离称为物距 L。

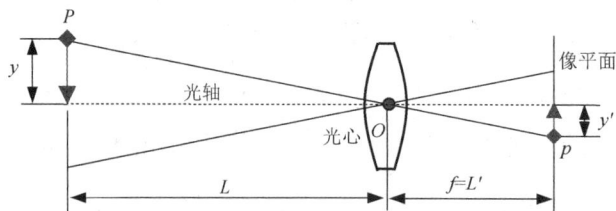

图 2-13　中心透视投影模型（针孔模型）成像原理

根据中心透视投影模型成像原理，物点 P 到光轴的距离 y 与对应像点 p 到光轴的距离 y' 满足式（2-17），即

$$y/L' = y'/f \tag{2-17}$$

显然，这是相似三角形的线性关系。

2. 中心透视投影模型成像与凸透镜成像的差别

根据几何光学成像原理，理想的凸透镜成像示意如图 2-14 所示。其中，物平面到凸透镜中心的距离即物距 L，清晰成像的像平面到凸透镜中心的距离即像距 L'，凸透镜的焦距为 f，三者满足高斯成像公式，即

$$\frac{1}{L'} - \frac{1}{L} = \frac{1}{f} \tag{2-18}$$

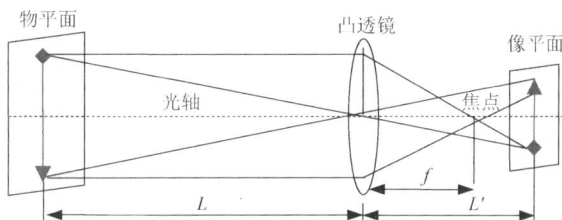

图 2-14　理想的凸透镜成像示意

可见，中心透视投影模型成像中的焦距与凸透镜成像中的焦距概念不同，中心透视投影模型成像中的焦距实际上是像平面到光心的距离。根据式（2-18）可得 $f=LL'/(L-L')$，当物距 L 远大于像距 L' 时，$f \approx L'$，可以用像距近似表示焦距。也就是说，只有当凸透镜成像中的物距远大于焦距和像距时，凸透镜成像与中心透视投影模型成像中的焦距含义近似。正因为如此，在采用中心透视投影模型成像时，如果有较高的精度要求，一般不能直接选择镜头的标称焦距作为该模型成像中的焦距，而要采用摄像机参数标定得到焦距值。

由于镜头设计和加工工艺等因素的影响，因此实际成像系统不可能严格地满足中心透视投影模型，还可能产生光学像差。由于光学像差的存在，中心透视投影模型成像只能是实际成像的一种近似。尤其在使用广角镜头时，远离图像中心处有较大的成像畸变。因此在实际高精度测量中，应尽量采用考虑光学像差的非线性成像模型描述成像关系。这部分内容将在摄像机参数标定中讨论。

2.5　人眼的生理构造及功能

视觉系统由眼睛、神经系统及大脑组成。眼睛是视觉系统的重要组成部分，是实现光学过程的物理基础。人眼是一个前后直径约为 24～25mm、横向直径约为 20mm 的近似球状体，人眼构成示意如图 2-15 所示，人眼主要包括以下部分。

（1）角膜：位于眼球壁的正前方，占整个眼球壁面积的 1/6，它是厚度约为 1mm 左右的一层弹性透明组织，折射率为 1.336。角膜相当于一个凸凹透镜，具有屈光功能，光线经角膜折射后进入眼内。

（2）巩膜：眼球壁外层 5/6 的白色不透明膜。其厚度为 0.4～1.1mm，主要起巩固和保护眼球的作用。

（3）脉络膜：厚度约为 0.4mm，含有丰富的黑色素细胞，起着吸收外来杂散光的作用，并消除光线在眼球内部的漫反射。

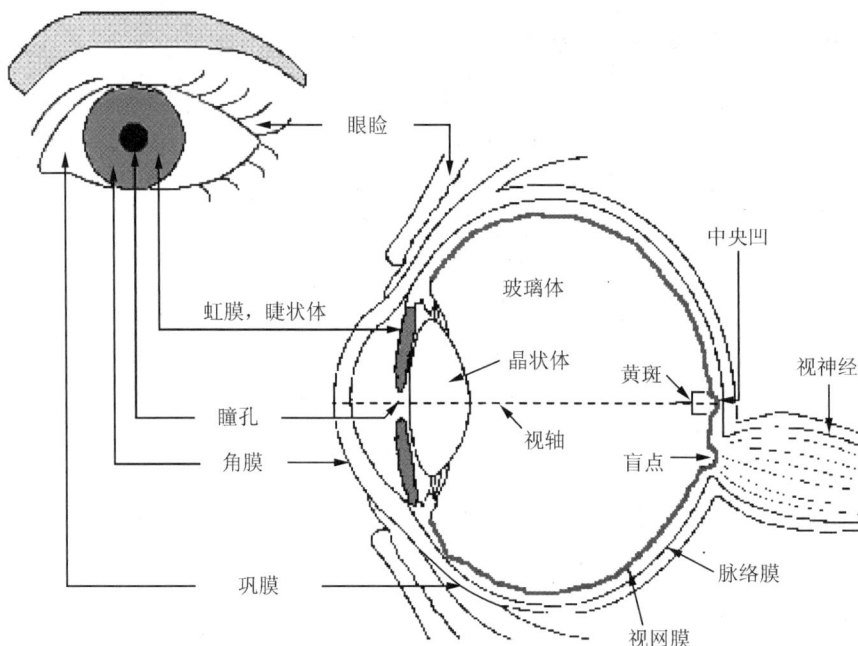

图 2-15　人眼构成示意

（4）虹膜：位于角膜后面、晶状体的前面。

（5）瞳孔：虹膜中央的圆孔，直径变化范围为 2～8mm。

（6）睫状体：位于虹膜后面，内含平滑肌，支持晶状体的位置及调节晶状体的凸度。

（7）晶状体：双凸形弹性透明体，位于玻璃体与虹膜之间。睫状体的收缩可改变晶状体的屈光能力，使外界的对象能在视网膜上形成清晰的影像。

（8）视网膜：位于眼球壁内层，是一种透明薄膜，它是眼球的感光部分。视网膜（Retina）可分为以视轴为中心且直径约为 6mm 的中央区和周边区。中央区有一个直径约为 2mm（折合 6°视角）的黄色区域，该区域称为黄斑。黄斑中央有一小凹，称为中央凹（Fovea），其面积约为 1mm^2，它是产生最清晰影像的位置。

眼球内的晶状体、房水及玻璃体都是屈光介质。人眼的物方焦距约为-17mm，像方焦距约为 23mm。视场较大，约为 150°，只有在视轴周围 6～8°范围内的物体才能成清晰像。不同动物眼睛的视场相差较大，例如，鹰和狼的眼睛视场与兔子和马的眼睛视场就有很大区别，这与动物进化、环境适应有关。

人眼存在盲点，并且两只眼睛都有盲点，可以根据图 2-16 所示的盲点检测图例检测盲点：

图 2-16　盲点检测图例

捂住左眼，正对图 2-16，右眼慢慢靠近其中的十字线，然后慢慢远离，移到一定距离时（37cm 左右）图 2-16 中右侧的黑圆点消失，由此找到右眼的盲点。

从光学成像的角度可将人眼和摄像机进行简单比较，两者的部分功能对比见表 2-4。表中包括控制进入人眼内的光通量、使光折射对焦及呈现外部影像等功能。

表 2-4　人眼与摄像机的部分功能对比

人 眼 构 件	功　　能	摄像机构件
眼睑	保护眼睛	镜头盖
巩膜	支撑眼珠	机身
角膜	保护和滋润眼珠	防尘罩
虹膜，瞳孔	收缩或扩张瞳孔，控制进入人眼内的光通量	可变光圈
晶状体	扁球形弹性透明体，曲率可调节，以改变焦距	镜头
脉络膜	吸收杂散光线	暗盒
视网膜	成像	电荷耦合器件（CCD）或互补金属氧化物半导体（CMOS）

2.6　人眼的视觉过程

人眼的视觉过程概括如下：外界光线聚焦在视网膜上，视网膜感受光线，并将辐射能转变为电信号；电信号通过视觉通道传输到大脑皮层进行处理，并最终感知场景。视觉过程包括 3 个阶段：接收视觉信息、处理视觉信息和感知视觉信息。从解剖生理学的角度看，视觉过程包括视觉信息的光学过程、化学过程和神经处理过程。

2.6.1　光学过程

人眼成像示意如图 2-17 所示。当眼睛聚焦在前方物体上时，从外部入射到眼睛内的光线就在视网膜上成像。睫状体韧带产生的张力控制晶状体的形状，从而改变晶状体的屈光能力。例如，看远处物体时，晶状体变平，此时晶状体具有最小的屈光能力；看近处物体时，晶状体变厚，此时晶状体具有较大的屈光能力。当屈光能力从最小变到最大时，晶状体的聚焦中心和视网膜的距离可以从 17mm 变到 14mm 左右。

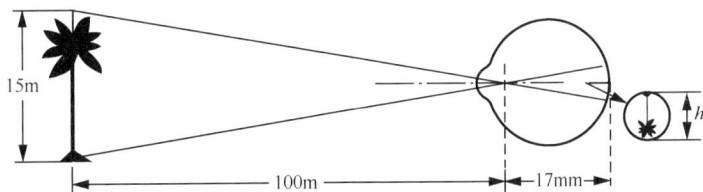

图 2-17　人眼成像示意

在图 2-17 中，观察者看距离 100m、高度为 15m 的一棵树，其中的 h 表示以毫米为单位的视网膜上的成像大小。根据式（2-17）以及由该图中的几何关系，可以得出 $h=2.55$mm。

可见，光学过程就是确定物体在视网膜上的成像大小。

人眼的视角约为 150°，但是只有在视轴 6°~ 8° 范围内的物体才能清晰成像。物体上每个点的光线进入眼球以后汇聚在视网膜的不同点上，这些点在视网膜上形成左右换位、上下倒置的实像。这种形成倒像的过程是一个简单的纯物理过程。事实上，视网膜上的影像和大脑中的感觉是两回事，不管视网膜上的成像是正像还是倒像，经过一段时间的训练和大脑综合经验判断，我们便会得到一个符合客观事实的认识。

2.6.2 化学过程

视网膜上的视细胞可接收光的能量并形成视觉图案，它们起着感知成像的亮度和颜色（视感觉）的作用。视细胞分两类，即视锥细胞（Cone Cell）和视杆细胞（Rod Cell）。

1. 视细胞分布情况

视网膜上分布着大约 700 万个视锥细胞和 1.3 亿个视杆细胞，两者数量比约为 1/20，视细胞分布情况如图 2-18 所示。视锥细胞大量集中在视网膜中央凹以及与中央凹大约呈 3° 视角的范围内，其密度高达 150 000 个/mm^2。因为该区域呈黄色，所以称为黄斑。人眼视觉的中央凹没有视杆细胞，只有视锥细胞。在中央凹之外的区域，视锥细胞急剧减少，而视杆细胞急剧增多。在离中央凹 20° 视角区域，视杆细胞最多。中央凹的视锥细胞密度很高，因此视觉最清晰。

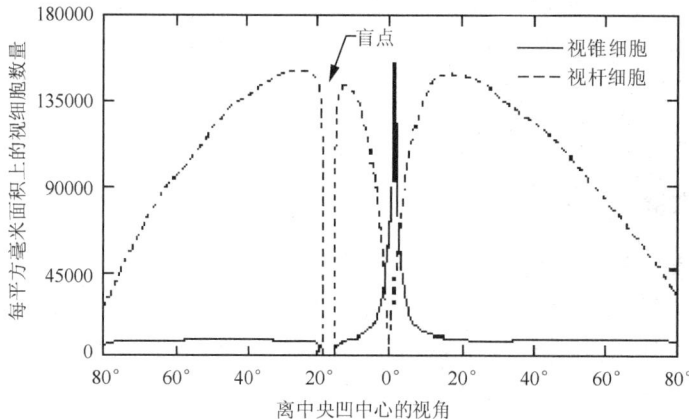

图 2-18　视细胞分布情况

视锥细胞主要在明亮的条件下起作用，因此常将视锥细胞称为明视觉（Photopic Vision）细胞。人眼视觉能借助视锥细胞精确分辨细节，主要是因为每个视锥细胞连接着一个双极细胞的一端（双极细胞的另一端与神经节细胞相连）。视锥细胞同时负责感受色彩，若视锥细胞功能不良，则导致色盲。由于多个视杆细胞连接一个双极细胞，因此在低照度条件下可以通过几个视杆细胞对外界微弱刺激起总和作用，以提高感光灵敏度。视杆细胞不能分辨物体细节，仅分辨其轮廓，同时负责察觉物体的运动。因此，视杆细胞称为暗视觉（Scotopic Vision）细胞。相对于视锥细胞，视杆细胞对光更敏感，能较容易感觉微弱的光，但无法分辨颜色。例如，在日光下人眼能看到鲜艳的彩色物体，而在月光下不能够看到彩色物体，

因为在月光下只有视杆细胞在工作。若视杆细胞损失，则将导致夜盲。

2．视细胞的光谱响应特性

同样功率的辐射能在不同的光谱部位表现为不同的明亮程度。为了确定人眼视觉对各种波长光的感光灵敏度，人们通过实验测定人眼观察不同波长达到同样亮度时需要的辐射能，从而得到视锥细胞与视杆细胞的相对能量曲线，即视细胞的相对能量如图 2-19 所示。

视锥细胞对 400nm 和 700nm 两个波长的光感受性很低，而对 555nm（黄绿色）波长的光感受性最高。视杆细胞对 400nm 波长的光感受性较低，光感受性最高的波长是 510nm（蓝绿色）波段，光感受性最低的波长是 700nm 波段。由此可知，这两种视细胞的最大光感受性波段位于光谱的不同部位。

图 2-19 也说明，对于同一波长光，若要达到同样的光感受性，则视杆细胞所需要的辐射能明显低于视锥细胞。1971 年，CIE 公布的光谱光视效率（或称为视见函数）同样证实了该结论。在明视觉条件下（亮度大于 3cd/m²），视觉主要由人眼视网膜上分布的视锥细胞的刺激引起；在暗视觉条件下（亮度

图 2-19　视细胞的相对能量曲线

小于 0.001cd/m²），视觉主要由视杆细胞的刺激引起。两种视细胞的对比见表 2-5。在 0.034～3.4cd/m² 范围内，视锥细胞与视杆细胞同时起作用，该作用范围通常为明、暗视觉之间的短暂过渡期。例如，傍晚驾车初期，视杆细胞较不敏感，人眼依赖视锥细胞与视杆细胞的共同作用观察路况，一旦视杆细胞有足够的适应时间，它就成为主要的视觉感受器。

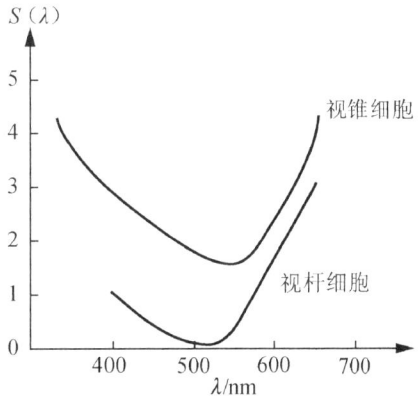

表 2-5　两种视细胞的对比

对比项	视锥细胞	视杆细胞
数量	约 700 万个	1.3 亿个
作用范围	3.4～10⁶cd/m²	3.4×10⁻⁶～0.034cd/m²
分布	半数集中于视网膜中央凹，周边数量减少	主要集中于视网膜周边，不存在于中央凹
功能	明视觉，分辨细节	暗视觉，分辨轮廓，觉察运动
敏感光波	对波长为 555nm 的光最敏感	对 510nm 的光最敏感
颜色感觉	能够感受色彩	明暗视觉，不能分辨颜色

3．色觉的生理学机理

人眼区别不同颜色的机理常用"三原色学说"解释。该学说认为，人眼视网膜的视锥细胞含有红、绿、蓝 3 种色敏视锥细胞，即红敏细胞、绿敏细胞和蓝敏细胞，当不同波长的光线进入人眼时，可引起敏感波长与入射光线波长相符或相近的视锥细胞受到不同程度的刺激，从而在大脑产生相应的色彩感觉。若 3 种色敏视锥细胞受到同等程度的刺激，则产生白色感觉。如果人眼缺乏某种色敏视锥细胞，或者某种色敏视锥细胞功能不正常时，就会产生色盲或色弱。

3 种色敏视锥细胞的光谱响应曲线（虚线）如图 2-20 所示，其敏感波长分别对应于红、绿、蓝 3 种颜色的光。图 2-20 中的三条虚线叠加形成的实线（总响应曲线）就是视锥细胞的光谱响应曲线，它们共同决定了人眼色彩感觉。由此可见，人眼视觉系统对相同发光强度但不同波长光的感光灵敏度是不一样的，最敏感的波长为 550nm 左右，该波长对应黄绿色。

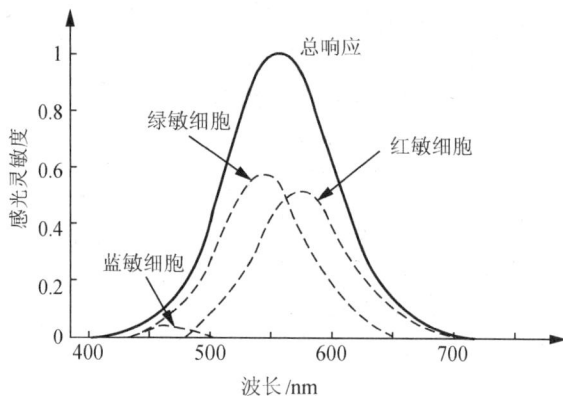

图 2-20　3 种色敏视锥细胞的光谱响应曲线

2.6.3　神经处理过程

物体在可见光照射下经眼睛光学系统在眼底视网膜上形成物像，由视杆细胞和视锥细胞将辐射能转换成神经信号，这些信号沿着视神经传输到大脑。由三级神经元实现神经信号的传输：第一级为视网膜双极细胞（Bipolar Cell）；第二级为视神经节细胞（Ganglion Cell），经视神经节细胞加工的神经信号，经过视交叉时部分地交换神经纤维，然后形成视束，传输到神经中枢的很多部位，包括丘脑的外侧膝状体、上丘和视皮层；第三级神经元的纤维从外侧膝状体发出，终止于大脑的纹状皮层。在那里，对光刺激产生的响应经过一系列处理，最终形成关于外界场景的表象，从而将对光的感觉转化为对外界场景的知觉。

纹状皮层区域是对视觉信号进行初步分析的区域。当这个区域受到刺激时，人眼能看到闪光；如果这个区域被破坏，就会失去视觉而成为盲人。与纹状皮层区域相邻的另一些脑区负责进一步加工视觉信号，产生更复杂、更精细的视觉，如认识形状、分辨方向等。如果这些部位损伤，就会失去对物体、空间关系、人脸、颜色和字词的认识能力，产生各种形式的失认症。

视网膜上视锥细胞和视杆细胞的数量远远超过视神经节细胞（100 万个）的数量。因此，来自视觉感受器的神经兴奋必然出现聚合作用，即来自许多视锥细胞和视杆细胞的神经兴奋汇聚到一个或少数几个视神经节细胞上。由于视锥细胞和视杆细胞的数量不同，因此它们汇聚到双极细胞和视神经节细胞上的比例也不同，这对视觉信息加工有重要的影响。

以上神经处理过程就是视觉过程。视觉过程先从光源发光或景物受到光的照射开始。光通过物体反射进入作为视觉感受器的左右眼睛，并同时作用在视网膜上引起视感觉。视网膜是含有光感受器和神经组织网膜的薄膜。光产生的刺激经视网膜上的视细胞转换为神经信号，神经信号通过视觉通道传输到大脑皮层进行处理，并最终引起视知觉，或者说，

大脑对光的刺激产生响应并形成关于场景的表象。大脑皮层要完成一系列工作，从图像存储到根据图像做出响应和决策。

2.7　人眼视觉特性

2.7.1　视觉的空间特性

1. 空间频率响应特性

人眼对空间感觉的角度频率（单位为周/度）即空间频率，它是指眼球每转动 1°扫过的黑白条纹周期数。空间频率也可以理解为从某一观察点来看，亮度信号在单位视角内发生周期性变化的次数。对给定的条纹，空间频率与人眼到显示屏的距离有关，对于同样大小的屏幕，距离越远，空间频率越大。

用亮度呈空间正弦变化的条纹做测试，亮度 $Y(x,y) = B[1 + m\cos(2\pi fx)]$，给定条纹频率 f（f 与空间频率之间具有一定的换算关系）为固定值，改变振幅 m（对比度），测试分辨能力。显然，m 越大，条纹越清楚。因而 $1/m$ 可作为分辨能力的判据，称为对比度灵敏度（Contrast Sensitivity）。此时，m 也称临界对比度，即在给定的某个亮度下，人眼刚好（以 50%的察觉概率）能够区分两个相邻区域的亮度差别所需要的最低对比度。

通过测试不同 cpd 值下的对比度灵敏度研究人眼视觉的空间频率响应特性（见图 2-21），该图给出了人眼视觉对不同空间频率下的正弦条纹的响应。从图 2-21 可以看出，当空间频率为 3～4.5 周/度时，视觉的对比度灵敏度最高，即人眼对这些空间频率的分辨能力最强，空间截止频率为 30 周/度。例如，我们看油画和电视机屏幕时，当距离达到一定值时，cpd 值增大，人眼就分辨不出像素细节，便感觉不到颗粒感了。因此，基本上可以认为人眼视觉系统是一个低通线性系统。

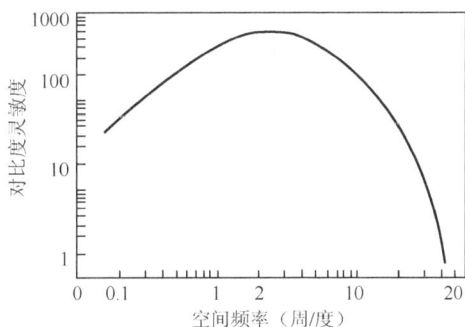

图 2-21　人眼视觉的空间频率响应（对比度灵敏度响应）

2. 视觉在空间上的累积效应

人眼对光刺激的感受范围很大，多达 13 个数量级。最低的绝对刺激阈值为 10^{-5}lx（勒克斯），最高的绝对刺激阈值为 10^{8}lx。在最理想的情况下，例如，在视网膜边缘的一个足够小的区域，当每个光量子都被一个视杆细胞吸收时，只需要少量光量子即可引起视觉感知。

此时，可认为发生了视觉在空间上的累积效应，这种情况可用光面积和发光强度的反比定律描述。这个定律的表达式如下：

$$E_c = kAL \qquad (2\text{-}19)$$

式中，E_c 表示 50%的觉察概率所需的临界光能量（在多次试验中，每两次中有一次观察到光刺激时的光能量），即视觉的绝对刺激阈值；A 为累积面积；L 为亮度；k 是一个常数，与 E_c、A、L 所使用的单位有关。

注意：能使上述定律满足的面积有一个临界值 A_c，当 $A < A_c$ 时，上述定律成立；否则，上述定律不成立。

简而言之，视觉在空间上的累积效应表现如下：当小而弱的光点单独呈现时，可能人眼看不见它，但是当多个这样的光点连在一起作为一个大光点呈现时人眼便能看见它。这累积效应表明，很大的物体在较暗的环境中，即使轮廓模糊也可能被人眼看见。

3. 人眼的空间分辨率

人眼的空间分辨率是指人眼能够分辨靠近的两个物点的极限值。人眼的光学过程使物体成像于视网膜上，而视网膜上视神经节细胞有一定大小，相邻两点必须成像于两个视神经节细胞上才有可能被人眼分辨。一个视神经节细胞的直径为 0.003mm，因此视神经节细胞能分辨的两个像点之间的最小距离为 0.006mm。若把人眼看成理想的光学系统，则根据圆孔的夫琅禾费衍射公式，极限分辨角表达式为

$$\varepsilon = \frac{1.22\lambda}{D} = \frac{1.22 \times 0.000\,55}{D} \times 206\,265'' = \frac{140''}{D} \qquad （2\text{-}20）$$

式中，假设入射光选择人眼最敏感的黄绿光，则 $\lambda = 0.55 \times 10^{-3}$ mm；同时，通过乘以 206 265 将弧度单位转化为秒单位，即 1 弧度＝206 265″。人眼在正常情况下入瞳直径 D 约为 2mm，因此人眼的极限分辨角 $\varepsilon = 140''/2 = 70'' \approx 1'$，或者 $\varepsilon = 0.3 \times 10^{-3}$ 弧度。

将物体到人眼的距离与以弧度为单位的极限分辨角相乘，可以得到对应于人眼视觉分辨率的特征间距。例如，正常人类的胳膊长度大约为 40cm，在这个距离下人眼的分辨率为 $0.3 \times 10^{-3} \times 40\text{cm} = 120\mu\text{m}$。

2.7.2 视觉的时间特性

视觉主要是一个空间的感受，但时间因素也是视觉感知中的一个基本因素，这可以从以下 3 个方面进行解释。

（1）大多数视觉刺激是随时间变化的，或者是按顺序产生的。

（2）眼睛一般是不停运动的，这使得大脑所获取的信息是不断变化的。

（3）感知过程并不是一个瞬间过程，尽管有些感知步骤很快，但总有一些步骤较慢，因为信息处理需要一定的时间。

1. 时间频率响应特性

视觉系统对运动图像的感知主要有两种现象，即闪烁和视觉暂留。

1）闪烁

时间频率即画面随时间变化的快慢。Kelly.D.H 用亮度随时间呈正弦变化的条纹做测试，亮度 $Y(t) = B[1 + m\cos(2\pi ft)]$。固定 m 值，测试不同时间频率 f 下的对比敏感度。实验表明，时间频率响应与平均亮度有关。在一般室内光强下，人眼对时间频率的响应近似一个带通滤波器，对频率为 15～20Hz 的信号最敏感，有很强的闪烁感。信号频率大于 75Hz 时闪烁感消失。

例如，当在黑暗中挥动一支点燃的香烟时，实际的景物是一个亮点在运动，然而人眼看到的是一个亮圈。如果让观察者观察按时间重复的亮度脉冲，当亮度脉冲重复频率不够高时，人眼就有一亮一暗的感觉，称为闪烁；当亮度脉冲重复频率足够高时，闪烁感消失，人眼看到的则是一个恒定的亮点。这种由时间频率的增加导致闪烁感消失的现象也称闪光融合。达到闪烁感消失的频率称为临界融合频率（Critical Fusion Frequency，CFF）。

闪光融合依赖于许多条件。刺激强度低时，CFF 低；随着刺激强度上升，CFF 明显上升。在较暗的环境下，视觉系统呈低通特性，这时人眼对 5Hz 的信号最敏感，信号频率大于 25Hz 时闪烁感基本消失。电影院环境很暗，放映机的帧率为 24Hz 时人眼感受不到闪烁，这样可以减少胶卷用量和机器的转速。而计算机显示器亮度较大，刷新率需要达到 75Hz 人眼闪烁感才消失。

一般来说，要保持画面中物体运动的连续性，要求每秒摄取的画面数约为 25 帧，即帧率为 25Hz 时，才没有闪烁感，而 CFF 远高于这个频率。在传统的电视系统中，由于整个通道没有帧存储器，显示器上的图像必须由摄像机传送过来的画面刷新，所以摄像机摄取图像的帧率和显示器显示图像的帧率必须相同，而且互相同步。在数字电视和多媒体系统中，在最终显示图像之前插入帧存储器是很简单的事，因此摄像机的帧率只需要达到保证动作连续性要求的频率即可，而显示器可以从帧存储器中反复取得数据，以刷新所显示的图像，满足无闪烁感的要求。

2）视觉暂留

人眼对于亮度的突变并不能够马上适应，而需要一定的适应时间，这种对亮度改变而表现出的滞后响应特性称为视觉惰性。当影像消失时（刺激物对视觉感受器的作用停止后），视觉神经和视觉处理中心的信号不会立即消失，而是按指数规律衰减，信号完全消失需要一个相当长的时间，这种现象称为后像。由此可以解释视觉掩盖效应。

对人眼视觉的时间频率响应特性，可以使用一阶系统模型进行描述。视觉系统的低通特性，如视觉惰性和后像，可以解析为视觉暂留效应（见图 2-22）。因此，当现实画面的帧频高于 16 帧/秒时，人眼就会认为画面是连贯的。生活中人眼感受到的动态模糊、运动残像也与视觉暂留效应有关。

2．视觉在时间上的累积效应

当对一般亮度（光刺激不太大）的物体进行观察时，人眼接收的总光能量 E 与物体可见面积 A、表面亮度 L 和观察时间 T 成正比。若令 E_c 为 50%的觉察概率所需的临界光能量，则

$$E_c = ALT \tag{2-21}$$

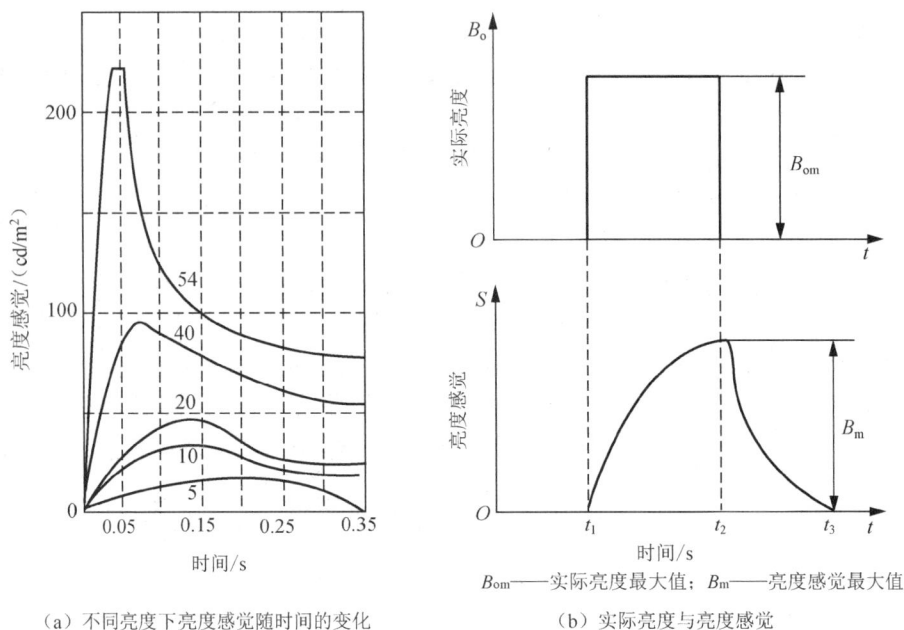

（a）不同亮度下亮度感觉随时间的变化　　　　（b）实际亮度与亮度感觉

图2-22　视觉暂留效应示意

式（2-21）成立的条件是 $T<T_c$，T_c 为临界观察时间。式（2-21）表明，在 T_c 时间内人眼受光刺激的程度与观察时间成正比。若观察时间超过 T_c，则视觉不再产生时间累积效应。换句话说，此时式（2-21）不成立。

3. 人眼的时间分辨率

有很多实验表明，人眼能感知到两种不同步的亮度，需要一定的时间上将它们区分。一般需要 60～80 μs 才能有把握地区分它们，还需要 20～40 μs 确定哪个亮度现象先出现。从绝对时间上说，这个间隔不长，但如果与其他感知过程相比还是相当长的。例如，听觉系统的时间分辨率只有几微秒。

4. 视觉适应

视觉适应是我们熟悉的一种感觉现象，它是指因光刺激的持续作用而引起视觉器官感受性发生相应的变化。人眼的视觉适应分为暗适应和明适应两种。

1）暗适应

当人从亮处进入暗处时，刚开始看不清物体，需要经过一段时间适应后，才能看清物体，这种适应过程称为暗适应。暗适应过程开始时，瞳孔逐渐放大，以增加进入眼中的光通量，瞳孔的直径可以从 2mm 扩大到 8mm，使进入眼中的光线增加 10～20 倍；同时对弱刺激敏感的视杆细胞逐渐进入工作状态，以取代视锥细胞，担负视觉功能。由于视杆细胞进入工作状态的过程较慢，因此整个暗适应过程需要 30～40min 才能趋于完成，其中约经过 10min，视锥细胞才达到最大敏感度，再经过 30min，视杆细胞才达到最大敏感度。

2）明适应

与暗适应情况相反的过程称为明适应。明适应过程开始时，瞳孔缩小，使进入眼中的光通量减少；同时进入工作状态的视锥细胞数量迅速增加，因为对较强光刺激敏感的视锥细胞反应较快，所以明适应过程一开始，人眼的光感受性迅速降低，大约 1 min 后明适应过程完成。因为明适应过程比较快，所以人们从暗处到室外阳光下，起初会感到强光刺眼，眼睛睁不开，但很快便能看清周围的景物。

对适应现象的解释一般归于化学反应（视紫红质的重新组合），这些适应现象促使人们设计了许多小装置，以减少暗适应时间。例如，晚上戴染成红色的眼镜，可以避免暗适应，而可以立即观察周围景物。其中的原理是红色主要用于刺激视锥细胞，戴红色的眼镜可以让视杆细胞保持对暗光的适应。

人眼虽具有适应性的特点，但当视野内明暗急剧变化时，却不能很好地适应，从而引起视力下降。另外，若眼睛需要频繁地适应各种不同亮度，则容易产生视觉疲劳，不但影响工作效率，而且容易引起事故。为了满足人眼适应性的特点，要求工作面的亮度均匀而且不产生阴影；对于必须频繁改变亮度的工作场所，可采用缓和照明或持续一段时间戴有色眼镜，避免眼睛频繁地适应亮度变化，而造成视力下降和视觉疲劳。

2.7.3　视觉的心理物理学特性

在设计或使用以数字图像为处理对象的算法或设备时，应该考虑人眼的图像感知原理。如果一幅图像需要人眼分析，那么应该用人眼容易感知的变量表达图像信息，这些变量即心理物理学参数，包括对比度、边缘、形状、纹理、色彩等。人眼视觉感知会产生很多错觉，了解这些现象对于理解视觉机理有很大帮助。

1．视觉对比

对比度是指亮度的局部变化，其值为物体亮度的平均值与背景亮度的比值。亮度与人眼视觉敏感度呈对数关系，这意味着高亮度需要高的对比度。

视觉对比是由光刺激在空间上的不同分布引起的视觉经验，分明暗对比与颜色对比两种。明暗对比是由光强在空间上的不同分布造成的。对比不仅能使人区别不同的物体，而且能改变人眼的明度经验。视觉对比效果如图 2-23 所示，其中的三幅图像的内部正方形区域具有相同的亮度，然而，它们看起来是随着背景亮度的提高逐渐变暗的。

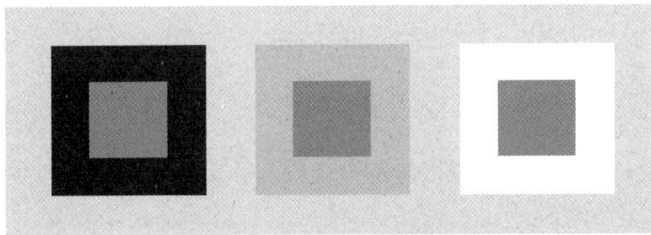

图 2-23　视觉对比效果示意

可见，物体的亮度不仅取决于物体的照明及物体表面的反射系数，而且受物体所在周围环境亮度的影响。当某个物体反射的亮度相同时，由于周围物体的亮度不同，可以产生不同的亮度感觉。这种表观上的亮度很大程度上取决于局部背景的亮度的现象称为条件对比度。

颜色也有对比效应。一个物体的颜色会受到它周围的其他物体颜色的影响而发生色调的变化。例如，将一个灰色圆环放在红色背景中，该圆环呈现绿色；将灰色放在黄色背景中，该圆环呈现蓝色。总之，对比使物体的色调向着背景颜色补色的方向变化。

2. 视错觉

视错觉是指当人眼观察物体时，基于经验主义或不当的参照物而形成的错误判断和感知。因为眼睛不同于摄像机，耳朵不同于录音机，人眼视觉是对客体再加工的心理历程，而不是机械的复制。

早期的视错觉研究侧重于黑白色调的视错觉，近年来随着计算机制图技术的发展，颜色错觉和运动错觉的研究成为可能。以凝视瀑布的下落情景为例，在人眼适应其运动之后再看静止图形时，好像它在向上运动，这就是运动错觉。

研究得最多、最具代表性的视错觉是几何视错觉。日常生活中我们会遇到许多熟知的视错觉的例子，下面给出一些经典的几何视错觉示例（见图2-24）。

1）方向错觉

（1）若一条直线的中部被遮住，则看起来该直线两端向外移动部分不再是直线，这种现象称为波根多夫错觉，如图2-24（a）所示。

（2）受背后倾斜线的影响，原本笔直而平行的黑线看起来不再平行，这种现象称为策尔纳错觉，如图2-24（b）所示。

（3）一些同心圆在特定背景中，看起来像螺旋形，这种现象称为弗雷泽错觉，如图2-24（c）所示。

2）线条弯曲错觉

（1）在由同一点发出的辐射线背景中，两条平行线看起来不再平行，而是中间部分凸起，这种现象称为黑林错觉，如图2-24（d）所示。可见，同一点发出的辐射线会干扰人眼对线条及其形状的感知。

（2）在特定曲线背景中，两条平行线看起来不再平行，而是中间部分凹下去，这种现象称为冯特错觉，如图2-24（e）所示。

（3）咖啡墙错觉类似于某一咖啡馆的墙壁而得名，如图2-24（f）所示。在这种背景中，实际上平行的线条看起来并不平行。

3）线条长短错觉

（1）在图2-24（g）中，垂直线段与水平线段是等长的，但看起来垂直线段比水平线段长，这种现象称为菲克错觉。

（2）在图2-24（h）中，左边箭头中间的线段与右边箭头中间的线段是等长的，但看起来左边箭头中间的线段比右边箭头中间的长，这种现象称为缪勒-莱依尔错觉。

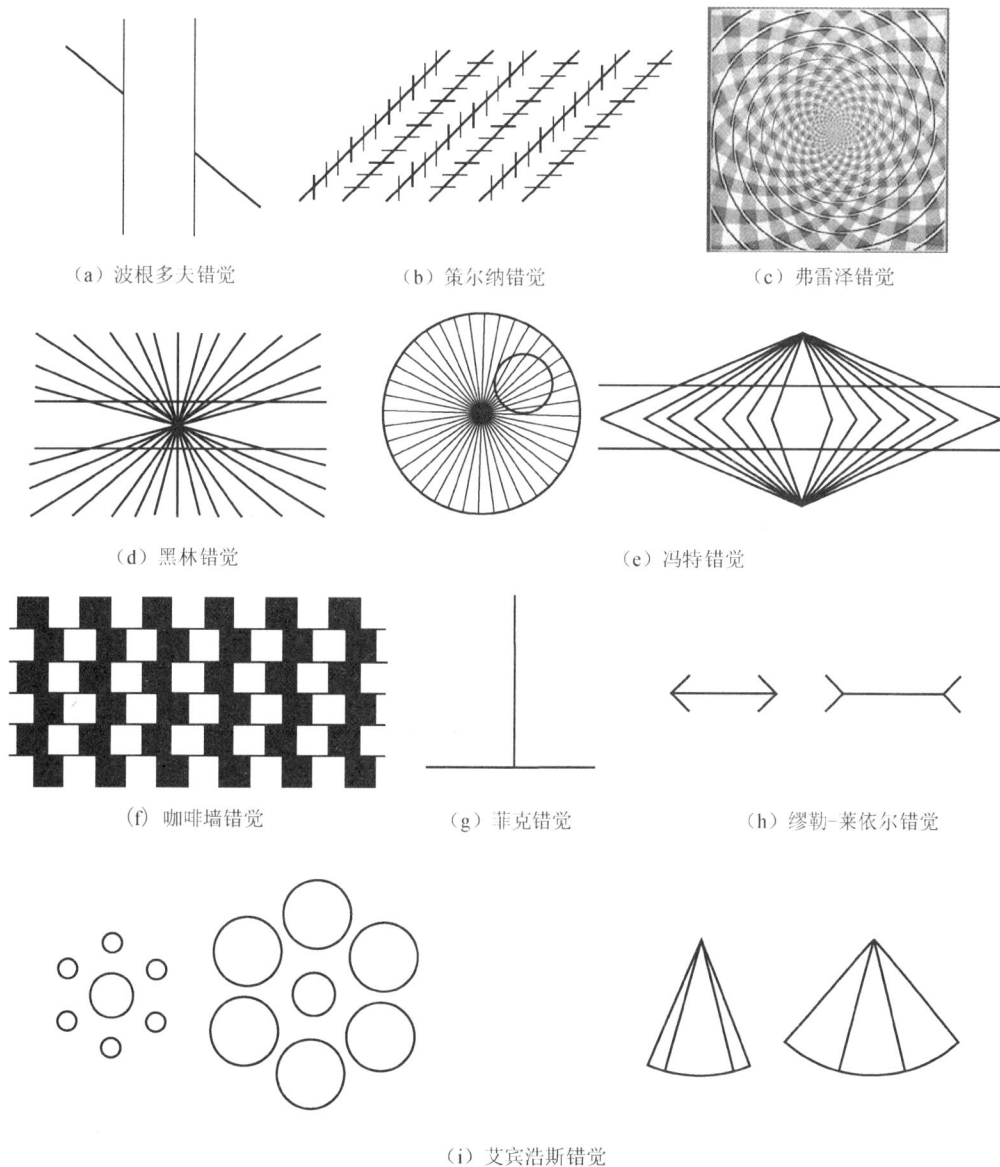

（a）波根多夫错觉　　　　　（b）策尔纳错觉　　　　　　　（c）弗雷泽错觉

（d）黑林错觉　　　　　　　　　　　　（e）冯特错觉

（f）咖啡墙错觉　　　　　　　（g）菲克错觉　　　　　（h）缪勒-莱依尔错觉

（i）艾宾浩斯错觉

图 2-24　经典的几何视错觉示例

4）面积大小错觉

在图 2-24（i）中，中间的两个圆面积相等，但看起来左边中间的圆大于右边中间的圆；中间的两个三角形面积相等，但看起来左边中间的三角形比右边中间的三角形大，这种现象称为艾宾浩斯错觉。

对于视错觉的解释，郝葆源[20]介绍了 6 种假说，但没有一种假说能对所有几何视错觉作出合理的解释，还需要深入研究视错觉。

5）马赫带效应

马赫带效应（Mach Band Effect）是由奥地利物理学家 E.Mach 于 1868 年发现的一种明度对比现象，即指人们在明暗间隔的边界感到亮处更亮、暗处更暗的现象（见图 2-25）。它是一种主观的边缘对比效应，不是由于刺激能量的实际分布造成的视觉效果，而是由于神经网络对视觉信息进行加工的结果。

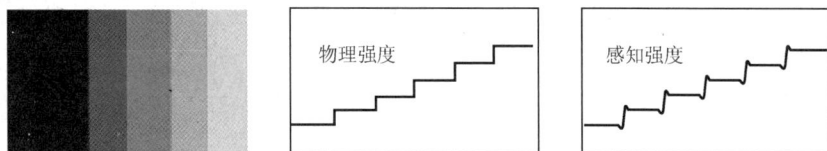

图 2-25　马赫带效应示意

马赫带效应可以用生理学中的侧抑制理论解释。侧抑制是指相邻的感受器之间能够互相抑制的现象，这是人眼为检测图像边缘信息而进化出来的一种功能，但同时也引起了人眼视觉对客观影像的失真。侧抑制是动物感受神经系统内普遍存在的一种基本现象。在侧抑制作用下，一个感受器细胞的信息输出不仅取决于它自身的输入，而且取决于邻近细胞对它的影响。图 2-26 所示为马赫带效应的生理基础。

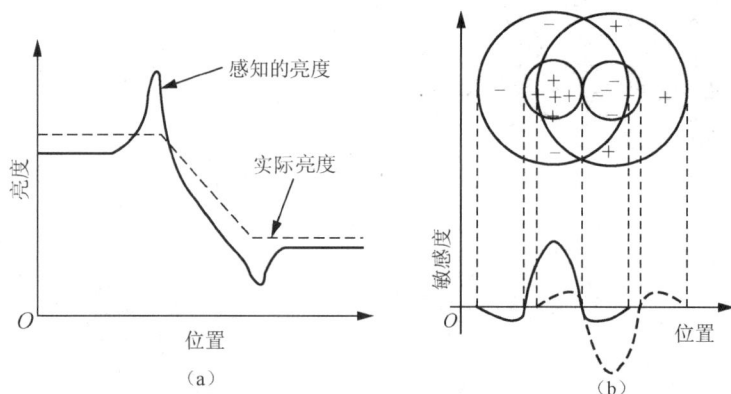

图 2-26　马赫带效应的生理基础

图像边缘信息对视觉很重要，特别是边缘的位置信息。人眼容易感觉到图像边缘的位置变化，而对于边缘的灰度误差，人眼并不敏感。

6）赫尔曼格子错觉

通常黑色衬底上的数条白线交叉时，可以看到黑点。若该图形衬底的白黑色反转，则可以看到白（灰）点，如图 2-27（a）所示。这种现象称为赫尔曼格子错觉，若格子断裂，则会产生耶兰史坦亮度错觉。这种现象与线条的宽度基本无关，而与线条和背景之间的对比度有关。交叉线条有一定宽度，交叉部分放置明亮的圆。此时，人眼观察到的不是静止的点，而是闪烁不定的明暗圆，如图 2-27（b）所示，这种现象称为闪烁格子错觉。实际上，这些点的现和隐是明确的（基本对应于眼球的微小运动），人眼感觉它们如彩色点，抖动让人感觉不舒服。有报道认为，这与感受野（Receptive Field）的大小有关，在超过一定宽度的网格上不会产生这种现象。

（a）　　　　　　　（b）

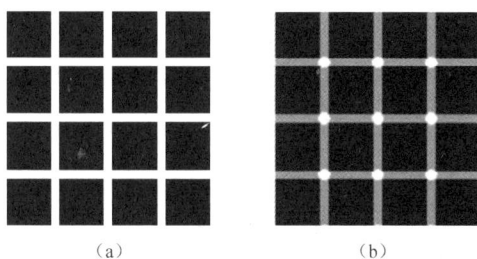

图 2-27　赫尔曼格子错觉

以上是人类对高级动物视觉的研究成果，这些研究成果给我们研究和设计机器视觉系统提供了很好的生物学模型。这里需要指出的是，对动物视觉信息处理过程的研究难度巨大，目前的研究成果仅仅是动物视觉信息处理机理的极其微小的一部分。

思考与练习

2-1　简述辐射度量和光度量的区别。

2-2　什么是三基色原理？

2-3　常见的颜色模型有哪些？各自适用于哪些场合？

2-4　为什么有时需要将一种颜色模型表示形式转换为另一种形式？如何由 RGB 模型转换为 CMY 模型？

2-5　色调、色饱和度和亮度的定义是什么？在表征图像中的某一点颜色时，上述 3 个名称中的哪一个最重要？为什么？

2-6　简述人眼成像原理。

2-7　（1）当人眼观看一个相距 51m、高 6m 的柱状物体时，其视网膜上的像尺寸是多少？

（2）把高 6cm 的柱状物体放到距眼睛多远的位置可得到与（1）中相同的像尺寸？

2-8　对比摄像机成像原理，描述人眼光学成像过程的主要"元件"及其功能，同时阐述人眼与摄像机在光学成像过程中的不同之处。

2-9　列举生活中有关人眼视细胞感光灵敏度研究成果的应用案例。

2-10　从人眼视觉空间特性的角度解释液晶电视为什么设有最佳观看距离。

2-11　"星星闪烁"与显示器屏幕闪烁的实质是否相同？请说明原因。

2-12　观看高速旋转的车轮时看不清其轮辐，这一现象属于视觉的空间频率响应还是时间频率响应？

第3章 »»»»»

视觉测量硬件系统

教学要求

　　了解视觉测量硬件系统对图像质量的影响，掌握光源照明系统、镜头参数、图像传感器性能参数及成像系统涉及的常用专业术语和概念，培养视觉测量硬件系统方案设计和器件选型等能力。

引 例

　　视觉测量硬件系统是获取客观世界信息的重要手段，其性能、参数和工作方式也会直接影响图像质量。例如，光源照明方式、物体处于运动、镜头畸变、镜头景深较小等都会造成图像质量变差（见图 3-1）。为了获得高质量的图像，需要认真客观地分析应用环境、应用场合，如测量精度、视场大小、物体纵向尺寸等，选择适当的硬件参数，以满足视觉测量要求。

　　视觉测量硬件系统主要包括光源照明系统、镜头、光电成像设备、数字化设备和处理器。如何选择这些器件的类型及参数，使整个视觉测量系统性价比达到最高，降低设计难度、提高灵活性，这是本章的重点。

（a）高反光干扰　　　　（b）运动造成图像模糊　　　　（c）镜头畸变　　　　（d）镜头景深较小

图 3-1　视觉测量硬件系统影响图像质量的例子

3.1　光源照明系统

广义上，任何发出光辐射的物体都可以称为光辐射源。这里所指的光辐射源包括可见光、紫外线、红外线或 X 射线。按照光辐射源的不同，可将光源分为自然光源和人工光源。自然光源主要包括太阳、恒星等，这些自然光源对地面的辐射通常不稳定且无法控制，因此在视觉测量中较少使用自然光源，通常需要将自然光源作为杂散光予以消除或抑制。

光源照明系统是影响视觉测量系统输入信号的重要因素。针对同一个被测物体，采用不同的光源照明系统将产生不同的照明效果。这也说明，学习光源照明系统相关知识对于视觉测量的工程实践具有重要作用。

3.1.1　光源照明系统的设计要求

光源照明系统具有以下特点或要求。

（1）尽可能地突出物体的特征。

（2）增强目标区域与背景区域的对比度，可以有效地分割图像。

（3）光谱要求。光源光谱功率分布的峰值波长应与光电成像器件的灵敏波长一致。

（4）发光强度要求。发光强度会影响摄像机的曝光效果，若光线不足，则对比度变低，需要提高放大倍数，但噪声同时被放大。此外，为了获得足够的曝光量，可能还需要加大镜头的光圈，导致景深减小。若发光强度过高，则浪费能量，并带来散热问题。

（5）均匀性要求。在所有的机器视觉应用中，都要求使用均匀的光照，因为所有的光源随着距离的增加和照射角的偏离，其照度减小，所以在对大面积物体照明时，会造成发光强度不足。

（6）要求物体位置的变化不影响图像质量，即在一定范围内移动被测物体时，照明效果不受影响。

3.1.2　光源的基本性能参数

1. 辐射效率和发光效率

在给定的光波长范围内，某一光源发出的辐射通量 Φ_e 与产生该辐射通量所需的功率 P 之比称为该光源的辐射效率，其表达式为

$$\eta_e = \frac{\Phi_e}{P} = \frac{\int_{\lambda_1}^{\lambda_2} \Phi_e(\lambda)\mathrm{d}\lambda}{P} \tag{3-1}$$

式中，$\lambda_1 \sim \lambda_2$ 为波长范围。实际应用时，宜采用辐射效率高的光源，以节省能源。

相应地，在可见光谱范围内，某一光源的发光效率表达式为

$$\eta_v = \frac{\Phi_v}{P} = \frac{\int_{\lambda_1}^{\lambda_2} \Phi_e(\lambda)V(\lambda)\mathrm{d}\lambda}{P} \tag{3-2}$$

式中，Φ_v 为光通量。在照明领域或光度测量应用中，应选用发光效率较高的光源。

2．光谱功率分布

光源输出的功率与光谱有关，即与光波长 λ 有关，这种关系称为光谱功率分布。4 种典型光源的光谱功率分布如图 3-2 所示。图 3-2（a）为线状光谱，如低压汞灯的光谱功率分布；图 3-2（b）为带状光谱，如高压汞灯的光谱功率分布；图 3-2（c）为连续光谱，如白炽灯、卤素灯的光谱功率分布；图 3-2（d）为复合光谱，它由连续光谱线状光谱和带状光谱组合而成，如荧光灯的光谱功率分布。

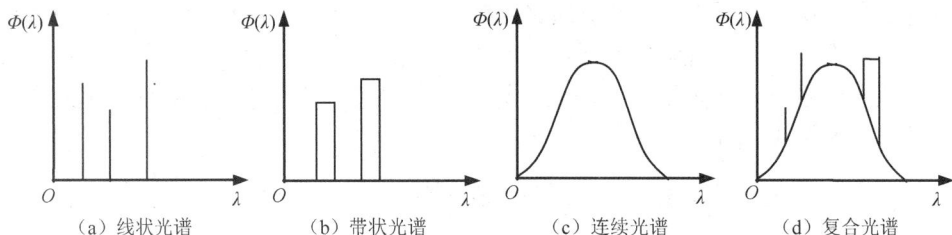

（a）线状光谱　　　（b）带状光谱　　　（c）连续光谱　　　（d）复合光谱

图 3-2　4 种典型光源的光谱功率分布

在选择光源时，为了最大限度地利用光能，应选择光谱功率分布曲线的峰值波长与光电成像器件的灵敏波长相匹配；对于目视测量，一般可以选用可见光谱辐射比较丰富的光源；对于目视瞄准，为了减轻人眼的疲劳，宜选用绿色光源；对于彩色摄像，应采用白炽灯或卤素灯作为光源；对于紫外线和红外线测量，宜选用相应的紫外光源（如氙灯、紫外汞灯）和红外光源。

3．空间光强分布特性

由于光源发光的各向异性，因此很多光源在各个方向上的发光强度是不同的。在光源辐射空间的某一截面上，将发光强度相同的点连接，可得到该光源在这一截面上的发光强度曲线，该曲线称为配光曲线。为了提高光能的利用率，一般选择发光强度高的方向作为照明方向。为了充分利用其他方向的光能，可以利用反光罩，并将反光罩的焦点置于光源的发光中心。

4．光源的颜色

光源的颜色通常包含两个方面的含义：色表和显色性。一般情况下，用眼睛直接观察光源时看到的颜色称为光源的色表。例如，高压钠灯的色表呈黄色，荧光灯的色表呈白色。在使用某种光源照射物体时，物体呈现的颜色（物体反射光在人眼内产生的颜色感觉）与该物体在完全辐射体照射下呈现的颜色的一致性，称为该光源的显色性。

复色光源如太阳光、白炽灯、卤钨灯等的发光颜色一般为白色，其显色性较好，适合于辨色要求较高的场合，例如，用于彩色摄像、彩色印刷及染料等行业。高压汞灯、高压钠灯等光源的显色性差一些，一般用于道路、隧道、码头等辨色要求较低的场合。此外，还有单色光源，例如，He-Ne 激光为红色光源，用于要求单色光源的场合。

3.1.3　照明光源类型及照明方式

照明光源类型见表 3-1，该表列出了视觉测量系统中照明光源的类型、外形、特点与应用等。

光源照明方式是指采用各种不同类型的光源，对被测物体进行照明时的光源布置方式和过程。由于没有通用的视觉测量照明设备，所以针对每个特定的应用实例，要设计相应的照明方案，以达到最佳效果。视觉测量常用照明方式见表 3-2。

表 3-1　照明光源类型

类　型	外　形	特　点	应　用	应用示例
环形光源		光线与摄像机的光轴近似平行，光照均匀、无闪烁，无阴影	适用于工业显微、晶片及工件检测、视觉定位等，如电路板检测	
低角度环形光源		光线与摄像机的光轴垂直或接近 90°，为反光物体提供 360°无反光照明，光照均匀，适用于照射轻微不平坦的表面	适用于高反射材料表面、晶片玻璃划痕及污垢、刻印字符、圆形工件边缘、瓶口缺损的检测，如硬币检测	
均匀背景光源		背光照明，突出物体的外形轮廓特征，低发热量，光照均匀，无闪烁	适用于轮廓检测、尺寸测量、透明物体缺陷检测，如外形检测	
条形光源		适用于较大被测物体的表面照明，亮度和安装角度可调、光照均匀、无闪烁	适用于金属表面裂缝检测、胶片和纸张包装破损检测、定位标记检测等，如条码检测	
碗状光源		具有积分效果的半球面内壁，能够均匀反射从底部 360°发射出的光线，使整个图像的照度均匀	适用于透明物体内部或立体表面检测（玻璃瓶、滚珠、不平整表面、焊接检测等），如线缆检测	
同轴光源		光线与摄像机的光轴平行且同轴，可消除因物体表面不平整而引起的阴影，从而减少干扰	适用于反射度极高的物体（金属、玻璃、胶片、晶片等）表面划伤检测，如金属表面划痕检测	
结构光光源		主要包括单线和多线结构光、十字线结构光、投影条纹、点阵等形式的光源，采用三角成像原理实现相位信息的探测	适用于三维轮廓形貌测量、表面纹理不明显目标的数字图像相关分析或双目立体成像	

表 3-2　视觉测量常用照明方式

照 明 方 式		示 意 图	照 明 方 式		示 意 图
直接照明	光直接射向物体，得到清晰的影像。当需要得到物体的高对比度图像时，这种照明方式很有效。但是当用它照射表面光亮或反射的材料时，会引起镜面式反光	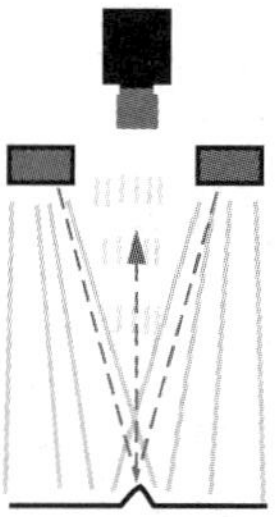 （示意图）	暗场照明	光按一定角度射向物体表面，一些倾斜的散射光进入摄像机，在一个暗的背景或视场上创造了明亮的点。暗场照明用于检测物体表面污垢、表面凸起特征或表面纹理变化	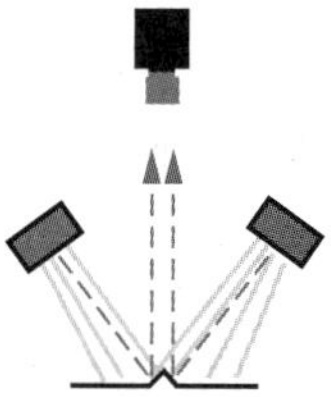 （示意图）
背光照明	物体位于摄像机和光源的中间，即光源置于物体的后面。背光照明有两个作用：一是突出不透明物体边缘轮廓，常用于尺寸测量和标定物体的方向，但会丢失物体表面特征；二是观察透明物体的内部	 （示意图）	低角度暗场照明	该照明方式近似标准的 45° 角度的暗场照明，但光线通常与被测物体表面成 0°～30° 夹角，低角度暗场照明对物体表面细节或边缘效应的细小变化有明显效果	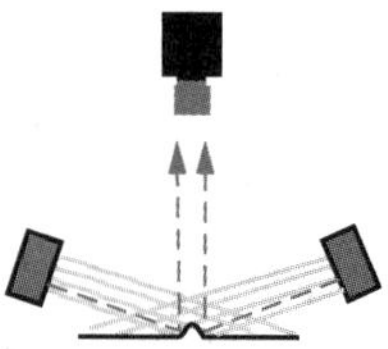 （示意图）
散射照明	散射照明也称漫散光照明。基本原理如下：如果能够使各个方向进入镜头的反射光均匀，那么反射光引起的反射斑就可以被消除。该照明方式应用于具有复杂角度物体表面的检测。这种照明方式可以达到 170° 立体角范围的均匀照明效果	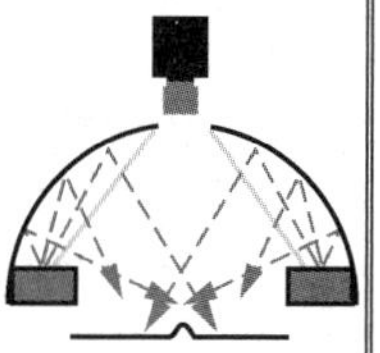 （示意图）	同轴照明	高亮度且均匀的光线通过分光镜后成为与镜头同轴的光线。同轴光的光源位于照明光路的侧面，降低光路的复杂性。同轴照明方式适用于检测高反射的物体	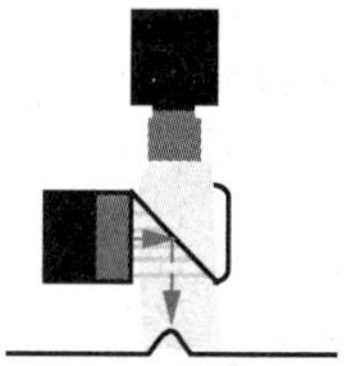 （示意图）

　　基于振幅的成像方式有时会受到环境因素的影响，特别是在恶劣环境下，图像质量变差。偏振照明是为了减少杂散光干扰的一种照明方式，采用偏振照明方式，可以抑制物体表面反射光的干扰，以获得高对比度图像。普通照明与偏振照明的效果对比如图 3-3 所示。依据光的电磁理论，光波的 4 个主要属性包括光谱（对应于波长）、振幅（对应于发光强度）、相位和偏振态。偏振光与被测物体发生相互作用后的散射光中包含由被测物体自身特性所决定的偏振信息，这样的偏振信息与我们平时探测到的光谱、振幅及相位等信息是不同的。例如，根据反射和透射的偏振特性，可以获得与物质性质（材质、表面粗糙度、水分含量等）相关的信息。偏振照明与偏振成像在抑制背景噪声、提高探测距离、获取细节特征以及识别目标伪装信息等方面具有绝对优势。例如，可实现海面及水下目标的探测、烟雾气候环境下的导航、云和气溶胶的探测，能够有效区分金属和绝缘体，或者从引诱物中区分真实目标，也可与其他照明技术相结合实现诸如多光谱偏振红外成像、超光谱偏振红外成像等。

（a）普通照明效果　　　　　　（b）偏振照明效果

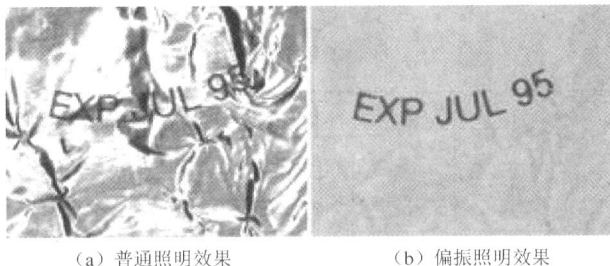

图 3-3　普通照明与偏振照明的效果对比

　　除了以上介绍的常用照明方式，还有一些特殊场合用到的照明方式。例如，在线阵摄像机中，需要亮度集中的条形光照明；在精密尺寸测量中，与远心镜头配合使用平行光照明；在高速在线测量中，为减小被测物体模糊度而使用频闪光照明。又如，可以主动测量摄像机到光源的距离的结构光照明等。此外，在很多复杂的被测环境中，需要两种或两种以上照明方式共同完成视觉测量。多种照明技术组合可以解决视觉测量系统中图像获取问题，因此光源照明系统的设计对一个视觉测量系统的成功与否至关重要。

3.2　镜　　头

　　摄像机的镜头相当于人眼的晶状体。如果没有晶状体，人眼看不到任何物体。如果没有镜头，摄像机就不可能输出清晰的图像。镜头的作用是将景象聚焦在图像传感器的光敏阵列上。

　　镜头由多个透镜、可变光圈和对焦环组成，其外观如图 3-4 所示，有些镜头还配备固定的调节系统。使用时，通过观察图像的明亮程度及清晰度，以便调整可变光圈和对焦环。

图 3-4　镜头外观

3.2.1　镜头的分类

　　当人眼的睫状体无法按需要调整晶状体凸度时，将出现近视或远视，眼前的景物变得模糊不清。摄像机与镜头的配合也有类似现象，当图像变得不清晰时，可以调整摄像机的像方焦点，改变摄像机靶面与镜头基准面的距离（相当于调整人眼晶状体的凸度），可以将模糊的图像变得清晰。

　　由此可知，镜头的主要作用是将景物的光学图像聚焦在图像传感器的光敏阵列上。视觉测量系统处理的所有图像信息均通过镜头得到，镜头的质量直接影响视觉测量系统的整体性能，因而有必要了解镜头知识。

　　镜头种类繁多，以适用于不同的场合。可以从不同角度对镜头进行分类，镜头分类见表 3-3。

表 3-3　镜头分类

分类依据	类　型		说　明
工作波长	紫外镜头		同一光学系统对不同波长光的折射率不同，这导致同一点发出的不同波长的光成像时不能汇聚成一点，从而产生色差。常用镜头的消色差设计只针对可见光范围，而对于应用于其他波段的镜头，需要进行专门的消色差设计
	可见光镜头		
	近红外镜头		
	红外镜头		
变焦与否	定焦镜头（按焦距长短分类）	鱼眼镜头	焦距长短的区分不是以焦距的绝对值为首要标准，而是以像角的大小为主要区分依据。因此，当靶面的大小不相等时，其标准镜头的焦距大小也不同
		短焦镜头	
		标准镜头	
		长焦镜头	
	变焦镜头	手动变焦	变焦镜头最长焦距和最短焦距之比称为变焦倍率
		电动变焦	
视场大小	广角镜头		视角在 90° 以上，观察范围较大，短焦距提供宽角度视场，鱼眼镜头是一种焦距为 6～16mm 的短焦距超广角摄影镜头
	标准镜头		视角在 50° 左右，使用范围较广
	长焦（远摄）镜头		视角在 20° 以内，焦距几十毫米或上百毫米，长焦距提供高倍放大功能
	变焦镜头		镜头焦距连续可变，焦距可以从广角变到长焦
工作距离	望远物镜		物距很大
	普通摄影镜头		物距适中
	显微镜头		物距很小
接口类型	C 型		镜头基准面至焦平面的距离为 17.526mm，当 C 型接口镜头与 CS 型接口摄像机配合使用时，需要在二者之间增加一个 5mm 的 C/CS 型转接环
	CS 型		镜头基准面至焦平面的距离为 12.5mm
	F 型		F 型接口镜头是尼康镜头的接口标准，又称尼康口，它是通用型接口，一般适用于焦距大于 25mm 的镜头及靶面大于 1 英寸的摄像机
	V 型		V 型接口镜头是施耐德镜头主要使用的标准，一般用于摄像机靶面较大或特殊用途的镜头
特殊用途的镜头	显微镜头		一般用于光学倍率大于 10：1 的视觉测量系统，当 CCD 像元尺寸较小（例如，像元尺寸小于 3μm）和光学倍率大于 2：1 时也选用显微镜头
	微距镜头		此类镜头一般是指光学倍率为 1：4～2：1 范围内特殊设计的镜头。当对图像质量要求不高时，一般可在镜头和摄像机之间增加近摄接圈或在镜头前增加近拍镜，以达到放大图像的效果
	远心镜头		主要为纠正传统镜头的视差而特殊设计的镜头，可以在一定的物距范围内，使拍摄到的图像放大倍数不随物距的变化而变化

3.2.2　视场

视场（Field of Vision，FOV）是指视觉测量系统能够观察到的物体的物理尺寸范围，也就是图像传感器所成图像最大时对应的场景的大小。视场计算示意如图 3-5 所示，视场的大小与工作距离（物距）d_w、焦距 f、芯片尺寸 s_C 有关。视场纵向或横向长度 $FOV_{(V\,or\,H)}$ 计算公式为

$$FOV_{(V\,or\,H)} = \frac{d_w \times s_{C(V\,or\,H)}}{f} \tag{3-3}$$

已知 1/3 英寸 CCD 图像传感器的有效像场尺寸为 4.8mm×3.6mm（对角线长 6mm），其纵向尺寸为 3.6mm。假设焦距为 16mm，工作距离为 200mm，则纵向视场等于 45mm。

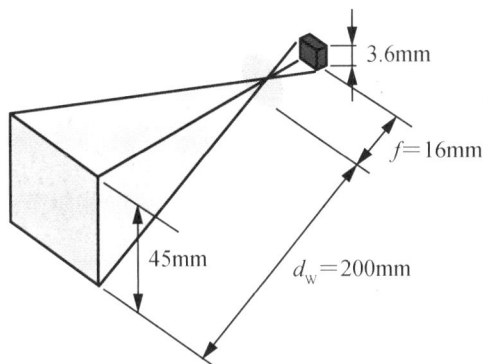

图 3-5　视场计算示意

下面介绍设计工业摄影测量系统时镜头的选择案例。若被测物体的高度为 1m，受空间限制，摄像机只能安装在距被测物体 5m 的位置，已知摄像机像平面尺寸为 1/3 英寸（纵向尺寸为 3.6mm），应选用焦距为多大的镜头才能满足测量要求？在满足要求的情况下，只能在 10mm、12mm、16mm、20mm 中选择一个数值作为焦距。

根据透镜成像模型，将数值代入式（2-17）表示的物像关系和垂轴放大率公式 $\beta = L'/L$，可得

$$\begin{cases} 1/L' - 1/\left(5\times10^3\right) = 1/f \\ L'/\left(5\times10^3\right) = 3.6/10^3 \end{cases}$$

解得 $L' = 18\text{mm}$，$f \approx 18.065\text{mm}$。因此可以选择焦距为 16mm 的镜头，以保证被测物体完整成像在摄像机像平面上。

由中心透视投影模型和式（2-16）可知，5/1=f/3.6，解得 f=18mm。通过上述两种成像模型计算出的结果较为接近。

3.2.3　光学倍率和数值孔径

光学倍率是指成像大小与物体尺寸的比值，可以表示为

$$M = \frac{s_{C(V\,or\,H)}}{\text{FOV}_{(V\,or\,H)}} = \frac{f}{d_W} = \frac{\phi_{NA'}}{\phi_{NA}} \tag{3-4}$$

式中，ϕ_{NA} 为物方数值孔径（Numerical Aperture）；$\phi_{NA'}$ 为像方数值孔径。

图 3-6 所示为数值孔径示意。设物方孔径角和折射率分别为 u 与 n，像方孔径角和折射率分别为 u' 与 n'，则物方和像方的数值孔径分别表示为

$$\phi_{NA} = n\sin u \tag{3-5a}$$

$$\phi_{NA'} = n'\sin u' \tag{3-5b}$$

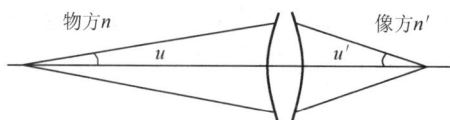

图 3-6　数值孔径示意

3.2.4　景深

拍摄有限距离的景物时，在像平面上呈现清晰图像的物距范围称为景深。图 3-7 所示为小景深镜头与大景深镜头拍摄的图像效果比较。

（a）小景深镜头拍摄的图像　（b）大景深镜头拍摄的图像

图 3-7　小景深镜头与大景深镜头拍摄的图像效果比较

由几何光学共线成像理论可知，一个物平面对应唯一的像平面。因此，从严格意义上说，除了对准平面上的点在摄像机靶面上能成点像，其他在对准平面前后的空间点在像平面上只能成像为弥散斑。当弥散斑小于一定限度（例如，不大于摄像机像元尺寸），仍可把它认为一个点，于是，小于成像装置分辨率的一定量的离焦可以忽略。因此，景深也可以定义为能清晰成像的最远物点所在平面与最近物点所在平面之间的距离。

景深与镜头光圈大小、焦距、工作距离有直接的关系。焦距越小，景深越大；工作距离越大，景深越大；光圈越小，景深越大。但是光圈大小直接影响像平面亮度，光圈增大，通光量增加，但景深减小，需要折中选择光圈与景深，小光圈和良好的通光量会使聚焦更容易。

3.2.5　曝光量和光圈数

摄像机收集到的光量即曝光量，曝光量 E 等于到达像平面上的辐照度 I 与曝光持续时间（快门速度）t 的乘积，即

$$E = I \times t \tag{3-6}$$

功率乘以时间，所得结果为能量，当图像辐照度的单位为 W/m^2 时，曝光量的单位为 J/m^2。

光圈数也称 F 数（F-number，用 $f\#$ 表示），它与焦距 f、入射光瞳直径 D 之间的关系式如下：

$$f\# = f / D \tag{3-7}$$

F 数的倒数 D/f 称为物镜的相对孔径。

通常指定物镜以 F 数为单位，因为对于相同 F 数的不同物镜来说，恒定快门速度下的曝光量是一样的。换句话说，F 数表征单位入射光瞳直径下不同焦距透镜接受辐射强度的能力。

F 数是以 $\sqrt{2}$ 为公比的等比级数，因为两倍入射光瞳面积 S 等于入射光瞳直径 D 的 $\sqrt{2}$ 倍，即

$$2 \times S \sim \sqrt{2}D \approx 1.4D \tag{3-8}$$

F 数的常用值为 1.4、2、2.8、4、5.6 等。每挡 F 数的变化改变 1.4 倍入射光瞳直径，就可把到达像平面的辐射强度提高 2 倍。最小 F 数是衡量镜头质量好坏的重要参数之一。例如，电影摄像机镜头的最小 F 数为 0.85。F 数越小，表示它能在光线较暗的情况曝光或用较短的时间曝光，可以进行高速摄影。

摄像机光学系统通过调节光圈大小改变 F 数，光圈越小，F 数越大，景深也越大，但由于像平面的辐照度变小，需要相应地增加曝光时间，才能使像平面获得相同的曝光量，两者的定量关系：曝光时间与 F 数的平方成正比。

3.2.6 镜头的光学分辨率

因光的波动性而产生的衍射弥散会使一个物点成像时不是一个几何点，而是一组亮度逐渐衰减且明暗相间的光环，该光斑称为爱里斑（Airy Disk）。如果两个物点相距很远，它们各自形成的爱里斑相距也比较远，它们的像就容易分辨；如果两个物点相距很近，对应的爱里斑重叠较多，就不能清晰地分辨出这两个物点的像。

根据瑞利（Rayleigh）判据，当一个爱里斑的边缘正好与另一个爱里斑的中心重合时，这两个爱里斑刚好能被分辨。瑞利判据示意如图 3-8 所示，其中 σ 为瑞利距离，其值等于爱里斑的半径，即

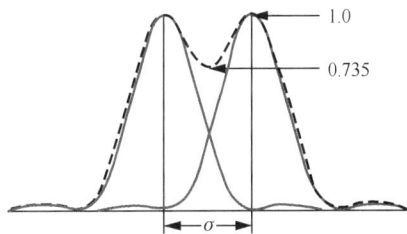

图 3-8 瑞利判据示意

$$\sigma = 1.22\frac{\lambda f}{D} \approx 1.22\lambda f \# \tag{3-9}$$

当两个像点之间的距离大于或等于 σ 时，可以被分辨；当它们之间距离小于 σ 时，不能被分辨，成像系统分辨率示意如图 3-9 所示。镜头的光学分辨率定义为 σ 的倒数，即

$$N = \frac{1}{\sigma} = \frac{D}{1.22\lambda f} \tag{3-10}$$

在式（3-10）中，若波长 λ=500nm，则 N=1639D/f。计算结果说明相对孔径越大，镜头的光学分辨率越高，也可以理解为对空间高频信号的保留越充分。例如，为了提高天文望远镜分辨率和增加光通量，通常使用直径很大的物镜。我国建成的 500m 口径球面射电望远镜开创了建造巨型望远镜的新模式，其反射镜面相当于 30 个足球场，分辨率极高，更远更小的天体目标能够被探测，大幅度拓展了人类的视野。

对于 F 数为 f8 的镜头，爱里斑半径为 5～6μm，若波长为 500nm，此时的光学分辨率为 170～200lp/mm。也就是说，一个理想镜头在 F 数为 f8 时的分辨率不会超过 200lp/mm。

在表 3-4 中列出了不同 F 数下爱里斑直径与理想镜头的分辨率。为了充分利用镜头的光学分辨率，所使用的图像传感器的分辨率应大于或等于镜头的光学分辨率。

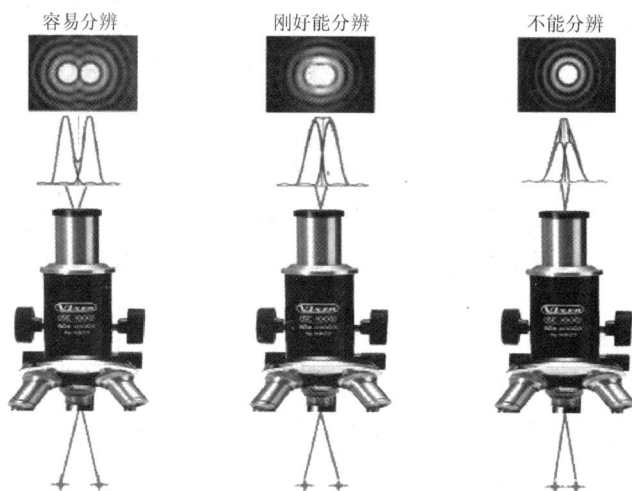

图 3-9   成像系统分辨率示意

表 3-4   不同 F 数下爱里斑直径与理想镜头的分辨率

F 数（光圈数）	爱里斑直径	依据瑞利判据的最大分辨率/（lp/mm）	
	爱里斑最小直径/μm	MTF 9%	MTF 50%
f/2.8	3.8	532	247
f/4	5.4	373	173
f/5.6	7.5	266	123
f/8	10.7	186	86
f/11	14.8	135	63
f/16	21.5	93	43

3.2.7   镜头的选择

镜头是视觉测量系统的关键设备，在选择镜头时需要考虑以下方面因素。

（1）镜头的成像尺寸应大于或等于摄像机靶面尺寸。

（2）考虑环境照度的变化。在照度变化不明显的环境下，可选择手动光圈镜头；在照度变化较大的环境下，可选用自动光圈镜头。

（3）选用合适的镜头焦距。焦距越大，工作距离越大，水平视角越小，视场越窄。确定焦距的步骤如下：先明确成像系统的分辨率，结合 CCD 图像传感器尺寸确定倍率；再结合空间结构确定工作距离，最后按成像公式估算镜头的焦距。

（4）若在成像过程中需要改变光学倍率，则采用变焦镜头；否则，采用定焦镜头。通常需要根据被测物体的状态，优先选用定焦镜头。

（5）接口类型互相匹配。CS 型接口镜头与 C 型摄像机无法配合使用；C 型接口镜头与 CS 型摄像机配合使用时，需要在二者之间增加 C/CS 转接环。

（6）优先考虑特殊要求。实际应用时，可能有特殊要求。例如，是否有测量功能，是否需要使用远心镜头，成像的景深是否很大，等等。在视觉测量中，常选用物方远心镜头，其景深大、焦距固定、畸变小，可获得比较高的测量精度。

3.3　光电成像器件

在光电成像过程中，镜头将景物的反射光成像在光电成像器件的像敏面上，形成二维光学图像。光电成像器件首先将二维光学图像转换成二维电信号，然后按照一定的规则将二维电信号转换成一维时序信号（视频信号）并通过信道进入监视器，以图像形式显示出来；也可将视频信号保存为数字文件，便于计算机分析和处理。

光电成像器件的物理效应通常分为光子效应和光热效应两大类。

（1）光子效应。光子与物质相互作用引起的光电效应称为光子效应。探测器吸收光子后，直接引起原子或分子内部电子状态的改变。光子能量的大小直接影响内部电子状态改变程度的大小。因为光子能量计算公式为 hv，所以光子效应对光波波长表现出选择性。在光子直接与电子相互作用的情况下，其响应速度一般比较快。光子效应包括光电发射效应、光电导效应、光生伏特效应。

（2）光热效应。探测元件把吸收的光辐射能变为晶格的热运动能量，引起探测元件的电学性质或其他物理性能发生变化，这种现象称为光热效应。光热效应与光子能量 hv 的大小没有直接关系。原则上，光热效应对光波波长没有选择性，只是在红外波段上，材料吸收率高，光热效应也更强烈，因此，光热效应广泛应用于对红外辐射的探测。因为温度升高是热积累过程，所以光热效应的响应速度一般比较慢，而且容易受环境温度变化的影响。

3.3.1　光电成像器件的发展

1934 年，研制成功光电像管，应用于广播电视摄像。但是它的灵敏度和信噪比低，因此应用范围有限。

1947 年，研制成功超正析像管，灵敏度有所提高，最低照度的要求比光电像管降低很多。

1954 年，灵敏度较高的视像管投入市场，主要应用于电视电影、工业监控等方面。视像管成本低、体积小、结构简单，灵敏度和分辨率高，但在低照度下动态响应差，不适用于高速摄像场合。

1965 年，氧化铅管成功地替代了超正析像管，使彩色电视摄像机的发展产生了质的飞跃。

1970 年，美国贝尔实验室 W.S.波涅尔和 G.E.史密斯等人在研究磁泡时，发现了电荷通过半导体势阱发生转移的现象，提出了电荷耦合概念和一维 CCD 模型。

1974 年，美国 RCA 公司的 512 像素×320 像素面阵 CCD 摄像机首先问世。CCD 的发明是光电成像器件领域的一次革命，它的产生和发展对国民经济各领域的发展以及现代科学技术的进步起了积极的推动作用。

1979 年，日本索尼公司用三片 242 像素×242 像素隔列转移 CCD，首先实现了红绿蓝分路彩色摄像机。

1983 年，美国德州仪器公司研制出了 1024 像素×1024 像素的前照式 CCD。

1998 年，日本采用拼接技术开发成功 16384 像素×12288 像素（4096 像素×3072 像素×4 像素）的 CCD。

随着微电子技术的发展以及大规模集成电路工艺的不断完善和推广，CCD 技术还会继续不断地向高灵敏度、高密度、高速度和宽光谱响应方向发展。

下面介绍目前占有成像设备绝大部分市场的 CCD 图像传感器和 CMOS 图像传感器。

3.3.2　CCD 图像传感器

电荷耦合器件（Charge Coupled Device，CCD）是受磁泡存储器的启发，作为金属氧化物半导体（Metal-Oxide-Semiconductor，MOS）技术的延伸而产生的一种半导体器件。一般把它与电荷注入器件（CID）、电荷引动器件（CPD）、自扫描光电二极管阵列（SSPD）等器件一起统称为电荷传输器件或电荷转移器件。通过 CCD 可以实现光电转换、信号储存、转移（传输）、输出、处理以及电子快门等一系列功能。CCD 具有以下特点。

（1）具有体积小、质量小、电压及功耗低、可靠性高、寿命长等一系列优点。

（2）具有理想的"扫描"线性，可进行行像素寻址，可变换"扫描"速度，畸变小、尺寸重现性好，特别适用于尺寸测量、定位和成像传感。

（3）有很高的空间分辨率。

（4）有数字扫描能力。像素的位置可由数字代码确定，便于和计算机结合。

（5）像素间距的几何尺寸精确，可以获得很高的定位精度和测量精度。

（6）具有很高的光电灵敏度和大的动态范围。在特定条件下 CCD 与微光像增强器输出端耦合，可以检测到一个光电子。

（7）CCD 数据率可调，因此可适用于动态、静态等各种条件下的测量，而且还可利用电子快门面阵 CCD 实现高速瞬态图像的采集。

（8）可任选模拟、数字等不同输出形式，可与同步信号、I/O 接口及微机兼容组成高性能系统，以适应不同条件下的使用。

CCD 既具有光电转换功能，又具有信号电荷存储、转移和输出功能，它能把一幅空间域分布的光学图像转换成一列按时间域分布的离散信号电压。CCD 作为一种高性能光电成像器件，已发展成为强有力的多功能器件，其主要应用涉及摄像、信号处理和存储三大领域。

下面根据不同的分类方式，介绍各种 CCD 图像传感器。

1. 按光敏单元的排列形式分类

按照光敏单元的排列形式，CCD 可分为线阵 CCD 和面阵 CCD。前者的光敏单元有序地排列成线形，后者的光敏单元有序地排列成二维阵列。线阵 CCD 和面阵 CCD 的外观如图 3-10 所示。

图 3-10　线阵 CCD 和面阵 CCD 的外观

1）线阵 CCD

由于线阵 CCD 的光敏单元有序排列成线形，因此线阵 CCD 一次只能获得图像的一行信息，通过被拍摄景物与线阵 CCD 之间的相对运动实现二维景物成像。线阵 CCD 成像原理如图 3-11（a）所示，大多数平板扫描仪采用该原理成像。线阵 CCD 也可以做成环形，主要用于医学和工业成像，以得到三维物体横截面图像。面阵 CCD 成像原理如图 3-11（b）所示，该原理是计算机轴向断层成像技术的基础。

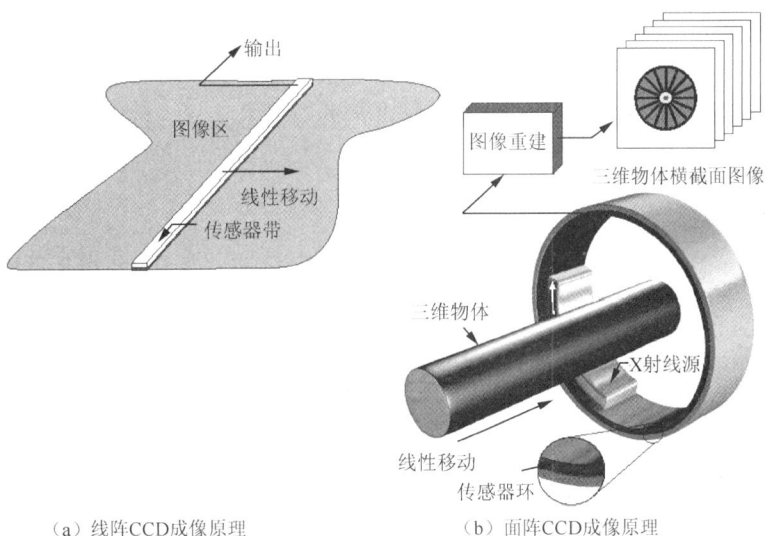

（a）线阵CCD成像原理　　　　　　（b）面阵CCD成像原理

图 3-11　线阵 CCD 和面阵 CCD 的成像原理

2）面阵 CCD

由于面阵 CCD 的光敏单元及移位寄存器排列成二维阵列，因此面阵 CCD 一次可以获得完整的二维图像。用面阵 CCD 获取数字图像的过程如图 3-12 所示。

2．按输出图像信号形式分类

1）模拟摄像机

模拟摄像机输出的信号形式为标准的模拟信号，需要配置专用的图像采集卡才能把模拟信号转换为计算机可以处理的数字信号。模拟摄像机一般用于电视摄像和监控领域，具有通用性好、成本低的特点，但分辨率一般较低、采集速度慢，而且在图像传输过程中容易受到噪声干扰，导致图像质量下降，所以只能用于对图像质量要求不高的视觉测量系统。模拟摄像机的工作方式分为逐行扫描和隔行扫描两种。

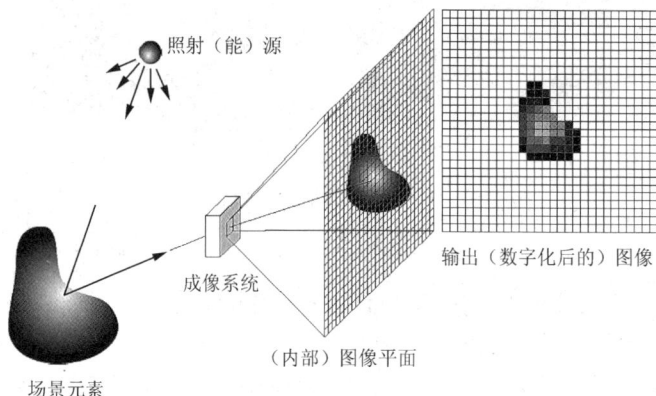

图 3-12　用面阵 CCD 获取数字图像的过程

2）数字摄像机

数字摄像机在内部集成了 A/D 转换电路，可以直接将模拟信号转换为数字信号，不仅有效地避免了图像传输线路中的干扰问题，而且由于摆脱了标准视频信号形式的制约，能够采用更加高速和灵活的数字信号传输协议进行外部信号输出。因此，数字摄像机可以支持多种分辨率的图像输出。

3．按成像色彩分类

1）黑白摄像机

黑白摄像机也称单色摄像机，输出结果为一幅亮度图像，适用于光线不充足或仅用于监视景物的位置或移动的场合。对于成像要求较高的科学研究，一般也会选择黑白摄像机，因为很多黑白摄像机拍摄出的图像比彩色图像更接近真实的物体，这是因为彩色图像都是经过滤光片处理后得到的，而黑白图像是由未处理的光线直接成像的。

2）彩色摄像机

彩色摄像机适用于景物色彩、细节的辨别，在亮度信息的基础上，彩色摄像机复原了色调和饱和度信息。CCD 的光敏阵列是单色的，采用以下三种策略获取彩色图像。

（1）在单色 CCD 前利用色彩滤波器依次记录三种不同的图像。这种方法只用于实验室静态测量，而不能应用于运动物体。

（2）在单个 CCD 上使用色彩滤波器阵列，就可组成单 CCD 彩色摄像机。使用一个 CCD 图像传感器，在其表面覆盖一个只含红、绿、蓝三色的马赛克滤镜，这样每个像素只能获取红、绿、蓝三色中的一种颜色。由于这个设计理念最初由拜尔（Bryce E. Bayer）提出，所以这种滤镜也称 Bayer 滤镜，如图 3-13 所示。其彩色分辨率大约是 CCD 几何分辨率的三分之一，可以通过空间色彩插值得到每个像素的完整彩色数值。

人眼对绿色最敏感，对蓝色的敏感度最差，这一特性用于单 CCD 彩色摄像机中的 Bayer 滤镜。由图 3-13 可以发现，绿色敏感的像素数等于红色和蓝色敏感像素数之和。

（3）使用分光棱镜将入射光分解成几种色彩通道。一般将入射光中的红、绿、蓝三个基色分开，使其分别投射在单个 CCD 上，这类摄像机称为棱镜分光 3CCD 彩色摄像机，如图 3-14 所示。这种彩色图像获取方式在实际应用中的效果非常好，但它的最大缺点是，采用三个 CCD 以及一个棱镜的组合，必然导致价格昂贵。

图 3-13　单 CCD 彩色摄像机的 Bayer 滤镜　　图 3-14　棱镜分光 3CCD 彩色摄像机

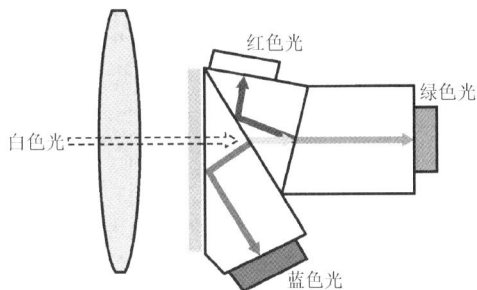

在实际应用中，即使最成熟的色彩插值算法也会在图像中产生低通效应。所以，单 CCD 彩色摄像机获得的图像比 3 棱镜分光 CCD 彩色摄像机获得的图像更加模糊。但是，由单 CCD 彩色摄像机组成的 CCD 数字摄像机的价格大大降低，而且随着电子技术的发展，目前 CCD 的质量都有了惊人的进步，因此大部分彩色数字摄像机都采用这种技术。

4．按扫描制式分类

传统摄像机输出制式和电视机是兼容的，标准的彩色 CCD 摄像机输出的模拟信号扫描方式分为 PAL 制式和 NTSC 制式。PAL 制式是指隔行隔列扫描，NTSC 制式是指隔行扫描。

3.3.3　CMOS 图像传感器

互补的金属氧化物半导体（Complementary Metal Oxide Semiconductor，CMOS）是指在同一晶片上制作了 PMOS（Positive Channel MOSFET）和 NMOS（Negative Channel MOSFET）元件，由于 PMOS 与 NMOS 在特性上互补，因此得名。CMOS 图像传感器是在当代大规模集成电路（VLSI）制造工艺上发展来的光电传感技术成果之一，它的重要特点之一是可以直接访问任意像素，并能对任意像素进行操作运算。因此，它具有任意兴趣区域窗，Binning（一种将相邻像素的感应电荷相加作为一个像素读出的方式，能够提高帧频和灵敏度）等许多灵活功能。这使得 CMOS 具有体积更小、速度快、读出方式灵活、可以开窗、功耗低、价格低等优点。

CCD 图像传感器和 CMOS 图像传感器的感光原理是一致的，两者的区别在于感光后对光生电荷的处理方式。CCD 图像传感器是用电压势阱约束和收集光生电荷的，然后逐行转移串行读出，所以其芯片采用的电压高，供电复杂，读出速度受限制。CMOS 图像传感器像素内有电压比较电路，收集的光生电荷量直接被转换成电压信号的强弱，然后采用与内存访问相同的方式进行行列选择读出。

CCD 图像传感器与 CMOS 图像传感器在大部分性能指标上已很接近，它们都满足大部分的应用要求，在正常光照条件下，人眼几乎无法察觉两者所拍摄图像质量的差异。因此，在正常光照条件下的常规应用，可以不考虑两者的区别。

但是当 CMOS 图像传感器光敏成像时，其暗电流的电子热噪声随时间的累积效应比 CCD 图像传感器大，即当曝光时间较长时，CMOS 图像传感器的信噪比会降低。CCD 图像传感器和 CMOS 图像传感器的性能比较见表 3-5。在光照条件不足、目标较小、图像质量要求高、曝光时间相对较长等条件下，CCD 图像传感器比 CMOS 图像传感器有优势。

表 3-5　CCD 图像传感器与 CMOS 图像传感器的性能比较

性　　能	CCD 图像传感器	CMOS 图像传感器
暗电流/（pA/m²）	10	10～100
灵敏度	高	较高
噪声电子数	≤15	≤50
DRNU/%	1～10	<10
像素内放大器	无	有
信号输出	逐个光敏元输出，只能按规定的程序输出	行、列开关控制，可随机采样，可实现快速的开窗功能
ADC	片外设置	可片内集成
逻辑电路	片外设置	可片内集成
接口电路	片外设置	可片内集成
驱动电路	片外设置，电路设计复杂	可片内集成

因为曝光时间短，电子热噪声累积效应可忽略，加之 CMOS 图像传感器本身速度快等原因，所以高速摄像机绝大多数采用 CMOS 图像传感器。虽然 CMOS 图像传感器还有一些弱点，但由于体积小、成本低、功能多、高速成像性能好等重要特点，目前在中低端摄像机中，CMOS 图像传感器的应用已明显超过了 CCD 图像传感器。

3.4　数字化设备

数字化设备是指将光学成像传感器得到的模拟信号转换为数字信号的电路器件。它可以集成在成像设备中，如数字摄像机；也可以独立在成像设备之外，如各类图像采集卡。不带数字化设备、输出图像为模拟信号的摄像机称为模拟摄像机。

1. 图像采集卡

成像设备将采集的视频图像以模拟信号方式输出时，常使用两种输出方式：标准视频信号和非标准视频信号。相应地，图像采集卡也分为两类。

1）标准视频图像采集卡

标准视频图像采集卡可采集的标准视频信号有黑白视频、复合视频、分量模拟视频和 S-Video 等。其中黑白视频包括 RS-170、RS-330、RS-343 和 CCIR 等。复合视频制式主要有 NTSC（National Television System Committee）、PAL 和 SECAM 等制式。我国使用 PAL 制式。由于 S-Video 传输的图像质量好于复合视频，因此目前它得到广泛应用。

2）非标准视频图像采集卡

非标准视频图像采集卡可采集的非标准视频信号有非标准 RGB 信号、线扫描和逐行扫描信号。采用非标准视频信号通常是为了获得高分辨率、高刷新率的图像或其他特殊要求的图像。例如，通过 CT、MR（核磁共振）、X 射线、超声波获得的医疗影像要求高分辨率和高传输率，这些设备的输出图像一般为非标准视频信号。有时，因成本或速度的限制（如高速摄像等需求）而采用低分辨率非标准视频信号。

2．数字摄像机和数字图像采集卡

在数字摄像机中，数字化功能集成在摄像机内，直接输出数字图像信号。这样，可以避免在将模拟信号转化为模拟视频图像、再将模拟视频图像转化为数字图像过程中的图像信息损耗。数字摄像机具有很好的感光像元和像素的几何对应性。只要知道每行的像素数，就可以确定每个像素的位置，从而避免模拟视频图像在数字化过程中因水平扫描不能精确同步而造成像素抖动等问题。

数字摄像机的输出接口标准一般有 RS-422、RS-644、Camera Link、IEEE1394、USB 和千兆网等。为了保持通用性，有的数字摄像机还配备复合视频输出、模拟 RS-343 或 RS-170 输出。IEEE1394 接口标准是 IEEE 标准化组织制定的一项具有视频数据传输速度的串行接口标准。同 USB 一样，IEEE1394 也支持外设热插拔，同时可为外设提供电源，支持同步数据传输。使用千兆网接口的数字摄像机由于具有通用连接性和高数据传输率等优点，发展很快，有很好的应用前景。

很多新型数字摄像机都具有与计算机直接通信的功能。数字摄像机数据线连接计算机后，在计算机上安装驱动程序，就可以直接控制数字摄像机。部分数字摄像机要通过数字图像采集卡与计算机连接。计算机为了接收数字图像信号，根据不同的数字摄像机的输出接口规格选用不同的数字图像采集卡。另外，有些采集卡还支持图像的实时显示或模拟信号的输入。

由于不存在像素抖动问题，因此数字摄像机可以获得定位质量高的图像。对于精密测量，应尽量选取数字摄像机组成图像采集系统。

3.5　处　理　器

处理器用于对数字图像进行存储、处理和分析，它是图像应用系统的主要工作核心，处理器可以是 PC、DSP 微处理器、FPGA 或工作站。在一些用于高速实时处理的图像处理板上装有图像处理器、图像加速器、DSP 等微处理器。另外，还有一些专供图像处理的处理器或工作站。目前已出现一些将数字摄像机与 DSP、FPGA 等处理器连接成一体的智能摄像机系统，只需在 DSP 微处理器或 FPGA 上写入应用程序，就可使之成为独立的摄像应用系统。

3.6 成像系统常用参数术语

1. 空间分辨率

摄像机的空间分辨率（Spatial Resolution）是指图像传感器（光敏）芯片的像元总数或行列数，等同于最终获得的数字图像的像素数 $M×N$。其中，M 是行方向的像素数，N 是列方向的像素数。也有用总像素数直接表达的，例如，200 万像素、1000 万像素。空间分辨率是摄像机主要的性能指标之一，高分辨率摄像机也是高精度视觉测量的必要条件。

2. 感光像元尺寸

感光像元尺寸（Pixel Size）是指图像传感器中的感光像元的长度和宽度大小。现在常用的 CCD 图像传感器的感光像元尺寸多为 3～16μm，如 6.7μm×6.7μm、9.0μm×9.0μm、12μm×12μm 等尺寸。CMOS 的感光像元尺寸通常更小。

3. 传感器芯片尺寸

传感器芯片尺寸定义为感光成像区域的宽度×高度，如 6.4mm×4.8mm。通常将感光像元尺寸乘以像元个数，得到传感器（光敏）芯片的尺寸，也称 CCD 图像传感器或 CMOS 图像传感器的靶面尺寸。常用英寸表示靶面尺寸，这是延续早期摄像管成像靶面的定义，它是指成像靶面的对角线长度，如 1/2'、1/3'、1/4'、2/3'等，但实际上只有中间部分的靶面能有效成像。不同 CCD 图像传感器芯片尺寸及对应的靶面和对角线长度见表 3-6。

表 3-6　不同 CCD 图像传感器芯片尺寸及对应的靶面和对角线长度

传感器芯片尺寸（英寸）	靶面（长×宽）/mm	对角线长度
1'	12.7 mm×9.6 mm	16 mm
2/3'	8.8 mm×6.6 mm	11 mm
1/2'	6.4 mm×4.8 mm	8 mm
1/3'	4.8 mm×3.6 mm	6 mm
1/4'	3.2 mm×2.4 mm	4 mm

4. 填充因子

CCD 图像传感器或 CMOS 图像传感器感光像元的实际感光面积与像元面积之比称为填充因子（Fill Factor）。常用摄像机的填充因子为 35%～100%，即在感光像元之间存在一定的间隙。对于精密测量，应尽量选用填充因子为 100%的数字摄像机。

5. 摄像机帧频

摄像机帧频是指摄像机每秒能拍摄的图像帧数，单位为帧/秒（frame per second，fps）。它是摄像机的重要指标之一，常规摄像机的帧频为 25～30 帧/秒。通常帧频为 200 帧/秒以

上的摄像机称为高速摄像机。对于高动态事件的记录,要用高速摄像机。目前分辨率 1K×1K、帧频 1000 帧/秒或 2000 帧/秒,已成为高速摄像机的主流。分辨率高的摄像机由于数据量大而使帧频降低,可以通过降低图像分辨率提高帧频。因此,通常需要说明在什么分辨率下的帧频。

6. 光灵敏度

光灵敏度(Sensitivity)是指光敏传感器将景物辐射强度转化为电信号并进一步转换成数字灰度值的能力,它是光敏传感器品质的重要参数之一。光灵敏度的定义、指标较复杂,它有两种物理意义和多种表达方式。

一种是指图像传感器所能感知的最小辐射功率或辐射照度,其单位可用瓦特或勒克斯表示。也就是说,摄像机在产生有效信号($\geqslant$1DN,Digital Number)时的最小辐射照度。例如,参数 25nW/cm^2@T_{int} =33ms 是指光照积分时间为 33ms 时,摄像机能输出有效信号的最小辐射照度是每平方厘米上光功率为 25nW。

另一种是表示图像传感器的光电转换能力,与响应灵敏度的意义相同。对于给定尺寸的传感器芯片,其光灵敏度用单位光功率所产生的信号电流表示,单位可以为 nA/lx、V/lx 或 V/lm。严格地说,这是图像传感器的响应度,即单位曝光量所得到的有效信号电压。

7. 动态范围

图像传感器的动态范围是指该传感器工作时能响应的最小辐射照度和该传感器未完全饱和时的最大辐射照度之间的变化范围,其值由像素的饱和容量和像素的噪声之比决定,它反映能使成像器件正常工作的输入信号的最大变化范围。

动态范围的数值可以用图像传感器未完全饱和时的最大辐射照度与能响应的最小辐射照度之比表示,单位为 dB。对于给定分辨率的图像传感器来说,其芯片尺寸越大,对应像元尺寸越大,每个像素的饱和容量增大,动态范围就越大。

动态范围表征成像器件能够正常工作的照度范围。显然,动态范围越大越好。通用成像器件的动态范围在 1000:1 以内。

8. 信噪比

信噪比(Signal Noise Ratio,SNR)即信号与噪声之比,这里用传感器输出信号的功率与摄像机系统噪声的功率之比计量。当摄像机帧频较低时,因为 CCD 图像传感器的暗电流小,长时间曝光累积的噪声小,而 CMOS 图像传感器的暗电流较大使其累积的噪声较大,因此 CCD 图像传感器比 CMOS 图像传感器的信噪比高。相反,当摄像机帧频高,需要较高的读出速度时,摄像机读出电子电路部分的噪声成为整个系统噪声源的主要贡献,CCD 图像传感器用来读取数据的相位时钟脉冲难免干扰图像信号,使图像噪声增大,信噪比迅速降低。因此高速摄像时,CMOS 图像传感器信噪比优于 CCD 图像传感器。

9. 光谱响应特性

CCD 图像传感器对于不同波长的光的响应度是不相同的。光谱响应特性表示 CCD 图像传感器对于各种单色光的相对响应能力，其中响应度最大的波长称为峰值响应波长。通常把响应度等于峰值响应的 50%（有时使用 10%）所对应的波长范围称为光谱响应范围。由如图 3-15 所示的光谱响应曲线可知，在光波波长小于 700nm 时，光敏二极管像元和 MOS 像元的相对响应度的差异较大。CCD 图像传感器的光谱响应范围基本上是由其材料性质决定的，但也与它的光敏元结构和所选用的电极材料密切相关。目前市售的大部分 CCD 图像传感器光谱响应范围均在 400～1100nm 左右。

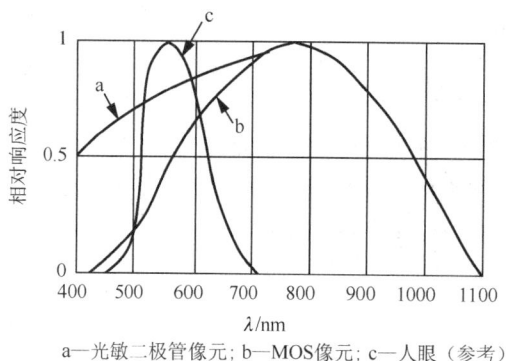

a—光敏二极管像元；b—MOS像元；c—人眼（参考）

图 3-15　光谱响应曲线

10．外同步触发

用外部触发信号触发摄像机拍摄图像的方式称为外同步触发。当需要多台摄像机同步拍摄动态场景时，必须对多台摄像机进行同步触发。同步信号端口是高速摄像机和许多高端摄像机的标准配置。

11．扫描方式

摄像机的图像采集和传输方式有多种，不同的方式有不同的特点，使用中应予以注意。

1）隔行扫描

隔行扫描是广播电视标准摄像机的扫描次序，称为电视"标准"2：1 扫描方式。隔行扫描可以用相对较低的帧速提供人眼视觉感受上更为清晰的图像，它把一帧图像分为奇偶两场，在奇数场时间里读奇数行信号，然后在偶数场时间里从帧顶开始读所有的偶数行信号。这样可以提高显示的刷新频率，利用人眼的视觉暂留特性在保持图像分辨率的情况下减少图像的闪烁感。

国际上常用标准视频信号制式有两种：欧洲的 PAL 制和美国的 NTSC 制，它们都采用 2：1 隔行扫描，4：3 的长宽比。中国采用 PAL 制。PAL 制采用的帧频为 25 帧/秒（50Hz 场频），数字化后的帧分辨率是 768 像素×576 像素。NTSC 制的视频信号采用 30 帧/秒（60Hz 场频），其数字化图像分辨率为 640 像素×480 像素。隔行扫描摄像机用于高速动态场景分析时会带来问题：由于一帧图像相邻的线是在不同时间曝光扫描的，因此在一帧图像成像时间内移动的物体在奇数场和偶数场的物理位置不同，当物体运动速度快时会产生严重的重影，从而劣化图像质量。

2）逐行扫描

逐行扫描摄像机的图像是从图像的顶部至底部以自然次序逐行扫描的。这种成像方式得到的一帧图像的所有像素是在同一时间内曝光的，当物体运动速度快时，可采用短曝光时间以减小图像的动态模糊程度。在动态测量应用中，需要采用逐行扫描摄像机。

12. 行转移、帧转移和全帧转移

行转移、帧转移是 CCD 图像传感器在电荷转移时采用的不同方式，与扫描方式无关。CCD 图像传感器用电荷势阱收集光生电荷，然后逐行转移、串行读出，以获得图像数据。

（1）行转移 CCD 图像传感器。感光单元和存储单元在 CCD 图像传感器表面相邻排列，存储单元被屏蔽。对光不敏感，感光单元中的光生电荷很快被水平转移到相邻的存储单元，然后被垂直转移到输出寄存器，外部电路从输出寄存器读出电荷并转化成电压信号。行转移被广泛采用。

（2）帧转移 CCD 图像传感器。这类 CCD 图像传感器的存储单元和感光单元是独立的，感光单元产生的电荷被一次性送到存储单元，然后通过转移寄存器输送到输出寄存器和外部电路。

（3）全帧转移 CCD 图像传感器。这类 CCD 图像传感器没有存储单元，感光单元受光照后产生电荷，通过外部快门关闭，感光单元不再受光照，电荷信息被逐行读出并输送到输出结构，继而被转换成电压信号输出。这类图像传感器主要用于高分辨率摄像机中。

13. 图像传感器噪声

图像传感器噪声的表达方式有多种，在光电子方面，用等价的光生电子数表示，称为等效噪声电子数。一般工业级 CCD 图像传感器噪声为 5～15 个等效噪声电子数，科研及天文应用的 CCD 图像传感器噪声为 3～8 个等效噪声电子数，制冷式 CCD 图像传感器噪声为 0.5～2 个等效噪声电子数。

CMOS 图像传感器噪声相对 CCD 图像传感器而言比较大。工业级 CMOS 图像传感器的噪声可控制在 30 个等效噪声电子数以下，现在最好的 CMOS 图像传感器噪声也可以控制在 5～10 个等效噪声电子数。对于有辅助光源照明、曝光时间不是很长的成像应用，同类 CMOS 图像传感器和 CCD 图像传感器在噪声方面的差距已经很小，不再是影响整个成像系统性能的主要因素。

3.7　成像系统分辨率的表示和影响因素

分辨率是指成像系统对物像中的明暗细节的分辨能力，通常指光学分辨率以及图像传感器的图像分辨率，最终图像所呈现出的实际分辨率取决于二者的综合影响。在过高的光学分辨率下，如果没有足够精细的图像分辨率，那么实际分辨率会降低到图像分辨率以下；如果摄像机解析能力过高而光学分辨率低，那么同样也看不清物像的精细结构。分辨率一般用极限分辨率和调制传递函数表示。

1. 极限分辨率

通过将100%对比度的专门测试卡（黑白交替线条）成像到图像传感器光敏面时，在输出端观察到的最小空间频率（用人眼分辨的最细黑白交替条纹对数）就是成像系统的极限分辨率。相邻的黑白线条称为一个线对，于是就用每毫米多少线对表示分辨率（lp/mm）。

CCD图像传感器是离散采样器件，如果某一方向上的像元间距为d，那么该方向上的空间采样频率为$1/d$（lp/mm）。根据奈奎斯特采样定理，它可以分辨的最大空间频率为空间采样频率的一半，即

$$f_{\max} = 1/(2d)$$

（3-11）

这说明图像传感器的极限分辨率取决于单个像元的尺寸。

设线阵CCD图像传感器光敏面的长度为L，用L乘以式（3-11）等号两边，则可以得到CCD图像传感器的最大分辨率，即

$$f_{\max} L = \frac{1}{2d} L = N/2$$

（3-12）

式中，N为CCD图像传感器的像元数。例如，2048位线阵CCD图像传感器最多可分辨1024对线。

极限分辨率的表示方法虽然使用方便，但不客观。原因如下：

（1）每个人的观测值带有主观性。

（2）测试卡的对比度与几何尺寸，以及观测时的照度不一样，观测的结果也会不同。当被拍摄图像对比度低于30%时，所观测的分辨率就会明显下降。

（3）观测的分辨率是成像系统的总体特性，不能分摊到各个部件上。

2. 调制传递函数

一般用调制传递函数（Modulation Transfer Function，MTF）表示成像系统分辨率，该传递函数曲线类似电子技术、测试技术中的频率响应曲线。黑白条纹由疏到密的变化相当于线条空间频率的变化，黑白线条通过成像系统后的对比度下降，于是引入一个能反映对比度的参数，即调制度。

当输入辐射照度呈正弦分布的条纹[见图3-16（a）]，即一个确定空间频率的物像，摄像机的输出亮度也是一个近似的正弦波[见图3-16（b）]。设波峰为A，波谷为B，则调制度M的计算公式为

$$M = \frac{(A-B)/2}{(A+B)/2} = \frac{A-B}{A+B}$$

（3-13）

显然，M值在0～1之间。设输入条纹的调制度为M_{in}，成像后输出条纹的调制度为M_{out}，则MTF定义为输出调制度与输入调制度之比，即

$$\text{MTF} = \frac{M_{out}}{M_{in}} \times 100\%$$

（3-14）

如果理想测试卡上各种频率的黑白条纹调制度均为1，即$M_{in}=1$，那么此时输出条纹的调制度就是MTF。MTF是调制度与空间频率的关系[见图3-16（c）]。

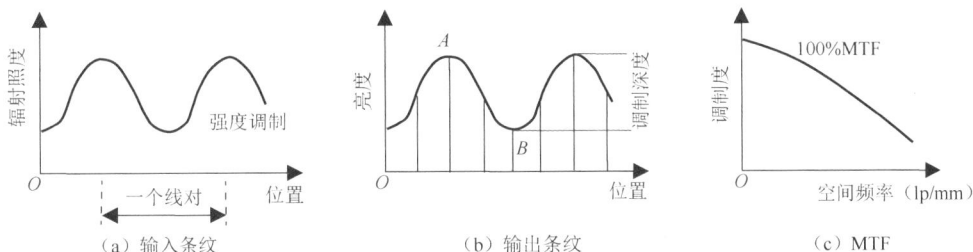

（a）输入条纹　　　　　　　（b）输出条纹　　　　　　　（c）MTF

图 3-16　MTF 示意

随着黑白条纹空间频率的增加（由疏到密），MTF 降低（成像条纹对比度下降）。当空间频率很低时，MTF 接近 1，成像条纹的对比度很高、边界清晰。空间频率增加时，MTF 下降，当 MTF 降为 0 时，输出的黑白条纹呈现相同的灰度而无法分辨，这时的空间频率（lp/mm）为极限分辨率。实际上，当 MTF=5%时，输出的黑白条纹很难辨别。

MTF 与图像的形状、尺寸、对比度、照度等无关，因此是客观的。MTF 是正弦波空间频率振幅的响应，在给定的空间频率下，整个成像系统的 MTF 等于成像系统各部件（如镜头、图像传感器等）MTF 的乘积，即

$$\mathrm{MTF}_{系统} = \mathrm{MTF}_1 \times \mathrm{MTF}_2 \times \cdots \times \mathrm{MTF}_n \tag{3-15}$$

有时，还用对比传递函数（CTF）评价分辨率。对比传递函数就是方波空间频率振幅的响应。和 MTF 一样，CTF 也随空间频率的增高而减小。虽然不能按各部件的乘积评价 CTF，但是方波空间频率的振幅响应容易测量。

3．成像系统分辨率的影响因素

成像系统分辨率的主要影响因素如下：

1）图像传感器阵列面积和感光像元尺寸

摄像机分辨率除了取决于像元总数，还与图像传感器阵列面积和感光像元尺寸有关。在图像传感器阵列面积一定的条件下，感光像元尺寸越小，摄像机分辨率就越高。但是，如果感光像元尺寸太小，那么对光灵敏度和抗噪性能都有一定的负面影响，同时，加工工艺水平也有限制。通常像元尺寸大，表明光灵敏度高，信噪比高，但成本增加。因此，生产厂家会综合多种因素决定摄像机分辨率。

2）模拟摄像机输出信号制式和图像采集卡

采用标准电视视频信号输出的摄像机分辨率取决于信号的制式和图像采集卡的性能。前面已经对不同视频制式摄像机的分辨率作了介绍。

标准电视图像的重要特征是 2∶1 的隔行扫描，即将一帧图像分为奇偶两场分别采集、交替显示。对于静态图像，这种隔行扫描与逐行扫描的图像没有区别。但当隔行扫描用于动态场景时，采集的图像有模糊、重影现象。这是因为隔行扫描的奇偶数两场图像是在不同时刻采集的，图像采集卡将奇偶数两场合并为一帧图像，当奇偶数场图像存在较大变化时，就会造成图像模糊。因此，对于动态测量，应分别按奇数场和偶数场处理图像。此时图像的垂直分辨率降低一半，为了维持图像的显示比例，应用插值方法在垂直方向将图像放大一倍。

图像采集卡的质量对数字化图像质量起重要作用。采用低端的图像采集卡与高端的图像采集卡得到的两种数字化图像质量差别很大，图像的噪声、对比度、像素抖动等都有明显差别。

3）镜头的分辨率

镜头是成像系统的关键部件之一。由于衍射现象和镜头像差的存在，因此实际镜头并不是理想的，它的质量直接影响图像的质量。衡量镜头质量的关键指标是光学分辨率，即对空间光学图像细节的分辨能力，常用单位长度内能分辨的黑白线对数衡量。镜头实际上具有低通滤波器的作用，高于镜头 MTF 截止频率的信号已经被滤除。这样，空间实际景象中的边缘、小目标等含有高频信号的特征就可能被平滑。因此，为了保证数字图像的质量，必须合理地选用镜头分辨率。

通常标准定焦镜头的分辨率优于变焦镜头，因为变焦镜头中的透镜组需要适应、妥协不同焦距的要求，通常难以在各个焦距段都达到最佳分辨率。

高分辨率图像传感器必须配备相适应的高分辨率镜头，否则，低分辨率的镜头会将图像高频细节信息截止或滤除，也就无法发挥高分辨率传感器的优势。

思 考 与 练 习

3-1　假设焦距为 16mm，1/3 英寸的 CCD 图像传感器芯片的纵向尺寸为 3.6mm，工作距离为 200mm，试计算纵向视场大小。

3-2　景深与哪些因素有关？

3-3　根据瑞利判据，举例说明提高光学分辨率的措施。

3-4　简述成像系统分辨率的影响因素。

3-5　假设一种视觉检测应用场景，如裂缝、划痕、轮廓或表面粗糙性检测，根据所学知识设计或选择合理的照明光源和照明方式。

3-6　白色平面物体包含一些凹陷的文字，请说明采用何种照明方式才能够有效识别这些文字。

3-7　使用黑白摄像机对写有红色字符的白纸进行图像采集，请说明采用哪一种照明颜色能够有效地提高图像对比度。

第4章 »»»»»
数字图像基础

教学要求

　　熟练掌握有关数字图像的基本概念，包括图像的产生、图像的数字化、数字图像的表示和分类等，进一步掌握图像文件操作、统计特性计算和代数运算等基础操作方法，为后续学习图像处理方法奠定必要的理论基础和程序设计基础。

引 例

　　一幅数字图像的亮暗程度用灰度描述，图像灰度既与物体表面反射分量有关，还与照度分量有关，如图 4-1 所示。图 4-1（a）中的数字图像呈现左暗右亮的灰度分布，该图是通过将图 4-1（b）所示物体置于图 4-1（c）所示照明场景中获得的。当使用图像处理软件读取一幅数字图像时，可以发现，这幅图像其实是由许多像素的灰度值组成的矩阵。上述内容均属于数字图像基础知识。

　　数字图像是视觉测量中的信息载体，扮演着关键角色。例如，通过分析数字图像中物体的位置和大小变化，可以测量物体的实际尺寸和移动速度。因此，理解数字图像基本概念并掌握基础操作方法对于学习视觉测量至关重要。

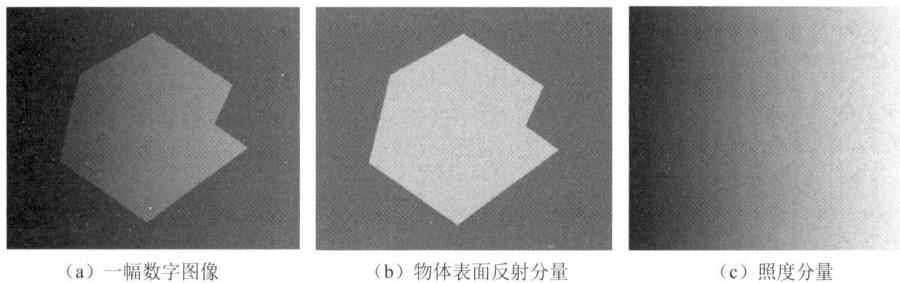

（a）一幅数字图像　　　　　　（b）物体表面反射分量　　　　　　（c）照度分量

图 4-1　图像的灰度与物体表面反射分量和照度分量有关

4.1　图　像　的　产　生

在图像处理过程中，通常把人眼看到的客观存在的世界称为景物。本书中的图像是关于"事件或事物的一种表示、写真或临摹，或者一个生动的或图形化的描述"。"图"是指物体透射光或反射光的分布，"像"是指人眼视觉系统对接收到的图在大脑中形成的印象或认识。"图像"是两者的结合，是客观景物通过某种系统的一种映射。从广义上说，图像是自然界景物的客观反映。

图像是由光源和形成图像的场景元素对光能的反射或吸收而产生的。根据光源性质，照射能量可从物体反射或从物体透射而成像。

一般地，图像主要用亮度和色彩度量。由于灰度图像只包含亮度信息，而不包含色彩信息，因此，可由照射-反射模型描述，即

$$f(x, \ y) = i(x, \ y)r(x, \ y) \tag{4-1}$$

式中，$(x, \ y)$ 为图像的空间坐标；$f(x, \ y)$ 为图像在坐标 $(x, \ y)$ 处的亮度，它由两部分构成：入射到可见场景中的照度和场景中的物体表面反射系数。确切地说，这两部分分别称为照度分量 $i(x, \ y)$ 和反射分量 $r(x, \ y)$，且 $0 < i(x, \ y) < \infty$，$0 < r(x, \ y) < 1$。

照度分量反映图像的外部因素或环境因素，下面列出一些参考环境照度，例如，夏日阳光下的照度为 10^5lx，阴天室外的照度为 10^4lx，电视演播室内的照度为 10^3lx，距 60W 台灯 60cm 桌面的照度为 300lx，室内日光灯的照度为 100lx，黄昏室内的照度为 10lx，20cm 处烛光的照度为 10～15lx，夜间路灯的照度为 0.1lx。

反射分量由物体的内在特性（如材料、表面性质）确定，下面列出一些典型物体的反射系数，例如，黑天鹅绒的反射系数为 0.01，不锈钢的反射系数为 0.65，粉刷的白墙平面的反射系数为 0.80，镀银的器皿的反射系数为 0.90，白雪的反射系数为 0.93。

4.2　数　字　图　像

根据图像记录方式的不同，图像可分为模拟图像和数字图像。未经采样与量化的图像称为模拟图像，模拟图像在空间分布和亮度幅值上均为连续分布，它是通过某种物理量（光、电）的强弱变化记录图像上各点的灰度信息。

为了能用计算机处理图像信息，需要把模拟图像进行数字化，把它转换成计算机能够处理的数字信号，即数字图像。将模拟图像转换成数字图像的操作称作数字化。

4.2.1　图像的数字化

对图像空间坐标进行离散化，以获取离散点的函数值的过程称为图像的采样。各个离散点又称样本点，采样点的函数值称为样本。对样本点上图像的亮度值进行离散化的过程称为量化。

选择合适的采样间隔（频率）以及确定适当的亮度等级数量是至关重要的。采样间隔决定了数字图像的空间分辨率，而亮度等级数量则决定了图像的灰度层次和细节表现。这

两个因素共同决定了数字图像能否真实、准确地保留模拟图像的信息。

1. 采样

一幅数字图像是由有限个的采样点组成的，其采样间隔 Δx 和 Δy 满足什么条件才可以完全重建模拟图像？这个问题由奈奎斯特采样定理（Nyquist Sampling Theorem）解决。

假设模拟图像用 $f(x, y)$ 表示，其信号的最高频率是由空间物体包含的最高频率和成像系统 MTF 的截止频率决定的。设 u_c、v_c 为两个方向上的频谱宽度，只要采样间隔 Δx 和 Δy 满足条件 $\Delta x < 1/(2u_c)$ 和 $\Delta y < 1/(2v_c)$，就能由采样后的图像精确重建模拟图像。奈奎斯特采样定理反映图像的频谱与采样间隔（频率）的关系。

由于在采集数字图像过程中不可避免地在多个环节中出现各种噪声，而噪声在理论和实践上是不可能完全滤除的。也就是说，理想采样不可能实现。因此，实际采集的数字图像也无法被精确重建成模拟图像。

模拟图像经采样后变成离散图像，采样点称为像素，各个像素排列成 $M \times N$ 阵列。对于同一图像而言，采样间隔越小，M 和 N 越大，采样后的图像分辨率就越高，由其重建的模拟图像的失真就越小，而数据量就越大。相反，采样间隔越大，空间分辨率越低，图像质量越差，严重时出现像素呈块状的"棋盘格效应"。采样间隔与图像质量的关系如图 4-2 所示。

（a）1024像素×1024像素　　　　（b）512像素×512像素　　　　（c）256像素×256像素

（d）128像素×128像素　　　　（e）64像素×64像素　　　　（f）32像素×32像素

图 4-2　采样间隔与图像质量的关系

2. 量化

把采样点对应的亮度幅值从连续变化的区间转换为有限个离散数值的过程称为量化，即采样点亮度值的离散化。

把原始图像灰度层次从最暗至最亮均匀分为有限个层次，称为均匀量化。反之，称为非均匀量化。均匀量化是常用的方法，它是将图像灰度范围等间隔分成 L 个灰度级。鉴于计算机总线处理数据位数的特殊要求，同时为了便于存储，灰度级常用二进制的位数 k（比特数）表示，即 $L=2^k$。k 常取的值为 8、10、16，分别对应 256、1024 和 65 536 个灰度级。

当图像的采样点数一定时，量化级数越多，所得图像层次越丰富，灰度分辨率越高，图像质量越好，但数据量增大；相反，量化级数越少，图像层次欠丰富，严重时会出现假轮廓现象。在相同空间分辨率情况下，量化级数与图像质量的关系如图 4-3 所示。

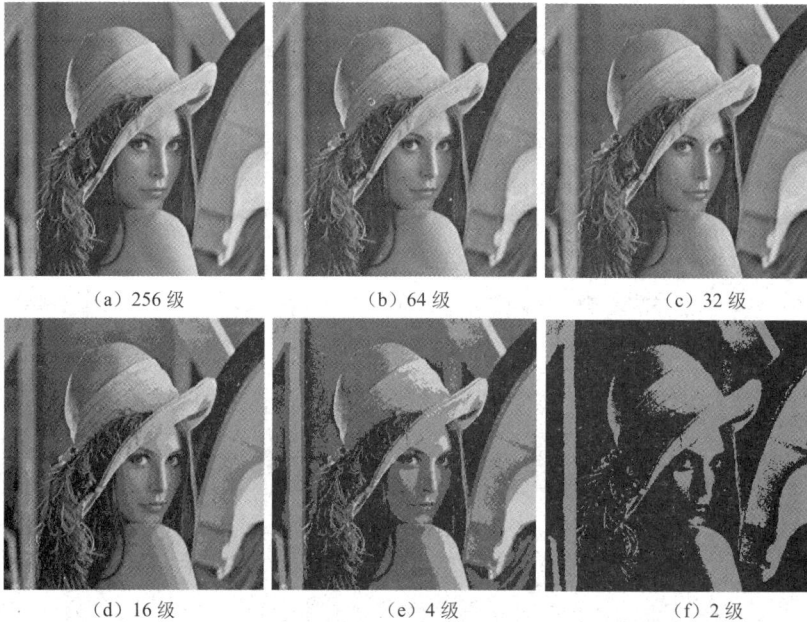

(a) 256 级　　　　　　　(b) 64 级　　　　　　　(c) 32 级

(d) 16 级　　　　　　　(e) 4 级　　　　　　　(f) 2 级

图 4-3　量化级数与图像质量的关系

用有限个离散灰度值表示无穷多个连续灰度值时必然会引起误差，这种误差称为量化误差，有时也称量化噪声。量化级数越多，量化误差越小；量化级数越多，编码进入计算机所需位数越多，相应地，影响中央处理器运算速度及处理过程。另外，量化级数的约束来自图像源的噪声。也就是说，对噪声大的图像，量化级数越多没有意义。反之，要求量化级数多的图像才强调极小的噪声。例如，某些医用图像系统把减少噪声作为主要设计指标，是因为其量化级数要求达到 2000 级以上，而一般电视图像的量化级数达到 200 多级就能满足要求。

下面通过图 4-4 中的 4 幅图说明图像数字化过程。图 4-4（a）所示的模拟图像中扫描线 AB 上的模拟信号显示于图 4-4（b）中，然后经空间采样后的结果显示于图 4-4（c）中，经灰度量化后得到图 4-4（d）所示的数字信号。

图像的空间分辨率和量化级数决定数字图像的数据量。在计算机中，图像数据量的基本单位是字节（Byte）。存储器容量的单位从小到大依次为字节（1Byte=8bit）、千字节（1KB=1024Byte）、兆字节（MB）、吉字节（GB）、太字节（TB）。若采样点数为 $M \times N$，量化级数为 2^k，则该图像的数据量为 $M \times N \times k$（bit）。例如，存储一幅 1024 像素×1024 像素、8bit 的图像需要 1MB 的存储器。

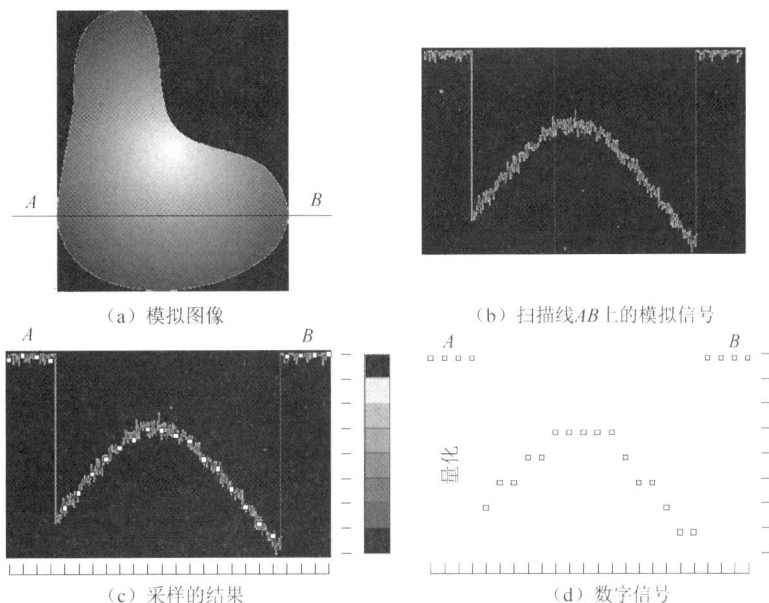

（a）模拟图像　　　　　　　　（b）扫描线 *AB* 上的模拟信号

（c）采样的结果　　　　　　　　　（d）数字信号

图 4-4　图像数字化过程

4.2.2　数字图像的表示

1. 数组和矩阵

对于一幅 *M* 像素×*N* 像素的数字图像，一般用图 4-5（a）中的记号 $f_{x,y}$ 表示。即假设图像左上角为（1,1），则 *x* 和 *y* 分别表示像素在横向与纵向上的位置。另外，一幅数字图像可以表示成以各个像素的灰度值为元素的 *N* 行 *M* 列的矩阵 *F*，如图 4-5（b）所示。需要注意的是，这两种表示方法是不同的。在数学上，对数字图像的处理，可以解释为对上述矩阵进行各种运算操作。

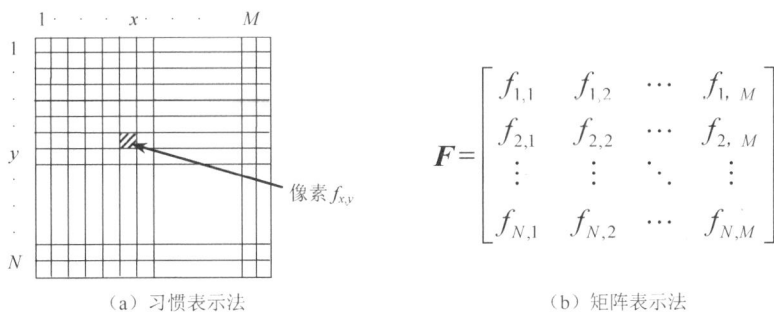

$$F = \begin{bmatrix} f_{1,1} & f_{1,2} & \cdots & f_{1,M} \\ f_{2,1} & f_{2,2} & \cdots & f_{2,M} \\ \vdots & \vdots & \ddots & \vdots \\ f_{N,1} & f_{N,2} & \cdots & f_{N,M} \end{bmatrix}$$

（a）习惯表示法　　　　　　　　（b）矩阵表示法

图 4-5　数字图像表示方法

2. 拓扑结构

拓扑结构用于描述图像的基本结构，通常在形态学处理或二值图像中用于描述目标事件发生的次数，以及在一个目标事件中有多少个孔洞、多少连通区域等。图像中的邻域概念定义如下：一个像素与它周围的像素组成一个邻域，某一像素周围有 8 个相邻的像素，若只考虑其上下左右的 4 个像素，则称为 4-邻域；若把周围 8 个像素都考虑在内，则称为 8-邻域；若只考虑对角上的 4 个像素，则称为对角邻域。常用的像素邻域如图 4-6 所示。

在图像中，目标事件的两个像素可以用一个像素序列连通，如图 4-7 所示。连接像素 p 和 q 的序列是 4-邻域关系，则 p 和 q 称为 4-连通；若连接 p 和 q 的序列是 8-邻域关系，则 p 和 q 称为 8-连通。

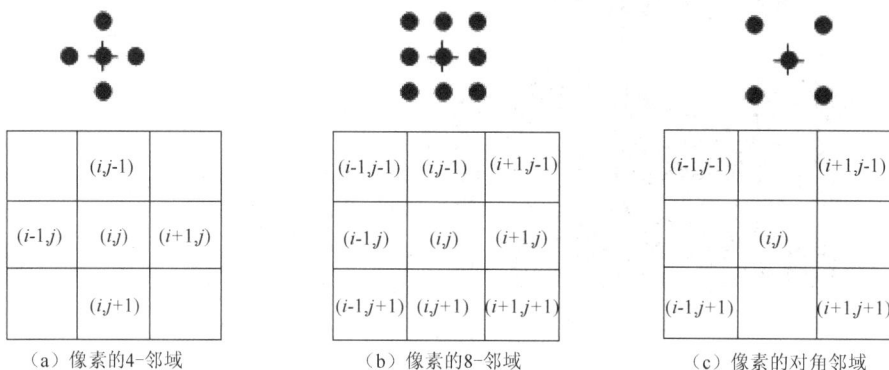

（a）像素的4-邻域　　　　（b）像素的8-邻域　　　　（c）像素的对角邻域

图 4-6　常用的像素邻域

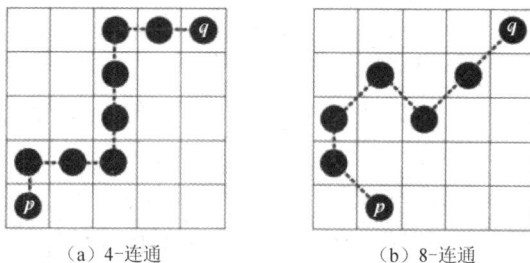

（a）4-连通　　　　　　（b）8-连通

图 4-7　像素序列连通

4.2.3　计算机中的图像文件格式

图像文件主要使用位图表示，一幅图像包含很多像素，每个像素用若干二进制位指定该像素的颜色、亮度和属性。因此一幅数字图像由很多描述这些像素的数据组成，这些数据通常作为一个文件存储。每种文件格式都包含一个头文件和一个数据文件，头文件一般包括文件类型、制作时间、文件大小、制作人及版本号等信息。文件制作时还涉及图像的压缩和存储效率等。这里介绍 4 种常用的图像文件格式，见表 4-1。

表 4-1　4 种常用的图像文件格式

图像文件格式	扩展名	应用背景	数据压缩方式
BMP	.BMP 或.bmp	Windows	改进的 LZ77 压缩法
TIFF	.tif 或.tiff	支持多种平台与操作系统	RLE
GIF	.GIF 或.gif	网上图像在线传输	RLE、Huffman、LZW 等
JPEG	.jpg 或.jpeg	存储照片类图像	RLE4、RLE8 或不压缩

1．BMP 文件格式

BMP（BitMap）文件格式是 Windows 系统的一种标准图像文件格式，它有两种类型，即设备相关位图（DDB）和设备无关位图（Device Independent Bitmap，DIB）。典型的 BMP 文件由以下 4 部分组成。

（1）文件头数据结构：包含 BMP 图像文件的类型、文件大小、显示内容、从文件头到图像数据的偏移字节和保留字等信息。

（2）BMP 信息头数据结构：包含 BMP 图像的宽度、高度、制定颜色位数、压缩方法、设计的位图数据占用的字节数、目标设备的水平分辨率及垂直分辨率、定义颜色及信息头数据的长度等信息。

（3）调色板：包含红色、绿色和蓝色分量，这个部分是可选的，有些位图需要调色板，有些位图如真彩色（24 位的 BMP）就不需要调色板。

（4）位图数据：这部分的内容根据 BMP 位图使用的位数不同而不同，在 24 位图图像中直接使用 RGB，而其他小于 24 位图的使用调色板中的颜色索引值。

BMP 文件格式支持 1～24 位颜色深度，在 Windows 环境中运行的图形图像软件都支持 BMP 文件格式。但是 BMP 文件采用位映射存储格式，除了图像深度可选，不采用其他任何压缩方法，因此所占用的空间很大。

2．TIFF 文件格式

TIFF（Tag Image File Format）文件格式是一种独立于操作系统和文件系统的格式，便于在不同软件之间进行图像数据交换。它是一种主要用来存储包括照片和艺术图在内的图像文件格式。TIFF 文件格式是一种极其灵活易变的格式，可以支持多种压缩方法。

TIFF 文件格式主要包括以下 3 部分。

（1）文件头：文件头只有一个，位于文件的前端。它给出数据存放顺序、标识信息区在文件中的存储地址，以及正确解释 TIFF 文件的其他部分所需的必要信息。

（2）标识信息区：是用于区分一个或多个可变长度数据块的表，包含有关于图像的所有信息，给出图像数据区的地址。

（3）图像数据：根据图像文件目标所指向的地址存储相关的图像信息。

3．GIF 文件格式

GIF（Graphics Interchange Format）文件格式是一种公用的图像文件格式。颜色深度为 1～8 位，最多支持 256 色的图像。该文件格式是用于压缩具有单调颜色和清晰细节的图像（如徽标、带文字的插图）的标准格式，分为静态 GIF 和动画 GIF 两种。目前几乎所有相关软件都支持 GIF 文件。GIF 文件格式主要是为数据流设计的一种传输格式，不作为文件的存储格式，具有顺序的结构形式。GIF 文件主要由以下 5 部分组成。

（1）文件标志块：用于识别标识符 GIF 和版本号。

（2）逻辑屏幕描述块：用于定义图像显示区域的参数，包含背景颜色信息、显示区域大小、纵横尺寸、颜色深浅及是否存在全局彩色表。

（3）全局彩色表：其大小由图像使用的颜色数决定。

（4）图像数据块：包含图像描述块、局部颜色表、压缩图像数据、图像控制扩展块、无格式文本扩展块、注释扩展块和应用程序扩展块，此部分可以默认。

（5）尾块：其为三维十六进制数，表示数据流已经结束。

在 Flash 动画出现之前，GIF 动画是网页中唯一的动画形式，目前几乎所有的图形浏览器都支持 GIF 动画。

4．JPEG 文件格式

JPEG（Joint Photographic Experts Group）文件格式是用于连续色调静态图像压缩的一种标准格式。它采用预测解码、离散余弦变换以及熵解码，以去除冗余的图像和彩色数据，属于有损压缩方法，压缩比率通常为 10∶1～40∶1。JPEG 是一种高效率的 24 位图图像文件压缩格式，对同一幅图像，用 JPEG 文件格式存储的图像文件大小通常只有几十 KB，是其他类型文件的 1/20～1/10，而颜色深度仍然是 24 位，其质量损失很小，以至于很难察觉。JPEG 文件格式不适用于所含颜色很少、具有大块颜色相近的区域或亮度差异十分明显的较简单的图像。

4.3　图　像　分　类

图像有多种分类方法。按照图像的动态特性分类，可以分为静止图像和运动图像；按照图像的维数分类，可分为二维图像、三维图像和多维图像；按照辐射波长或图像传感器类别分类，可分为 X 射线图像、紫外图像、可见光图像、红外图像、超声波、微波图像、核磁共振图像（Magnetic Resonance Image，MRI)等（见图 4-8）。本节重点介绍如何根据图像灰度或颜色层次分类。

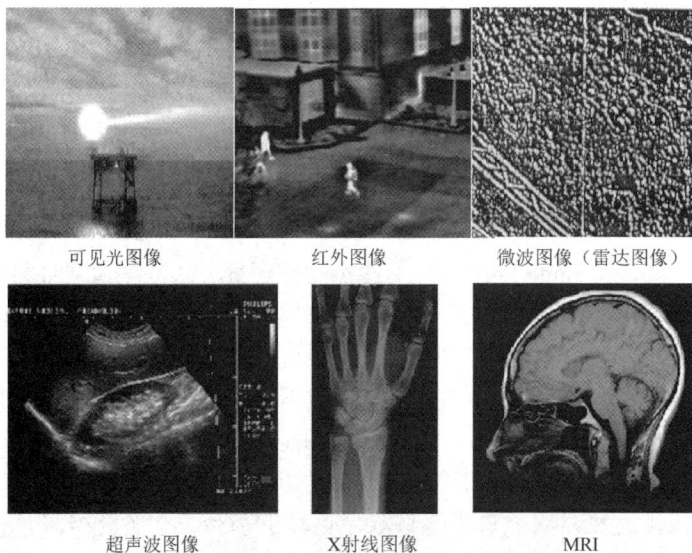

| 可见光图像 | 红外图像 | 微波图像（雷达图像） |

| 超声波图像 | X射线图像 | MRI |

图 4-8　图像分类

4.3.1　二值图像

二值图像（Binary Image）也称二进制图像，组成图像的灰度值非 0 即 1。通常，0 表示黑色，1 表示白色（见图 4-9）。每个像素的灰度值用 1 位存储，一幅 640 像素×480 像素的黑白图像占用的存储空间为 37.5KB。

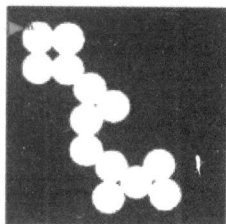

图 4-9　二值图像

4.3.2　灰度图像

灰度图像（Gray Image）也称单色图像，它是指每个像素的信息由一个量化的灰度级描述的图像。灰度图像只有亮度信息，没有颜色信息。通常用 8 位灰度表示，0 表示黑色，255 表示白色，1～254 表示不同的深浅灰色（见图 4-10），一个像素对应一个灰度值。灰度图像显示黑色与白色之间 256 个等级的灰度，比人眼能识别的灰度范围宽得多。一幅 640 像素×480 像素的 8 位灰度图像占用的存储空间为 300KB。

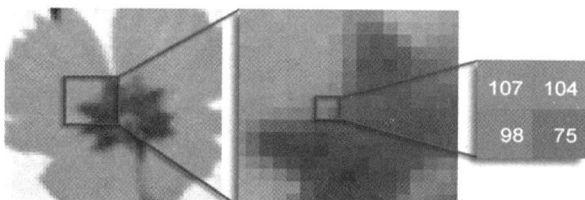

图 4-10　灰度图像

4.3.3　RGB 图像

RGB 图像也称真彩色图像。在 RGB 图像中，每个像素由 R、G、B 三个颜色分量组成，如图 4-11 所示。

原始图像　　　　　　R 分量　　　　　　G 分量　　　　　　B 分量

图 4-11　彩色图像及其颜色分量

图 4-12 所示为 RGB 图像，每个像素中的每种颜色分量占 8 位，每位由 0～255 中任意数值表示。一个像素包含三种颜色分量，用 24 位表示，可以合成 $2^{24}=16\,777\,216$ 种颜色。

在 MATLAB 中，RGB 图像存储为一个 $M×N×3$ 的多维数据矩阵，其中元素的数据类型可以是 uint 8、uint 16 或双精度类型。若为 double 类型，则其取值区间为在[0，1]，若为 uint 8

或 uint 16 类型，则取值区间分别是[0，255]和[0，65 535]。RGB 图像不使用调色板，每个像素的颜色直接由存储在相应位置的红色、绿色、蓝色分量的组合确定。

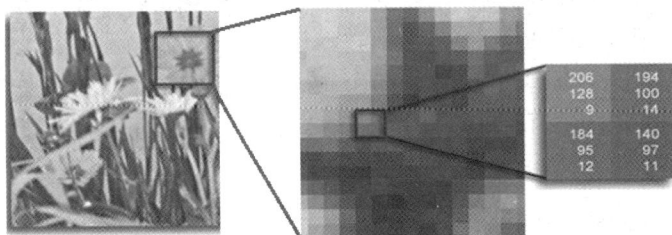

图 4-12　RGB 图像

为 RGB 图像的三个颜色分量找到一个合适的、等效的值，以便将其转化为灰度图像的过程称为灰度化处理。常用的灰度化处理方法为加权平均值法，它是根据 RGB 图像中三个颜色分量的相对重要性赋予其不同的权值，选取加权平均值作为灰度化输出结果，计算公式为

$$g = r_R R + r_G G + r_B B \tag{4-2}$$

其中 r_R、r_G、r_B 分别为 R、G、B 颜色分量的权值。由于人眼对绿色的敏感度最高，对红色的敏感度次之，对蓝色的敏感度最低，因此选择 $r_G > r_R > r_B$，一般取值如下：$r_R = 0.299$，$r_G = 0.587$，$r_B = 0.114$。

4.3.4　索引图像

索引图像（Indexed Images）是指一种把像素值直接作为 RGB 调色板下标的图像。在 MATLAB 中，索引图像包含一个数据矩阵 X 和一个颜色映射（调色板）矩阵 map。数据矩阵可以是 uint 8、uint 16 或双精度类型，而颜色映射矩阵 map 总是一个 $m \times 3$ 的双精度矩阵，该矩阵中的每行分别表示红色、绿色和蓝色的颜色值。每个像素的颜色通过使用 X 的像素值作为 map 的下标获得。例如，值 1 指向 map 的第一行，值 2 指向第二行，依此类推。颜色是预先定义的索引颜色。索引颜色的图像最多只能显示 256 种颜色。索引图像如图 4-13 所示，若该点的像素值为 5，那么对应的颜色数据为 map 的第五行。

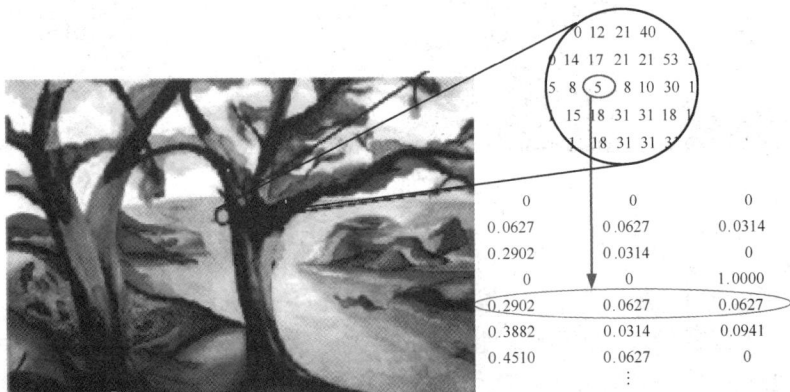

图 4-13　索引图像

4.3.5 多帧图像

多帧图像是指一种包含多幅图像或帧的图像文件，又称图像序列，主要用于需要对时间或场景中的相关图像集合进行操作的场合，如计算机 X 射线断层扫描图像或电影帧等。

在 MATLAB 中，用一个四维数组表示多帧图像，其中第四维用于指定帧的序号。在一个多帧图像数组中，每帧图像的大小和颜色分量必须相同，并且这些图像所使用的调色板也必须相同。MATLAB 中常用的 3 种多帧图像处理方法如下。

montage(X,map); 显示多帧图像，如图 4-14 所示;

imshow(X(:,:,:,n)); 显示多帧图像的第 n 帧;

mov=immovie(X,map); colormap(map), movie(mov); 以动画的形式显示多帧图像。

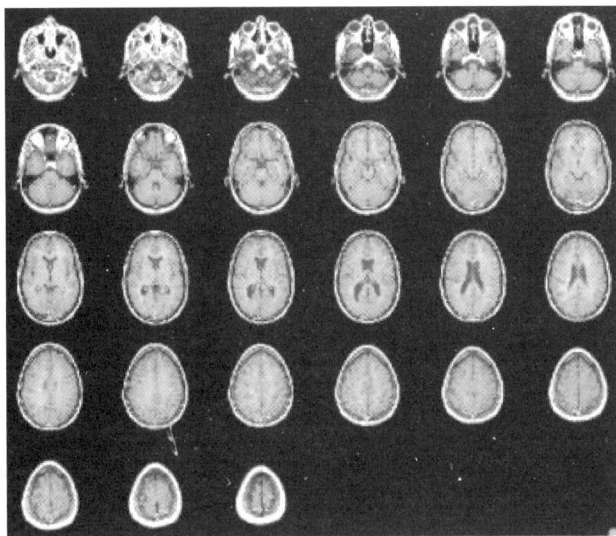

图 4-14 多帧图像

4.4 图像文件的操作

4.4.1 图像文件的读取

在 MATLAB 中图像文件的读取主要利用 imread()函数，该函数几乎支持 MATLAB 中所有的图像文件格式，其调用格式如下:

I=imread('filename','fmt'); %或者 imread('filename.fmt');

该函数是用于读取字符串 fimename 指定的灰度图像和 RGB 图像文件。在上述语句中，filename 是文件路径及文件名，fmt 是文件格式。如果文件不在当前路径下，那么需要写出完整的路径。

如果读取的是灰度图像，那么上述语句中的 I 是一个 $M \times N$ 的二维数组，I 的数据类型由图像文件的数据类型决定；如果读取的是彩色图像，那么 I 是一个 $M \times N \times 3$ 的三维数组，进一步使用如下语句可以分解出 R、G、B 三个颜色分量：

```
rgb_R=I(:, :, 1); rgb_G=I(:, :, 2); rgb_B=I(:, :, 3);
```

[X,map]=imread('filename','fmt');该语句用于读取索引图像文件，其中 map 用于存储与该索引图像相关的颜色映射表。

4.4.2 图像文件的保存

在 MATLAB 中利用 imwrite()函数实现图像文件的写入（保存）操作。其调用格式如下：

```
imwrite(I,'filename','fmt');
```

在上述语句中，如果 I 为灰度图像，那么 I 应该是一个 $M×N$ 的二维数组；如果 I 为彩色图像，那么 I 应该是一个 $M×N×3$ 的三维数组。如果 fmt 指定的格式为 TIFF，那么函数 imwrite()可以接受 $M×N×4$ 的三维数组。

下面介绍使用 MATLAB 程序分别设计一幅黑白棋盘格图像和一幅彩色五环图像，如图 4-15 和图 4-16 所示。由此进一步熟悉灰度图像和彩色图像的数据结构、图像显示与保存函数的使用。

图 4-15　黑白棋盘格图像

图 4-16　彩色五环图像

【程序】　设计黑白棋盘格图像。

```
close all;              %关闭所有图形窗口
clear all; clc;         %清除工作空间所有变量，清空命令行
width=32; height=32;    %定义棋盘格宽度
Num_x=8;Num_y=8;        %定义棋盘格个数
   I=chess_fun(width,height,Num_x,Num_y,0); %自定义的子函数 chess_fun
figure(1),imshow(I);
imwrite(I,'chess.bmp'); %将数组 I 保存为一幅 BMP 文件格式图像
```

以上代码中用到的子函数 chess_fun()如下：

```
function chess = fun_chess(width,height,Num_x,Num_y,g)
chess=zeros(height*Num_y,width*Num_x);
for row = 1 : Num_y
```

```
    for col = 1 : Num_x
        up = row*height-height+1;
        down = row*height;
        left = width*col-width+1;
        right = width*col;
        if mod((row+col),2)
            chess(up:down,left:right) = g;
        else
            chess(up:down,left:right) = 1;    %改变数值 1 和 g，可调节棋盘格灰度
        end
    end
end
```

【**程序**】　设计彩色五环图像。

```
clc; clear all; close all;
w_x=300;w_y=180;          %定义图像的长度和高度
rgb_R=255*ones(w_y,w_x);rgb_G=255*ones(w_y,w_x);
rgb_B=255*ones(w_y,w_x);
r0=45; w_f=6;             %圆环半径和宽度
x2=150;y2=70;             %中间黑色圆环圆心坐标
ROI=fun_Ring(w_x,w_y,x2,y2,r0,w_f); %定义圆环区域
rgb_R(ROI==1)=0;rgb_G(ROI==1)=0;rgb_B(ROI==1)=0;          %黑色圆环
Rs=50;     %各圆环相对黑色圆环的位置变量
ROI=fun_Ring(w_x,w_y,x2-2*Rs,y2,r0,w_f);
rgb_R(ROI==1)=0;rgb_G(ROI==1)=129;rgb_B(ROI==1)=200;       %蓝色圆环
ROI=fun_Ring(w_x,w_y,x2+2*Rs,y2,r0,w_f);
rgb_R(ROI==1)=238;rgb_G(ROI==1)=51;rgb_B(ROI==1)=78;       %红色圆环
ROI=fun_Ring(w_x,w_y,x2-Rs,y2+Rs,r0,w_f);
rgb_R(ROI==1)=252;rgb_G(ROI==1)=177;rgb_B(ROI==1)=49;      %黄色圆环
ROI=fun_Ring(w_x,w_y,x2+Rs,y2+Rs,r0,w_f);
rgb_R(ROI==1)=0;rgb_G(ROI==1)=166;rgb_B(ROI==1)=81;        %绿色圆环
rgb=cat(3,rgb_R,rgb_G,rgb_B);          %生成一幅 RGB 彩色图像
figure(1),imshow(uint8(rgb));
imwrite(uint8(rgb),'wuhuan.bmp');
```

以上代码中用到的子函数 fun_Ring()如下：

```
function ROI=fun_Ring(w_x,w_y,x0,y0,r0,w_f)
x=1:1:w_x;y=1:1:w_y;
[X,Y]=meshgrid(x,y);
r=sqrt((X-x0).^2+(Y-y0).^2);
ROI=zeros(w_x,w_y);
```

```
ROI(r<=r0)=1;
ROI(r<r0-w_f)=0;
```

4.4.3   图像文件的显示

MATLAB 中用于显示图像的窗口有图像工具浏览器（Image Tool Viewer）和通用图形图像视窗，还可通过调用 imshow()函数实现图像文件的显示。

1）imtool()函数

通过调用 imtool()函数打开图像工具浏览器，并制定想要显示的图像，其调用格式如下：

```
I=imread('moon.tif'); imtool(fig);
```

图像工具浏览器可以显示一幅图像并提供图像的大小信息、图像像素值的范围和光标所在位置的像素值。除此之外，它还提供 3 个工具，分别是全景查看窗口、像素区域工具和图像信息窗口。

2）imshow()函数

该函数用于显示图像矩阵，可以设置所显示的灰度级，默认 256 个灰度级；也可用于指定灰度范围，例如，使用该函数调用格式 imshow(I, [low, high])，所有灰度值不超过 low 的像素显示为黑色，灰度值不低于 high 的像素显示为白色。如果限定灰度范围为空，那么该函数调用格式为 imshow (I, [])；默认获取 low 和 high 的值的调用格式分别为 min(I(:))和 max(I(:))。例如，

```
I=imread('lena.bmp'); figure, imshow(I, 128); %表示以 128 个灰度级显示该灰度图像
```

3）image()函数和 imagesc()函数

image(C)；该语句中的 C 是二维的 $M×N$ 矩阵时，数组中的元素直接作为颜色映射表的颜色值被确定为该图像的颜色；当 C 是 $M×N×3$ 的矩阵时，数组中元素 $C(:,:,1)$ 将作为红色分量，元素 $C(:,:,2)$ 将是绿色分量，元素 $C(:,:,3)$ 作为蓝色分量，三个颜色分量叠加后形成彩色图像。该彩色图像没有 CDataMapping 属性。

imagesc(…)；语句与 image(…)函数的功能相同，只是所使用的 colormap 有区别，imagesc(…)函数显示的颜色是经过拉伸后的，而 image(…)函数的显示颜色未经过拉伸。另外，用 image()函数和 imagesc()函数显示图像文件时图像上会出现坐标轴。

在图像文件显示中可以利用 colorbar()函数给图像添加一个彩色条，用来指示图像中不同颜色所对应的具体数值。当然，如果调用 imshow()函数显示图像文件时，也可利用视窗上的工具按钮添加彩色条。

4）montage()函数

该函数用于同时显示多帧图像序列，显示图像文件时不会在图像之间留任何空白。根据图像数量和屏幕大小缩放图像，并将它们排列成一个方形，montage()函数会保留原始图像的纵横比。如果是灰度图像或二值图像，那么图像文件是 $M×N×1×K$ 的数组；如果是 RGB 图像，那么图像文件是 $M×N×3×K$ 的数组。

除了对各种图像文件进行读写操作，MATLAB 也提供了专门的视频文件读取函数，如视频读取函数 aviread()、视频信息读取函数 aviinfo()和视频播放函数 movie()等，读者可查阅相关文献进行学习。

4.5　图像的统计特性

4.5.1　灰度直方图

图像的灰度直方图（Gray Level Histogram）给出图像中灰度值出现的概率，灰度直方图通常用柱状图表示，横轴代表灰度值，纵轴代表灰度值出现的概率。

图像灰度的一维概率分布函数定义为

$$p(l) = p\big[f(x, y) = l\big] \tag{4-3}$$

式中，$0 \leqslant l \leqslant L-1$，表示灰度级。则一维灰度直方图表示为

$$p(l) = \frac{\text{Num}(l)}{M}, \ l = 0, 1, \cdots, L-1 \tag{4-4}$$

式中，M 为图像的像素总数；$\text{Num}(l)$ 为灰度值为 l 的像素数。

1）灰度直方图的性质

（1）灰度直方图是图像最基本的统计特征。

（2）灰度直方图只能反映图像灰度值的分布情况，而不能反映图像像素的位置。例如，图 4-17 所示的 4 幅不同图像具有相同的灰度直方图。

（3）一幅图像对应唯一的灰度直方图，而不同图像可对应相同的直方图。

（4）整个图像的灰度直方图是各部分图像灰度直方图之和。

图 4-17　4 幅不同的图像具有相同的灰度直方图

2）计算灰度直方图的算法

（1）数组 Num 的所有元素赋值为 0。

（2）对于图像的所有像素，进行 $\text{Num}[f(x, y)] = \text{Num}[f(x, y)]+1$ 操作；由于数组的索引值不能为零，所以可以先对全部像素值进行加 1 运算。

（3）$p(l) = \text{Num}(l)/M$，M 表示图像的像素总数。

【程序】计算灰度直方图的 MATLAB 程序。

```
close all; clear all; clc;
H=zeros(1,256);
I= imread('rice.bmp');
[M,N]=size(I);
Id= double(I)+1;  %图像灰度范围为0～255，直方图数组序号为1～256
```

```
for i=1:M
    for j=1:N
        H(Id(i,j))=H(Id(i,j))+1;
    end
end
H=H/(M*N);
figure(1),subplot(121),imshow(I);
subplot(122),bar(0:1:255,H);axis tight; %显示灰度直方图
```

在 MATLAB 中，也可采用 imhist()函数直接显示灰度直方图。例如，在上述程序中用 imhist(I) 显示灰度直方图，如图 4-18 所示。

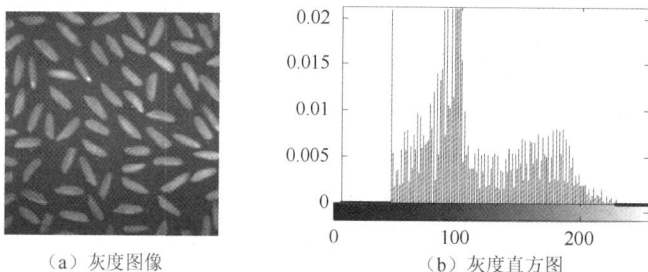

（a）灰度图像　　　　　　　　　　（b）灰度直方图

图 4-18　灰度图像及其灰度直方图

灰度直方图可以提供图像信息的很多特征。例如，若灰度直方图密集地分布在很窄的区域，则说明图像的对比度很低；若灰度直方图有两个峰值，则说明存在两种不同亮度的区域。灰度直方图还可用于判断图像量化级数是否恰当、确定图像分割的阈值以及统计物体面积。

4.5.2　联合直方图

联合直方图是通过统计两幅图像对应像素的不同灰度组合出现的频率而得到的图形，它是将两幅图像联系起来的桥梁。

设两个图像函数分别为 $f(x,y)$ 与 $g(x,y)$，则它们的联合概率分布函数可表示为

$$p(l_1,l_2)=p\big[f(x,y)=l_1,\ g(x,y)=l_2\big] \tag{4-5}$$

式中，l_1 和 l_2 均为 $0\sim L-1$ 之间的灰度级。

则联合直方图（二维直方图）可表示为

$$p(l_1,l_2)=\frac{N(l_1,l_2)}{M} \tag{4-6}$$

式中，M 为像素总数；$N(l_1,l_2)$ 为两个事件 $f(x,y)=l_1$ 与 $g(x,y)=l_2$ 同时发生的事件数。

计算联合直方图的方法如下：

（1）定义一个二维数组 $\text{Num}(L_1,L_2)$，将该数组所有元素初始化为 0。其中 L_1 和 L_2 分别为两幅图像的灰度级，数组元素所对应的灰度值对 (l_1,l_2) 的像素数。

（2）对图像 A 和图像 B 中所有像素，按照对应位置进行以下操作：

$$\text{Num}\big[f_A(x,y),\ g_B(x,y)\big] = \text{Num}\big[f_A(x,y),\ g_B(x,y)\big] + 1$$

（3）计算 $p(l_1, l_2) = \text{Num}(l_1, l_2)/M$，$M$ 为像素总数。

联合直方图计算示例如图 4-19 所示。其中，图像 A 和图像 B 的大小均为 5 像素×5 像素，灰度级均为 6 级。

（a）图像 A　　　　　（b）图像 B

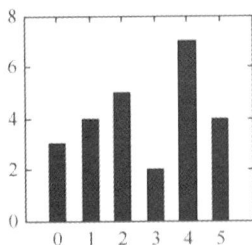

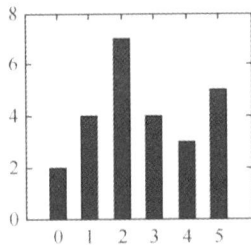

（c）图像 A 的直方图　　（d）图像 B 的直方图　　（e）图像 A 和图像 B 的联合直方图

图 4-19　联合直方图计算示例

定义一个 6×6 的二维数组 Num(6, 6)，并把该数组所有元素初始化为 0。在图像 A 和图像 B 中找到共同位置的像素，得到它们在各自图像中的灰度值，组成对应于同一位置的灰度值对。例如，图像 A 和图像 B 的第一个像素的灰度值分别为 1 与 5，则让 Num(2, 6) = 1，遍历图像 A 和图像 B 的每个像素，并对 Num 数组进行累加。根据 $p(l_1, l_2) = \text{Num}(l_1, l_2)/25$，计算得到图像 A 和图像 B 的联合直方图。

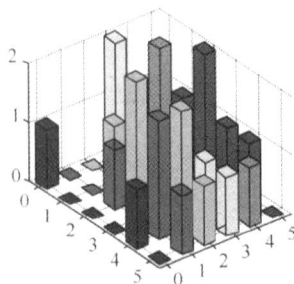

图像 A 和图像 B 的灰度直方图以及二者的联合直方图显示于图 4-19（c）～图 4-19（e）中，为了更为直观地显示，图示直方图中的纵坐标用频数表示，即没有进行除以 M 的操作。

4.5.3　熵和联合熵

如果知道概率密度 p，那么用熵就可以估计出图像的信息量。熵的概念最初源于热力学和统计力学，熵的信息论常称为信息熵。

在图像分析中常用灰度直方图近似替代计算熵所需要的概率密度，因此定义图像 A 的熵为

$$H(A) = \sum_{l=0}^{L-1} p(l) \log_2 \left(\frac{1}{p(l)}\right) = -\sum_{l=0}^{L-1} p(l) \log_2 p(l) \qquad (4\text{-}7)$$

其中，$\log_2\left[\dfrac{1}{p(l)}\right]$ 也称出现 l_k 的惊异（surprisal）。随机变量 l 的熵是其出现惊异的期望值。

这个公式中对数的底数决定所量度的熵的单位。例如，如果底数为 2，那么熵的单位是 bit。

对于只存在两种可能性的事件，其发生的概率分别为 p 和 $1-p$ ，则它的熵为

$$H(A) = -\left[p\log_2 p + (1-p)\log_2(1-p) \right]$$

熵的最大值出现在两个事件的概率都为 $p=0.5$ 处。

熵是个统计量，它衡量一个任意变量的任意性。一个变量的任意性越大，它的熵就越大。因此，当所有灰度值等概率发生时，熵达到最大值；当一个灰度值发生的概率为 1，其他灰度值的概率均为 0 时，熵达到最小值 0。

设图像 A 和图像 B 的联合直方图为 $p(l_1, l_2)$ ，它们的联合熵定义为

$$H(A, B) = -\sum_{l_1=0}^{L-1}\sum_{l_2=0}^{L-1} p(l_1, l_2)\log_2 p(l_1, l_2) \tag{4-8}$$

联合熵是两个随机变量相关性的度量。当两个随机变量独立时，它们的联合熵为

$$H(A, B) = H(A) + H(B) \tag{4-9}$$

4.5.4 其他统计特征

图像的直方图，除了可以用于计算熵，还可以用于计算其他一维和二维统计特征。它们的计算公式分别如下。

1. 一维统计特征

（1）均值。

$$\overline{f} = \sum_{l=0}^{L-1} lp(l) \tag{4-10}$$

（2）方差。

$$\sigma^2 = \sum_{l=0}^{L-1}(l-\overline{f})^2 p(l) \tag{4-11}$$

（3）能量。

$$f_n = \sum_{l=0}^{L-1} p(l)^2 \tag{4-12}$$

（4）倾斜度。

$$f_b = \frac{1}{\sigma^3}\sum_{l=0}^{L-1}(l-\overline{f})^3 p(l) \tag{4-13}$$

（5）峭度。

$$f_q = \frac{1}{\sigma^4}\sum_{l=0}^{L-1}(l-\overline{f})^4 p(l) - 3 \tag{4-14}$$

2. 二维统计特征

（1）自相关。

$$f_h = \sum_{l_1=0}^{L-1}\sum_{l_2=0}^{L-1} l_1 l_2 p(l_1, l_2) \tag{4-15}$$

（2）协方差。

$$f_c = \sum_{l_1=0}^{L-1} \sum_{l_2=0}^{L-1} \left(l_1 - \overline{f}\right)\left(l_2 - \overline{f}\right) p\left(l_1, l_2\right) \tag{4-16}$$

（3）惯性矩。

$$f_g = \sum_{l_1=0}^{L-1} \sum_{l_2=0}^{L-1} \left(l_1 - l_2\right)^2 p\left(l_1, l_2\right) \tag{4-17}$$

（4）绝对值。

$$f_a = \sum_{l_1=0}^{L-1} \sum_{l_2=0}^{L-1} \left|l_1 - l_2\right| p\left(l_1, l_2\right) \tag{4-18}$$

（5）反差分。

$$f_d = \sum_{l_1=0}^{L-1} \sum_{l_2=0}^{L-1} \frac{p\left(l_1, l_2\right)}{1 + \left(l_1 - l_2\right)^2} \tag{4-19}$$

（6）能量。

$$f_n = \sum_{l_1=0}^{L-1} \sum_{l_2=0}^{L-1} \left[p\left(l_1, l_2\right)\right]^2 \tag{4-20}$$

4.6　图像的代数运算

图像的代数运算是指对两幅或多幅图像进行点对点的加、减、乘、除运算得到新的图像的过程，相关数学表达式如下：

$$C(x,y) = A(x,y) + B(x,y)$$
$$C(x,y) = A(x,y) - B(x,y)$$
$$C(x,y) = A(x,y) \times B(x,y) \tag{4-21}$$
$$C(x,y) = A(x,y) \div B(x,y)$$

其中，$A(x,y)$ 和 $B(x,y)$ 表示进行代数运算的两幅图像，$C(x,y)$ 表示运算结果。在 MATLAB 中应该使用点乘或点除运算符对两幅图像进行乘除运算。例如，图像 A 与图像 B 相乘或相除的运算函数分别为 $C=A.*B$ 和 $C=A./B$。

4.6.1　图像相加

图像相加主要用于去除加性随机噪声、生成图像叠加效果等。

1. 多图像平均法

多图像平均法是指利用对同一景物拍摄的多幅图像进行灰度平均，以消除由噪声产生的高频成分。在图像采集中常应用这种方法去除噪声。

假定对同一景物 $f(x,y)$ 拍摄 M 幅图像 $g_i(x,y)$ $(i=1,2,\cdots M)$，由于在拍摄时可能存在随机噪声 $e(x,y)$，所以

$$g_i(x,y) = f(x,y) + e_i(x,y) \tag{4-22}$$

对 M 幅图像进行灰度平均，则平均后的图像为

$$\bar{g}(x,y) = \frac{1}{M}\sum_{i=i}^{M}\left[f(x,y)+e_i(x,y)\right] = f(x,y)+\frac{1}{M}\sum_{i=i}^{M}e_i(x,y) \tag{4-23}$$

当随机噪声 $e(x,y)$ 的均值为 0，方差为 σ^2，并且不同位置 (x,y) 处的噪声分布互不相关时，对上述图像选取均值后将降低噪声的影响。

同时有以下两式成立：

$$E\left\{\bar{g}(x,y)\right\} = \frac{1}{M}\sum_{i=i}^{M}\left\{E\left[f(x,y)\right]+E\left[e_i(x,y)\right]\right\} = \frac{1}{M}\sum_{i=1}^{M}f_i(x,y) = f(x,y) \tag{4-24}$$

$$\sigma^2_{\bar{g}(x,y)} = \frac{1}{M}\sigma^2_{e(x,y)} \tag{4-25}$$

对 M 幅图像进行灰度平均后可把噪声方差降低 M 倍。当 M 增大时，$\bar{g}(x,y)$ 更接近 $f(x,y)$。因此，多图像平均法可用来降低加性随机噪声，提高信噪比。图 4-20 所示为加性高斯噪声污染图像以及它的 10 幅、20 幅和 50 幅图像的平均结果。

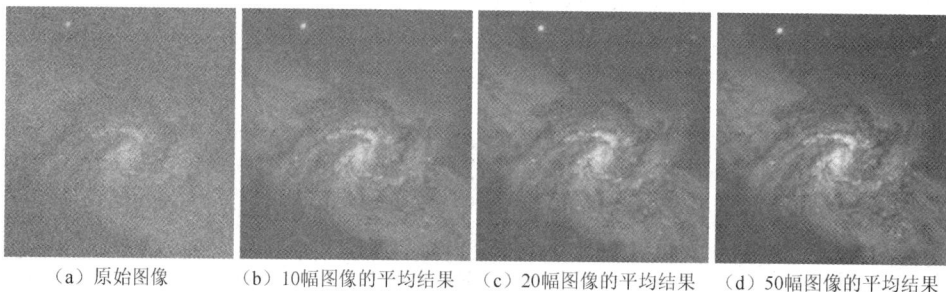

（a）原始图像　　　（b）10幅图像的平均结果　　（c）20幅图像的平均结果　　（d）50幅图像的平均结果

图 4-20　加性高斯噪声污染图像以及它的 10 幅、20 幅、50 幅图像的平均结果

多图像平均法常用于电视摄像机中，以降低光导摄像管的噪声。具体过程如下：对同一景物连续拍摄多幅图像并数字化，然后对多幅图像选取均值。一般用 8 幅图像选取均值。多图像平均法的主要难点在于多幅图像的精确配准。

2．不同图像的相加

利用不同图像的相加运算，可以得到各种图像的合成效果，也可以使两幅图像衔接。在 MATLAB 中，可以使用 imadd(A,B)函数实现两幅大小相等图像的相加，或者一幅图像与常量的相加。也可以使用以下程序实现图像的相加，图像相加效果如图 4-21 所示。

（a）图像A　　　　　　（b）图像B　　　　　　（c）图像A+图像B

图 4-21　图像相加效果

【程序】两幅图像相加运算。

```
f=imread('IMAGE1.bmp'); g=imread('IMAGE2.bmp');
s=double(f)+double(g);
sx=s-min(min(s));              %减去最小值
s_out=sx/max(max(sx));         %归一化处理
figure, imshow(uint8(255*s_out));
```

4.6.2 图像相减

图像相减运算通常用于对同一场景在不同时间或不同波段拍摄的图像进行相减处理，也就是差影法。相减得到的差值图像能够提供图像间的差异信息。可以用于指导动态监测、运动目标的检测和跟踪、图像背景的消除及目标识别等。在 MATLAB 中，使用 imsubtract(A,B) 函数对两幅图像进行相减运算。

图 4-22 所示为差影法在医学上的应用示例：将患者在普通情况下的病灶图像（模板图像）与注入血管造影剂之后的图像进行相减运算，得到病灶的微小变化。

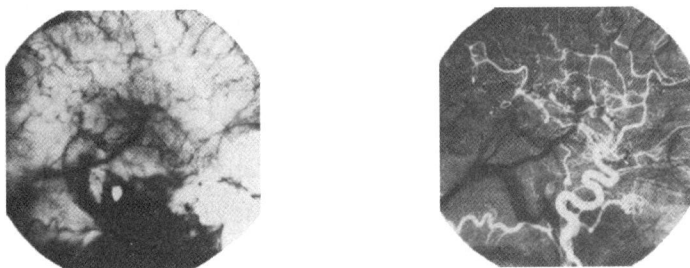

（a）注入血管造影剂之前的病灶图像　　（b）注入血管造影剂之后的病灶图像与模板图像相减的结果

图 4-22　差影法在医学上的应用示例

图 4-23 所示为利用差影法提取仪表特征。将同一仪表在指针位置不同情况下的两幅图像相减后得到差值图像，该差值图像中主要包含仪表指针，可用于进一步检测指针回转中心。

（a）图像 *A*　　　　　　　（b）图像 *B*　　　　　　　（c）差值图像

图 4-23　利用差影法提取仪表特征

差影法还可用于森林火灾等灾情的监测及江河海岸污染的监测等。在实际应用中，进行图像相减运算时，必须使两幅图像的像素对应空间同一目标点，否则，需要进行图像配准处理。另外，进行图像相减时，还需要考虑背景的更新机制，尽量补偿因天气、光照等因素对图像造成的影响。

4.6.3　图像相乘

图像相乘常用于抑制图像的某些区域，或者提取感兴趣的图像区域。首先，构造一副掩模图像，在需要保留部分图像的区域，把图像灰度值设为1，而在去除区域，把图像灰度值设为0；然后，将掩模图像与原始图像相乘，以屏蔽原始图像的某些部分从而实现图像的局部显示，如图4-24所示。

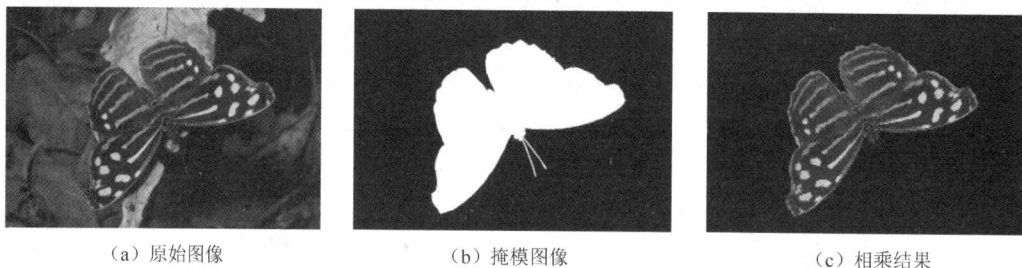

（a）原始图像　　　　　　　（b）掩模图像　　　　　　　（c）相乘结果

图4-24　图像的局部显示

图像相乘与差影法结合，称为差分相乘，该方法可以用于提取运动目标的中间重叠区域，精确检测运动物体，同时有效地排除随机噪声。在 MATLAB 中，用 immultiply()函数实现图像相乘。

4.6.4　图像相除

图像相除用于检测两幅图像之间的差异。图像相除运算的结果是对应像素值的变化比率，而不是每个像素的绝对差异。因此，图像相除运算也称比率变换，常用于校正成像设备的非线性影响。在 MATLAB 中，用 imdivide()函数实现两幅图像的相除运算。

图像相除还可以用于解决照明不均匀问题。在本章引例部分，图 4-1（a）所示的图像由于不均匀照明导致图像目标难以分割。通过将照明光源投射到一个均匀反射率的白色反射面，获得照度分量，如图 4-1（c）所示。把图 4-1（a）所示图像与图 4-1（c）所示的照度分量图像进行相除运算，由此可以获得图 4-1（b）所示的正规化图像。该图像仅包含反射分量，这样非常容易实现目标识别。

思考与练习

4-1　图像可以分成哪些类别？

4-2　什么是图像数字化？数字图像的空间分辨率与采样间隔有什么联系？

4-3　图像中目标区域的灰度与哪些因素有关？它们是什么关系？

4-4 设一个具有 5000 个感光单元的 CCD 用于 A4 幅面扫描仪，A4 幅面的纸张宽度是 8.3 英寸，该扫描仪的光学分辨率是多少线/英寸？

4-5 简述灰度直方图的概念和性质。

4-6 给出一幅 4bit、8 像素×8 像素的图像 A，画出该图像的灰度直方图。

$$A = \begin{bmatrix} 11 & 14 & 4 & 15 & 1 & 15 & 15 & 15 \\ 12 & 12 & 9 & 14 & 4 & 15 & 12 & 13 \\ 0 & 2 & 6 & 15 & 3 & 7 & 1 & 13 \\ 4 & 2 & 8 & 2 & 5 & 3 & 3 & 15 \\ 5 & 3 & 3 & 15 & 4 & 2 & 6 & 1 \\ 11 & 15 & 4 & 14 & 7 & 15 & 13 & 15 \\ 12 & 13 & 6 & 15 & 3 & 14 & 12 & 14 \\ 4 & 2 & 6 & 4 & 1 & 7 & 3 & 5 \end{bmatrix}$$

4-7 请定性画出：（1）一幅看上去明亮但亮区缺乏层次感的模拟图像的概率密度函数曲线；（2）一幅看上去灰暗的数字图像的灰度直方图。

4-8 计算图像 A 和图像 B 的联合直方图。

$$A = \begin{bmatrix} 1 & 2 & 2 & 4 & 3 \\ 1 & 2 & 4 & 5 & 0 \\ 5 & 0 & 1 & 4 & 2 \\ 4 & 2 & 4 & 3 & 5 \\ 4 & 5 & 4 & 1 & 0 \end{bmatrix} \qquad B = \begin{bmatrix} 5 & 1 & 2 & 0 & 2 \\ 2 & 5 & 3 & 4 & 0 \\ 1 & 3 & 4 & 2 & 5 \\ 1 & 2 & 2 & 5 & 3 \\ 1 & 2 & 5 & 4 & 3 \end{bmatrix}$$

4-9 简要说明图像相加运算原理，并举例说明这种运算在图像处理应用中起什么作用。

4-10 参考本章彩色五环图像的 MATLAB 程序，编程设计图 4-25 所示的灰度图像，图像大小为 300 像素×300 像素，并将其保存为 BMP 文件格式的图像文件。

图 4-25 题 4-10

第5章 »»»»»»

图像变换

引 例

图像变换是指将图像从空间域变换到变换域。图像变换的目的是根据图像在变换域的某些性质对其进行处理。通常,这些性质在空间域很难获取。图像变换是图像处理领域的重要方法,可以应用于图像滤波、图像压缩、图像识别等很多领域。

在图 5-1 所示的 6 幅光学条纹图像中,图 5-1(b)~图 5-1(f)相对于图 5-1(a)分别在条纹方向、条纹频率(或周期)、相位分布以及初相位(或称相移)方面存在差异,这些信息或参数在频域体现得更为直观、更为有效,能够达到更好的处理效果。

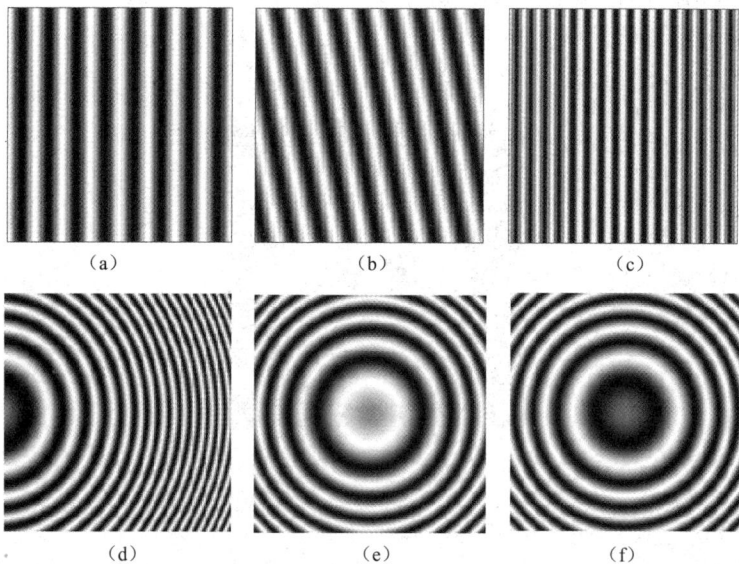

图 5-1　6 幅光学条纹图像

5.1 图像投影和拉东变换

5.1.1 二值图像的投影

给定一条直线，用垂直于该直线的一簇等间距直线将一幅二值图像分割成若干条带，每个条带内的灰度值为 1 的像素数为该条带在给定直线上的投影。当给定直线为水平直线或垂直直线时，计算二值图像每列或每行灰度值为 1 的像素数，就可得到二值图像的水平投影和垂直投影，如图 5-2 所示。

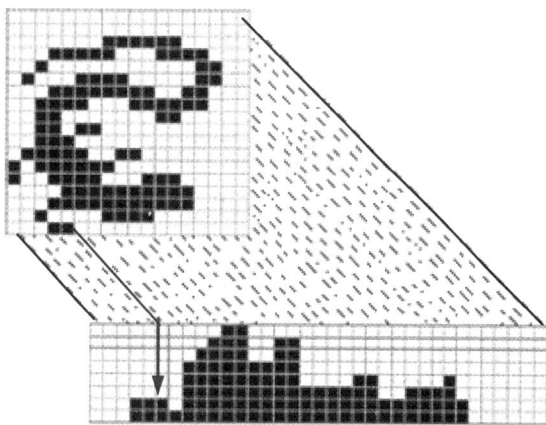

除了水平投影和垂直投影，可以对任意方向求投影，图 5-3 所示为二值图像的对角线投影。这些投影包含原始图像的很多信息，在某些应用场景中，投影可以作为识别物体的一个特征。投影既是一种简洁的图像表示，又可以实现快速算法。而且，投影不是唯一的，同样的投影可能对应不同的图像。

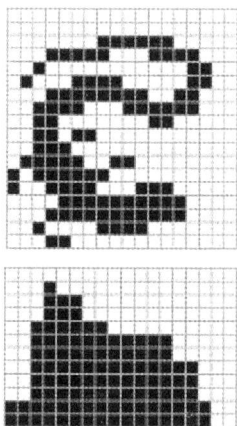

图 5-2 二值图像的水平投影和垂直投影　　　　图 5-3 二值图像的对角线投影

对于一幅二维图像函数 $f(x,y)$，可根据下式计算其在任意角度下的投影：

$$R_\theta\left(x',y'\right)=\int_{-\infty}^{\infty}f\left(x'\cos\theta-y'\sin\theta,x'\sin\theta+y'\cos\theta\right)\mathrm{d}y' \qquad (5-1)$$

式中，θ 为投影方向与水平方向（x 轴）之间的夹角。当 $\theta=0°$ 时，表示水平投影。

图像在某一方向上的投影就是计算图像在该方向上的线性积分。一个矩形目标沿任意方向的投影示意如图 5-4 所示。

如果投影方向与水平方向（x 轴）之间的角度不是 $0°$ 或 $90°$，那么首先需要根据下式对图像进行旋转变换，然后进行积分运算，最后获得投影结果。

$$\begin{bmatrix} x' \\ y' \end{bmatrix} = \begin{bmatrix} \cos\theta & \sin\theta \\ -\sin\theta & \cos\theta \end{bmatrix} \begin{bmatrix} x \\ y \end{bmatrix}$$

$$(5-2)$$

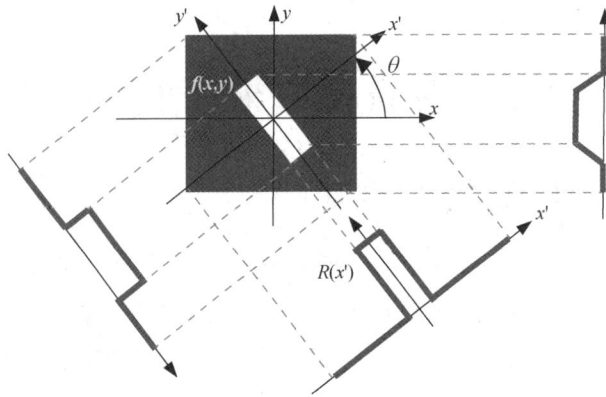

图 5-4　矩形目标沿任意方向的投影示意

5.1.2　拉东变换

可以借助 X 射线计算机断层成像（X-CT）系统理解拉东（Radon）变换的操作过程。在 X-CT 系统中，X 射线束围绕目标断层平面的中心进行平移和旋转，探测器可获得不同方向下的 X 射线束穿过目标断层平面后的衰减数据，此数据即 X 射线束经过目标断层的投影。根据这些数据，可重建目标断层图像。以上从探测器获取投影的过程就是图像的拉东变换。

拉东变换基于图像投影，对图像进行各个方向上的投影，投影方向为 0～180°，并将这些投影结果绘制在一个坐标轴上，表示为一幅图像。在 MATLAB 中用 radon() 函数进行拉东正变换，或者计算某一方向上的图像投影；采用 iradon() 函数进行 Radon 逆变换。

图 5-5 所示为图像的拉东变换应用于流场主方向的检测。通过粒子图像测速仪（PIV）获得风力机叶片后方的瞬时流场，如图 5-5（a）所示。为了计算该流场方向特征，从流场图像中提取三个等值线图像，如图 5-5（b）所示。然后对这些等值线图像进行拉东变换，拉东变换结果如图 5-5（c）所示。找到该图中最亮点，其坐标为（106，14）。由此可知，流场主方向与水平方向之间的夹角为 16°。

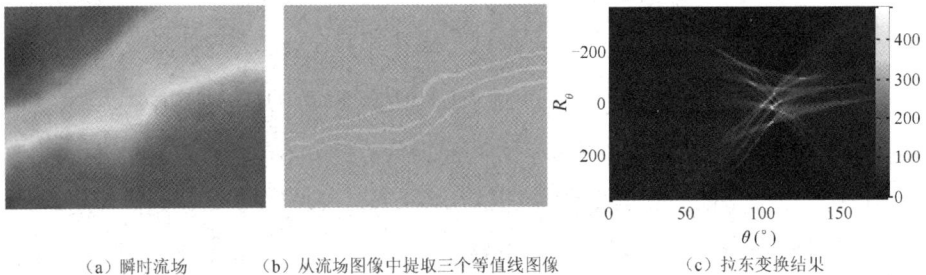

（a）瞬时流场　　　（b）从流场图像中提取三个等值线图像　　　（c）拉东变换结果

图 5-5　图像的拉东变换应用于流场主方向的检测

拉东变换可以用于直线目标、矩形目标的方向检测。例如，用于车牌图像倾斜校正。

【程序】图像的拉东变换和结果显示。

```
clc; clear all; close all;
I=imread('file.png);
theta=0:1:180;                  %角度步长可以变化
[R,xp]=radon(I,theta);      %Radon 变换
figure,imagesc(theta,xp,R);
xlabel('\theta(度)');ylabel('R_\theta');colormap(hot);colorbar;
```

5.2　傅里叶变换

傅里叶变换是信号处理领域的一个重要的里程碑，它在图像处理中同样起着十分重要的作用，被广泛应用于图像增强与恢复、噪声抑制、图像特征提取、纹理分析等多个方面，特别是在条纹图像相位分析、图像相关或配准等领域具有重要作用。

从纯粹的数学意义上看，傅里叶变换是将一个函数变换为一系列周期函数；从物理效果看，傅里叶变换是将图像从空域变换到频域的一种操作。例如，物理学中的棱镜分光、远场衍射都与傅里叶变换有紧密联系。通过傅里叶变换，可以将信号转换到一个全新的频域空间进行观察和分析。傅里叶变换不仅能够使时域/空域复杂的问题在频域得到简化，而且还能帮助我们在频域更好地理解或解释信号与系统的物理本质。

5.2.1　傅里叶级数

法国数学家傅里叶发现，任何周期函数只要满足狄利克雷（Dirichlet）条件都可以用正弦函数和余弦函数构成无穷级数，即以不同频率的正弦函数和余弦函数的加权和表示，称之为傅里叶级数。

对于有限定义域的非周期函数，可以对其进行周期延拓，使其在整个扩展定义域上成为周期函数，进而展开为傅里叶级数。

1. 三角形式的傅里叶级数

周期为 T 的函数 $f(x)$ 的三角形式傅里叶级数展开公式为

$$f(x) = \frac{a_0}{2} + \sum_{n=1}^{+\infty} (a_n \cos n\omega_1 x + b_n \sin n\omega_1 x) \tag{5-3}$$

其中，基波频率 $\omega_1 = 2\pi/T = 2\pi u$；$u = 1/T$，它是函数 $f(x)$ 的频率；a_n 和 b_n 称为傅里叶系数。图 5-6 所示为函数 $f(x)$ 的傅里叶分解，该图形象地描述了这种频率分解，左侧的原始信号即函数 $f(x)$，它由右侧不同频率的正弦函数或余弦函数以不同的系数组合而成。

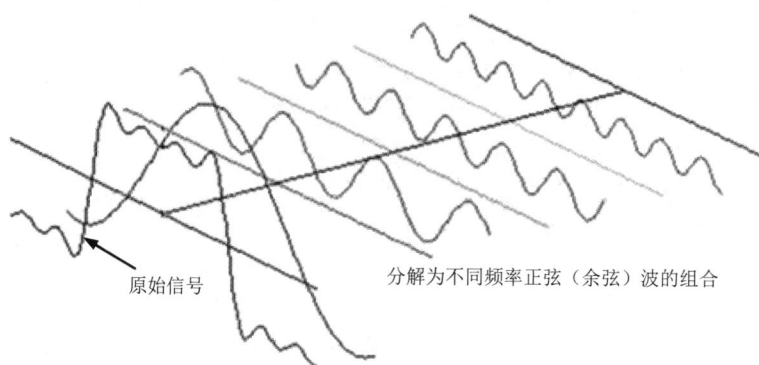

原始信号　　　　　　　　分解为不同频率正弦（余弦）波的组合

图 5-6　函数 $f(x)$ 的傅里叶分解

从数学上已经证明，函数 $f(x)$ 的傅里叶级数的前 N 项和是该函数在给定能量下的最佳逼近，即

$$\lim_{N \to \infty} \int_0^T \left| f(x) - \left[\frac{a_0}{2} + \sum_{n=1}^{N} \left(a_n \cos n\omega_0 x + b_n \sin n\omega_0 x \right) \right] \right|^2 dx = 0 \tag{5-4}$$

图 5-7 所示为一个方波信号采用不同 N 值时的傅里叶级数之和的逼近效果。随着 N 值的增大，逼近效果越来越好；但是在 $f(x)$ 的不可导点上，如果只选取式（5-3）等号右边的无穷级数中的有限项之和作为 $\hat{f}(x)$，那么 $\hat{f}(x)$ 曲线在这些点上有起伏，这就是吉布斯现象。

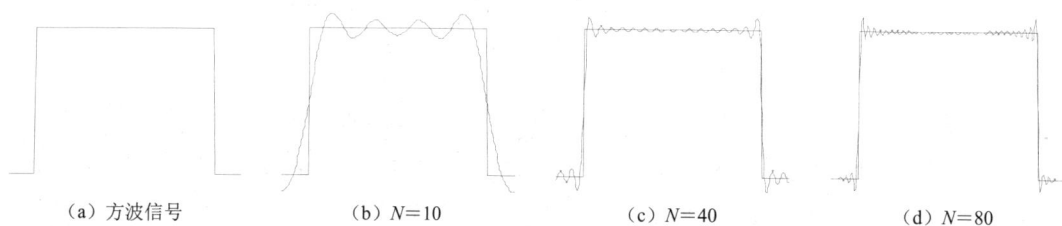

（a）方波信号　　　　　　（b）$N=10$　　　　　　（c）$N=40$　　　　　　（d）$N=80$

图 5-7　一个方波信号采用不同 N 值时的傅里叶级数之和的逼近效果

2. 复指数形式的傅里叶级数

除了三角形式的傅里叶级数，傅里叶级数还有其他两种常用的表示形式，即余弦形式和复指数形式。借助欧拉公式 $e^{j\omega} = \cos \omega + j\sin \omega$，傅里叶级数的三种形式可以很方便地进行等价转化，本质上它们都是一样的。

复指数形式的傅里叶级数具有简洁的形式（只需一个统一的表达式计算傅里叶系数），便于进行信号和系统分析。余弦形式的傅里叶级数可使周期信号的幅度谱和相位谱更加直观。

复指数形式的傅里叶级数表示为

$$f(x) = \sum_{n=-\infty}^{\infty} c_n e^{j2n\pi ux} \tag{5-5}$$

其中，

$$c_n = \frac{1}{T}\int_{-T/2}^{T/2} f(x)\mathrm{e}^{-\mathrm{j}2n\pi ux}\mathrm{d}x \quad (n = 0,\ \pm1,\ \pm2,\ \cdots) \tag{5-6}$$

5.2.2　傅里叶变换的定义

1. 连续傅里叶变换的定义

一维连续傅里叶变换以及逆变换形式分别表示如下：

$$F(u) = \int_{-\infty}^{\infty} f(x)\mathrm{e}^{-\mathrm{j}2\pi ux}\mathrm{d}x \tag{5-7a}$$

$$f(x) = \int_{-\infty}^{\infty} F(u)\mathrm{e}^{\mathrm{j}2\pi ux}\mathrm{d}u \tag{5-7b}$$

上面两式即通常所说的傅里叶变换对，记为 $f(x) \Leftrightarrow F(u)$。正变换和逆变换的区别是幂的符号。对于任意函数 $f(x)$，其傅里叶变换 $F(u)$ 是唯一的，反之也是。$f(x)$ 是实数，$F(u)$ 是复数。

$F(u)$ 的实部定义为

$$R(u) = \int_{-\infty}^{\infty} f(x)\cos(2\pi ux)\mathrm{d}x \tag{5-8a}$$

$F(u)$ 的虚部定义为

$$I(u) = \int_{-\infty}^{\infty} f(x)\sin(2\pi ux)\mathrm{d}x \tag{5-8b}$$

$F(u)$ 的振幅定义为

$$|F(u)| = \left[R^2(u) + I^2(u) \right]^{1/2} \tag{5-8c}$$

$F(u)$ 的功率谱定义为

$$E(u) = |F(u)|^2 = R^2(u) + I^2(u) \tag{5-8d}$$

$F(u)$ 的相位定义为

$$\varphi(u) = \arctan\frac{I(u)}{R(u)} \tag{5-8e}$$

一维傅里叶变换可以容易地推广到二维连续傅里叶变换。二维连续傅里叶变换和逆变换分别定义如下：

$$F(u,v) = \int_{-\infty}^{\infty}\int_{-\infty}^{\infty} f(x,y)\mathrm{e}^{-\mathrm{j}2\pi(ux+vy)}\mathrm{d}x\mathrm{d}y \tag{5-9a}$$

$$f(x,y) = \int_{-\infty}^{\infty}\int_{-\infty}^{\infty} F(u,v)\mathrm{e}^{\mathrm{j}2\pi(ux+vy)}\mathrm{d}u\mathrm{d}v \tag{5-9b}$$

傅里叶变换与傅里叶级数涉及两类不同的函数，这给初学者带来困扰。不妨认为周期函数的周期可以趋向无穷大，这样就可以将傅里叶变换看成傅里叶级数的推广。

仔细观察式（5-7），对比复指数形式的傅里叶级数展开式（5-5），可以发现，这里傅里叶变换的结果 $F(u)$ 实际上相当于傅里叶级数展开中的傅里叶系数，而逆变换式（5-7b）则体现出不同频率复指数函数的加权和的形式，相当于复指数形式的傅里叶级数展开式，只

不过这里的频率 u 变为连续形式，所以加权和采用了积分形式。这是因为随着式（5-7）的积分上下限的 T 向整个实数定义域扩展，即 $T \to \infty$，频率 u 趋近于 $\mathrm{d}u$（因为 $u = 1/T$），导致原来离散变化的 u 连续化。

2．离散傅里叶变换的定义

一维离散傅里叶变换（DFT）以及逆变换（IDFT）分别表示如下：

$$F(u) = \frac{1}{M} \sum_{x=0}^{M-1} f(x) \mathrm{e}^{-\mathrm{j}2\pi ux/M} \ , \quad u = 0, \ 1, \ 2, \ \cdots, \ M-1 \tag{5-10a}$$

$$f(x) = \sum_{u=0}^{M-1} F(u) \mathrm{e}^{\mathrm{j}2\pi ux/M} \ , \quad x = 0, \ 1, \ 2, \ \cdots, \ M-1 \tag{5-10b}$$

离散傅里叶变换和逆变换总是存在的。

对于数字图像，我们关心的是二维离散傅里叶变换。下面直接给出一个 $M \times N$ 的图像函数 $f(x,y)$ 的二维离散傅里叶变换公式，即

$$F(u,v) = \frac{1}{MN} \sum_{x=0}^{M-1} \sum_{y=0}^{N-1} f(x,y) \mathrm{e}^{-\mathrm{j}2\pi(ux/M + vy/N)} \tag{5-11a}$$

式中，u 和 v 称为频域变量，$u = 0, 1, \cdots, M-1$，$v = 0, 1, \cdots, N-1$。

$F(u,v)$ 的离散傅里叶逆变换表示为

$$f(x,y) = \sum_{u=0}^{M-1} \sum_{v=0}^{N-1} F(u,v) \mathrm{e}^{\mathrm{j}2\pi(ux/M + vy/N)} \tag{5-11b}$$

在 MATLAB 中，矩阵的下标是从 1 开始的，而不是从 0 开始，所以 MATLAB 中的 $f(1,1)$ 和 $F(1,1)$ 对应 DFT 数学表达式中的 $f(0,0)$ 与 $F(0,0)$。

使用 $R(u,v)$ 和 $I(u,v)$ 分别表示 $F(u,v)$ 的实部与虚部，即 $F(u,v)=R(u,v)+\mathrm{j}I(u,v)$，则幅度谱和相位谱分别表示如下：

$$|F(u,v)| = \left[R^2(u,v) + I^2(u,v) \right]^{1/2} \tag{5-12}$$

$$\varphi(u,v) = \arctan \frac{I(u,v)}{R(u,v)} \tag{5-13}$$

通过幅度谱和相位谱 φ，$F(u,v)$ 又可以表示为

$$F(u,v) = |F(u,v)| \mathrm{e}^{-\mathrm{j}\varphi(u,v)} \tag{5-14}$$

因为对于和空域相同大小的频域下的每一点 (u,v)，均可以计算出一个对应的 $|F(u,v)|$ 和 $\varphi(u,v)$，所以可以像显示一幅图像那样显示幅度谱和相位谱。

【程序】图像傅里叶变换的 MATLAB 实现。

```
close all; clear all; clc;
f=imread('img.bmp');        %读入图像
F=fft2(f);                  %傅里叶变换结果与 f 大小相同
Fs=fftshift(F);             %平移
Fa=abs(Fs);                 %幅度谱
```

```
Fa=(Fa-min(min(Fa)))/(max(max(Fa))-min(min(Fa)))*255;      %归一化
phi=angle(Fs);                                              %相位谱
figure,subplot(131),imshow(f);
subplot(132),imshow(Fa);                                    %显示幅度谱
subplot(133),imshow(real(phi));                             %显示相位谱
```

需要说明的是，MATLAB 语句 fftshift(fft2(f))的作用等价于直接对 $f(x,y)(-1)^{(x+y)}$ 进行傅里叶变换；MATLAB 中的 fft2(f,m,n)函数表示傅里叶变换结果大小为 $m \times n$，如果矩阵 f 的阵列小于 $m \times n$，那么用 0 补齐。图 5-8 所示为一幅数字图像的幅度谱和相位谱。

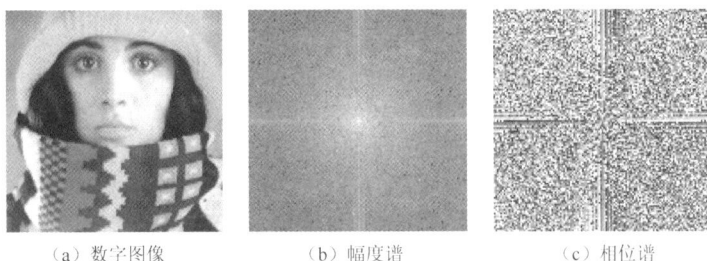

（a）数字图像　　　　　（b）幅度谱　　　　　（c）相位谱

图 5-8　数字图像的幅度谱和相位谱

幅度谱中的每一点的幅值 $|F(u,v)|$ 表示该频率的正弦（或余弦）平面波在叠加波中所占的比例，幅度谱直接反映频率信息。表面上看相位谱并不直观，但它隐含着实部与虚部之间的某种比例关系，与图像结构息息相关。

不同图像的相位谱交换如图 5-9 所示。图 5-9（a）和图 5-9（b）分别是 lena 图像与 goldhill 图像。首先用图像 A 的幅度谱加上图像 B 的相位谱，用图像 B 的幅度谱加上图像 A 的相位谱，然后根据式（5-14），利用幅度谱和相位谱复原傅里叶变换，最后经过傅里叶逆变换得到交换相位谱后的图像[见图 5-9（c）和图 5-9（d）]。

（a）图像A　　　　（b）图像B　　　（c）图像A幅度谱+图像B相位谱　（d）图像B幅度谱+图像A相位谱

图 5-9　不同图像的相位谱交换

通过以上示例可以发现，经交换相位谱和傅里叶逆变换之后得到的图像与其相位谱对应的图像一致，该结果验证了上述关于相位谱决定图像结构的论断。而图像整体灰度分布特性，如明暗、灰度变化趋势等，在较大程度上取决于对应的幅度谱，因为幅度谱反映图像各个方向的频率分量的相对强度。

5.2.3 二维离散傅里叶变换的性质

1. 周期性和共轭对称性

如果 $f(x, y)$ 为实数，那么其离散傅里叶变换关于原点共轭对称，这一关系表示为

$$F(u,v) = F^*(-u, -v) \tag{5-15}$$

由式（5-15）可知，幅度谱也是关于原点对称的，即

$$|F(u,v)| = |F(-u, -v)| \tag{5-16}$$

根据 $F(u,v)$ 的计算公式可以得到

$$F(u,v) = F(u+M,v) = F(u,v+N) = F(u+M,v+N) \tag{5-17}$$

由上式可知，DFT 在 u 和 v 方向上是无限周期信号，周期分别为 M 和 N。这种周期性也体现在离散傅里叶逆变换（IDFT）中，即

$$f(x,y) = f(x+M,y) = f(x,y+N) = f(x+M,y+N) \tag{5-18}$$

也就是说，通过离散傅里叶逆变换得到的一幅图像也是无限周期性的。这仅是 DFT 与 IDFT 的一个数学性质，但同时也说明，对于 DFT，只需一个周期（$M\times N$）内的数据就可以完全确定 $F(u,v)$，在空域同样成立。

当考虑 DFT 数据怎样与变换的周期相联系时，这种周期性就显得非常重要。下面考虑一维的情况，设矩形函数为

$$f(x) = \begin{cases} A, & 0 \leqslant x \leqslant X \\ 0, & \text{其他} \end{cases}$$

它的离散傅里叶变换为

$$F(u) = \int_{-\infty}^{\infty} f(x)\mathrm{e}^{-\mathrm{j}2\pi ux}\mathrm{d}x = A\int_0^X \mathrm{e}^{-\mathrm{j}2\pi ux}\mathrm{d}x = AX\frac{\sin \pi uX}{\pi uX}\mathrm{e}^{-\mathrm{j}\pi uX}$$

幅度谱为

$$|F(u)| = AX\left|\frac{\sin \pi uX}{\pi uX}\right|$$

在一维情况下，$F(u)$ 的周期为 M，频谱幅值以原点为中心。

DFT 取值区间为 $[0, M-1]$，在这个区间频谱是由背靠背的两个半周期组成的[见图 5-10（a）]。若要显示一个完整的周期，则必须将变换的原点移至 $u=M/2$。原点平移后的幅度谱如图 5-10（b）所示。

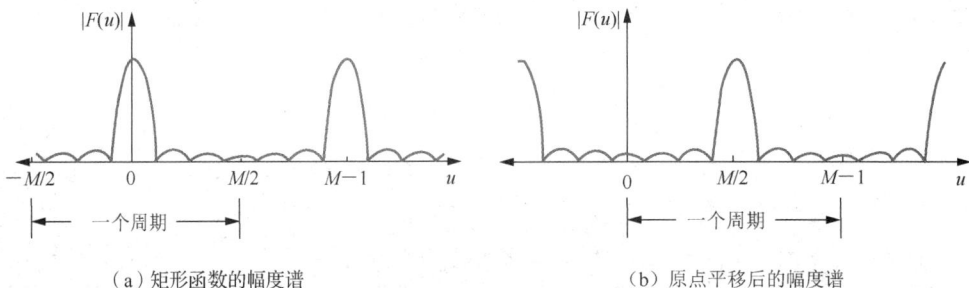

（a）矩形函数的幅度谱　　　　　　　　　　（b）原点平移后的幅度谱

图 5-10　矩形的频谱

根据定义可知，

$$F\left(u+\frac{M}{2}\right)=\sum_{x=0}^{M-1}f(x)\mathrm{e}^{-\mathrm{j}\frac{2\pi}{M}x\left(u+\frac{M}{2}\right)}=\sum_{x=0}^{M-1}(-1)^{x}f(x)\mathrm{e}^{-\mathrm{j}\frac{2\pi}{M}xu} \tag{5-19}$$

在进行离散傅里叶变换之前用 $(-1)^x$ 乘以输入信号 $f(x)$，可以在一个周期的变换中（u $=0$，1，$\cdots$，M-1），求得一个完整的频谱。

下面考虑二维情况，在进行离散傅里叶变换之前用 $(-1)^{(x+y)}$ 乘以输入信号（图像函数），则

$$\mathrm{DFT}\left[f(x,y)(-1)^{(x+y)}\right]=F(u-M/2,v-N/2) \tag{5-20}$$

由上式可知，DFT 的原点 $F(0,0)$ 被设置在 $u=M/2$，$v=N/2$ 上。矩形图像的频谱如图 5-11 所示。

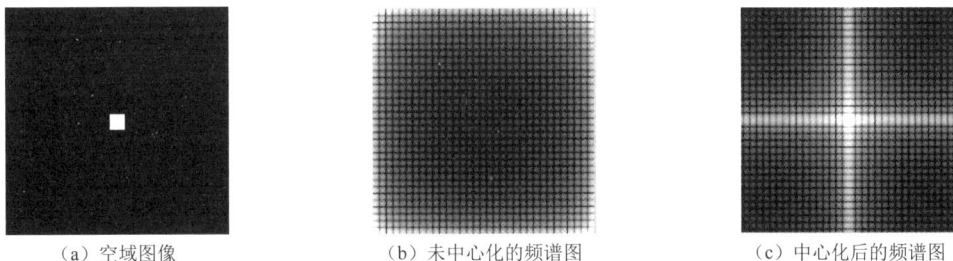

（a）空域图像　　　　　　（b）未中心化的频谱图　　　　　　（c）中心化后的频谱图

图 5-11　矩形图像的频谱

2．平均值

一幅数字图像的平均灰度可以用下式表示，即

$$\bar{f}=\frac{1}{MN}\sum_{x=0}^{M-1}\sum_{y=0}^{N-1}f(x,y) \tag{5-21}$$

将 $u=0$，$v=0$ 代入二维离散傅里叶变换公式，即（5-11a），得

$$F(0,0)=\frac{1}{MN}\sum_{x=0}^{M-1}\sum_{y=0}^{N-1}f(x,y) \tag{5-22}$$

由上式可知 $\bar{f}=F(0,0)$。显然，$F(0,0)$ 对应于图像函数 $f(x,y)$ 的平均灰度。有时，也将 $F(0,0)$ 称为频谱的直流分量。

3．分离性

式（5-11a）可以改写成以下分离形式，即

$$F(u,v)=\frac{1}{M}\sum_{x=0}^{M-1}\mathrm{e}^{-\mathrm{j}\frac{2\pi}{M}ux}\left[\frac{1}{N}\sum_{y=0}^{N-1}f(x,y)\mathrm{e}^{-\mathrm{j}\frac{2\pi}{N}vy}\right]=\frac{1}{M}\sum_{x=0}^{M-1}F(x,v)\mathrm{e}^{-\mathrm{j}\frac{2\pi}{M}ux} \tag{5-23}$$

其中

$$F(x,v)=\frac{1}{N}\sum_{y=0}^{N-1}f(x,y)\mathrm{e}^{-\mathrm{j}\frac{2\pi}{N}vy}$$

由上述分离形式可知，可以运用两次一维离散傅里叶变换实现二维离散傅里叶变换。首先沿输入图像的每行计算一维离散傅里叶变换，然后沿中间结果的每列计算一维变换，以此来求二维离散傅里叶变换。先列后行，结论同样成立。

4．位移性

若 $f(x,y) \Leftrightarrow F(u,v)$，则

$$f\left(x - x_0, y - y_0\right) \Leftrightarrow F(u,v) \mathrm{e}^{-\mathrm{j}2\pi\left(\frac{ux_0}{M} + \frac{vy_0}{N}\right)} \tag{5-24a}$$

$$f(x,y) \mathrm{e}^{\mathrm{j}2\pi\left(\frac{u_0 x}{M} + \frac{v_0 y}{N}\right)} \Leftrightarrow F\left(u - u_0, v - v_0\right) \tag{5-24b}$$

上述两个公式说明，当图像函数 $f(x,y)$ 产生位移时，其频谱的幅值不发生变化，仅相位发生变化。也就是说，时域的时移表现为频域的相移，频域的位移 $\left(u_0, v_0\right)$ 对应于空域函数 $f(x,y)$ 并被指数函数 $\mathrm{e}^{\mathrm{j}2\pi\left(\frac{u_0 x}{M} + \frac{v_0 y}{N}\right)}$ 调制。

当 $u_0 = M/2$，$v_0 = N/2$ 时，$\mathrm{e}^{\mathrm{j}2\pi\left(\frac{u_0 x}{M} + \frac{v_0 y}{N}\right)} = \mathrm{e}^{\mathrm{j}\pi(x+y)} = (-1)^{x+y}$，即

$$f(x,y)(-1)^{x+y} \Leftrightarrow F\left(u - \frac{M}{2}, v - \frac{N}{2}\right) \tag{5-25}$$

这与式（5-20）的表达形式完全相同。

5．旋转性

如果 $f(r,\theta) \Leftrightarrow F(w,\varphi)$，那么

$$f\left(r, \theta + \theta_0\right) \Leftrightarrow F\left(w, \varphi + \theta_0\right) \tag{5-26}$$

其中，$f\left(r,\theta\right)$ 和 $F\left(w,\varphi\right)$ 分别为 $f\left(x,y\right)$ 与 $F(u,v)$ 的极坐标形式。

旋转性表明，空域图像旋转某一角度，对应的频谱旋转相同的角度（见图5-12）。

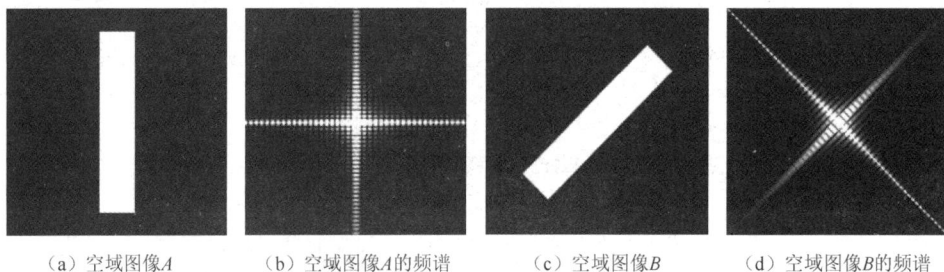

| （a）空域图像A | （b）空域图像A的频谱 | （c）空域图像B | （d）空域图像B的频谱 |

图5-12　DFT的旋转性

6．线性

如果 $f_1\left(x,y\right) \Leftrightarrow F_1(u,v)$ 及 $f_2\left(x,y\right) \Leftrightarrow F_2(u,v)$，那么

$$af_1\left(x,y\right) + bf_2\left(x,y\right) \Leftrightarrow aF_1(u,v) + bF_2(u,v) \tag{5-27}$$

上式表明，两个（或多个）函数加权和的离散傅里叶变换就是这些函数各自离散傅里叶变换的相同加权和。

7. 尺度变换

如果 $f(x,y) \Leftrightarrow F(u,v)$，那么

$$f(ax,by) \Leftrightarrow \frac{1}{|ab|} F\left(\frac{u}{a}, \frac{v}{b}\right) \qquad (5\text{-}28)$$

空间比例尺度的展宽对应频域比例尺度的压缩，其幅值也减小为原来的 $1/|ab|$。尺度变换如图 5-13 所示。

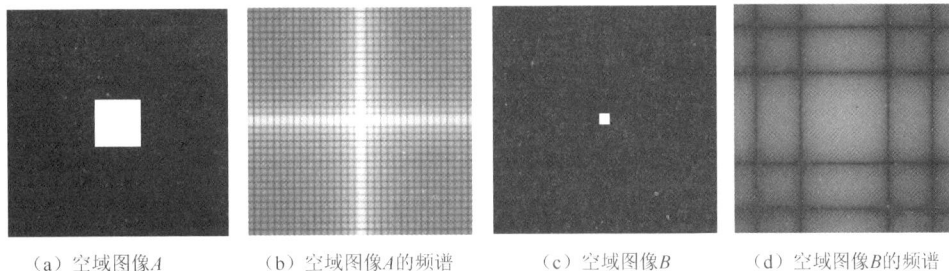

（a）空域图像A　　　　（b）空域图像A的频谱　　　　（c）空域图像B　　　　（d）空域图像B的频谱

图 5-13　尺度变换

8. 卷积定理

如果 $f(x,y) \Leftrightarrow F(u,v)$ 及 $g(x,y) \Leftrightarrow G(u,v)$，那么

$$\sum_m \sum_n f(m,n) g(x-m,y-n) \Leftrightarrow F(u,v)G(u,v) \qquad (5\text{-}29)$$

上式表明，两个函数卷积的离散傅里叶变换等于这两个函数各自离散傅里叶变换的乘积。也就是说，空域两个函数的卷积完全等效于一个更简单的运算，即将它们各自的离散傅里叶变换相乘后再进行傅里叶逆变换。

进一步地，相关定理表示为

$$\sum_m \sum_n f(m,n) g^*(m-x,n-x) \Leftrightarrow F(u,v)G^*(u,v) \qquad (5\text{-}30)$$

于是，自相关定理表示为

$$\sum_m \sum_n f(m,n) f^*(m-x,n-x) \Leftrightarrow \left|F(u,v)\right|^2 \qquad (5\text{-}31)$$

相关定理可以看成卷积定理的特例，即将函数 $f(x,y)$ 与 $g^*(-x,-y)$ 进行卷积。

5.3　极坐标变换

5.3.1　极坐标变换原理及应用

直角坐标系中的点 $P(x,y)$ 与极坐标系中的点 $P(r,\phi)$ 之间的映射关系为

$$\begin{cases} r = \sqrt{x^2 + y^2} \\ \phi = \arctan\left(\dfrac{y}{x}\right) \end{cases} \qquad (5\text{-}32a)$$

若将极坐标系中的一点映射至直角坐标系，则其变换公式为

$$\begin{cases} x = r\cos\phi \\ y = r\sin\phi \end{cases}$$
（5-32b）

式中，r 表示直角坐标系中的点 P 到原点的距离，该距离称为极径；将沿 x 轴正方向逆时针旋转到极径 OP 所经过的角度记为 ϕ，该角度称为极角。

对于一个圆心在原点的圆，它在直角坐标系中的方程为

$$x^2 + y^2 = a^2, a > 0$$

考虑圆上任意一点，由式（5-32a）可知，$r = \sqrt{x^2 + y^2} = a$。由于圆上一点对应的 ϕ 取值范围为 $[0, 2\pi)$，因此可以认为 ϕ 的取值不受限制。于是，圆心在原点的圆在极坐标中的方程为

$$r = a, (a > 0)$$

如果假设极坐标系和直角坐标系的原点重合，那么直角坐标系中的一个圆心在原点的圆将映射为极坐标系中的一条与 ϕ 轴平行的直线，而通过原点的一条射线将映射为极坐标系中的一条与 r 轴平行的直线。极坐标变换示意如图 5-14 所示。

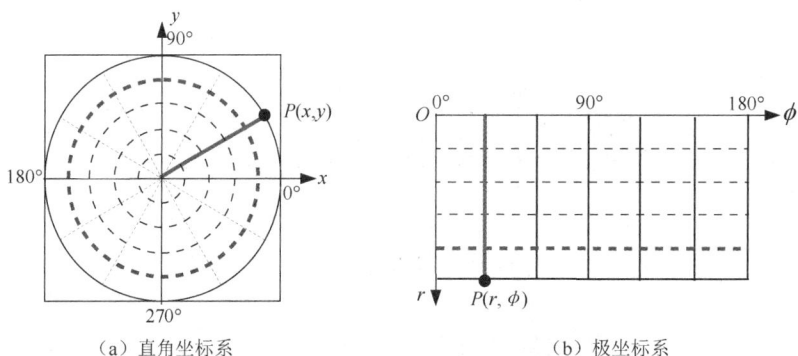

（a）直角坐标系　　　　　　　　　（b）极坐标系

图 5-14　极坐标变换示意

利用极坐标变换这一性质，可以将圆形目标变换为直线形状。例如，对图 5-15（a）所示的圆形指针式仪表图像，通过极坐标变换将其环形刻度线区域变换为图 5-15（b）所示的直线形状（仪表图像上半部分刻度线区域的变换结果）。需要说明的是，在极坐标变换之前，首先要确定表盘中心坐标，并将极坐标系的原点设在表盘中心。通过极坐标变换，将指针的旋转角度转化为极坐标系中的平移量，从而简化仪表读数识别过程。

此外，在图像配准应用中，为了适应图像之间的比例缩放和旋转对配准算法的影响，可进行对数极坐标变换，将旋转和比例缩放转化为平移问题。对数极坐标变换用来模拟人眼的中央视觉，可用于物体跟踪方面的尺度及旋转不变模板的快速匹配。

【程序】图像的极坐标变换。

```
close all; clear all; clc;
I=imread('meter.bmp');          %读入图像
[m,n]=size(I); Num=min(m,n);
    %定义极坐标系原点与图像 I 的中心重合；处理区域为图像的上半部、半径为 Num/2 的区域
```

```
for theta=0:1:180                    %也可以是 0 至 360 度
    for r=1:1:floor(Num/2)
        x_p=round(r*cos(theta*pi/180))+Num/2+1;
        y_p=round(r*sin(theta*pi/180))+Num/2+1;
        if(x_p>0)&(y_p>0)&(x_p<=Num)&(y_p<=Num)
            P(r,theta+1)=I(y_p,x_p);   %极坐标系与直角坐标系中的数据映射
        end
    end
end
```

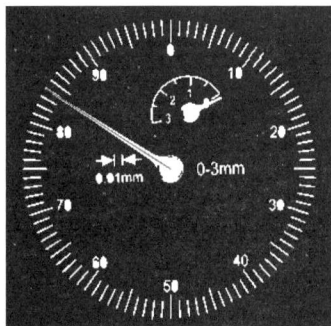

（a）圆形指针式仪表图像　　　　（b）极坐标变换

图 5-15　圆形指针式仪表图像及其刻度线区域的极坐标变换

5.3.2　傅里叶-极坐标变换

对一幅空域图像先进行傅里叶变换得到其幅度谱，然后对幅度谱进行极坐标变换，这种方法称为傅里叶-极坐标变换。反过来，若先对空域图像进行极坐标变换，再计算傅里叶变换，这种方法称为极坐标-傅里叶变换。下面举例来说明傅里叶-极坐标变换的实现过程。

由二维离散傅里叶变换的位移性与旋转性可知，幅度谱能够反映直线目标的方向特征，同时幅度谱的零频总是位于频谱的中心，而与直线目标在图像中的具体位置无关。基于此结论，可以通过幅度谱的能量分布特征判断直线目标的方向。

图 5-16（a）所示为一幅十字线图像，下面通过傅里叶-极坐标变换计算该图像中的每个直线目标的方向特征。对空域图像可利用离散傅里叶变换计算幅度谱，如图 5-16（b）所示。

将极坐标系的原点设在频谱的零频位置，然后对幅度谱进行极坐标变换。为了减小频谱中心强度对计算结果的影响，仅分析图 5-16（b）中两个大小圆所夹的环形区域。该环形区域半径范围为 $\varepsilon\rho < r < \rho$，这里，$\rho$ 可以是幅度谱的半宽，ε 值为 0.1。计算得到的傅里叶

-极坐标变换结果如图 5-16（c）所示。由于二维离散傅里叶变换具有原点对称性，因此进行极坐标变换时极角范围可以为 $0° \leqslant \phi < 180°$。

对傅里叶-极坐标变换结果沿垂直方向累加求和，得到图 5-16（d）所示的幅度谱能量随角度分布的曲线。该曲线中的两个峰值对应的角度即图 5-16（a）中两个直线目标的法线方向。

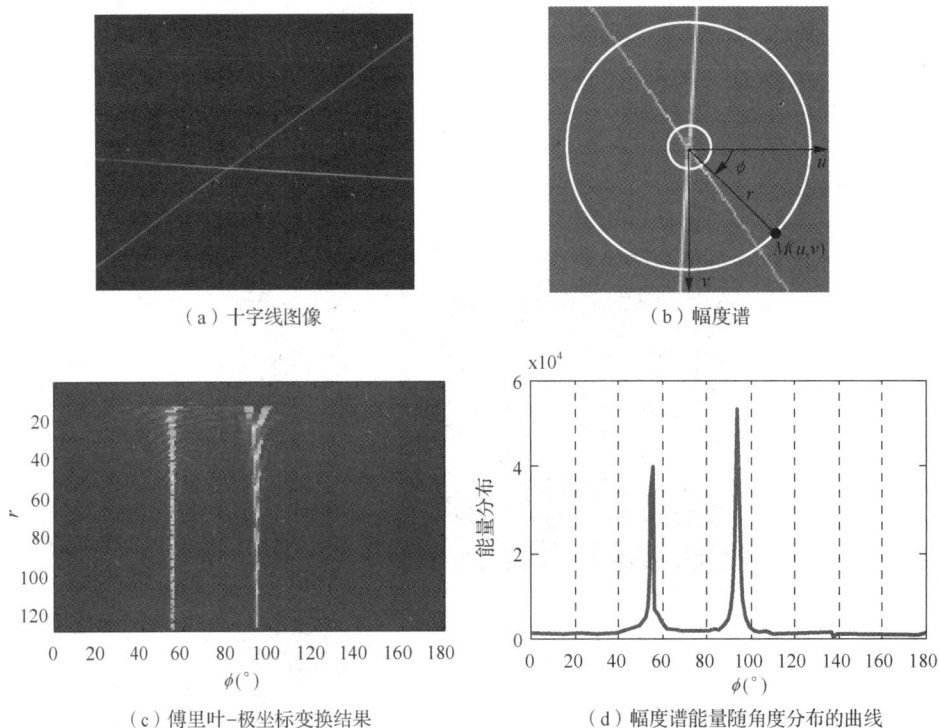

（a）十字线图像

（b）幅度谱

（c）傅里叶-极坐标变换结果

（d）幅度谱能量随角度分布的曲线

图 5-16　通过傅里叶-极坐标变换计算直线的方向特征

在使用傅里叶-极坐标变换计算直线目标方向特征时，不需要对空域图像进行预处理操作；即使图像对比度较低，算法仍具有很好的可靠性。这对于许多空域算法来说，显然存在一定难度。

5.4　霍 夫 变 换

霍夫（Hough）变换是用于从图像中识别几何形状的基本方法之一。该方法最初只用于二值图像直线检测，后来扩展到任意形状的检测。霍夫变换的基本原理在于利用点与线的对偶性，将原始图像空间给定的曲线通过曲线表达形式变换为参数空间的一个点。这样，就把原始图像空间给定曲线的检测问题转化为寻找参数空间的峰值问题。

5.4.1　霍夫变换用于直线检测

直角坐标系中的一条直线可以被表示为

$$y = ax + b \tag{5-33}$$

式中，a 和 b 分别表示斜率与截距。式（5-33）经适当变形，又可以改写为

$$b = -xa + y \tag{5-34}$$

上述变形就是将直角坐标系中的点 (x,y) 映射为参数空间的一条直线，即直角坐标系中的 Hough 变换，如图 5-17 所示。图像空间的一个点 (x_i, y_i) 映射为参数空间的一条直线 $b = -x_i a + y_i$，另一个点 (x_j, y_j) 映射为参数空间的一条直线 $b = -x_j a + y_j$，这两条直线的交点 (a', b') 即图像空间经过点 (x_i, y_i) 和点 (x_j, y_j) 的直线参数。由此可知，图像空间的这条直线上的若干点在参数空间映射为经过点 (a', b') 的直线簇。总之，图像空间共线的点对应参数空间相交的线，反之，参数空间相交于一点的所有直线在图像空间都有共线的点与之对应。这就是霍夫变换中的点线对偶关系。

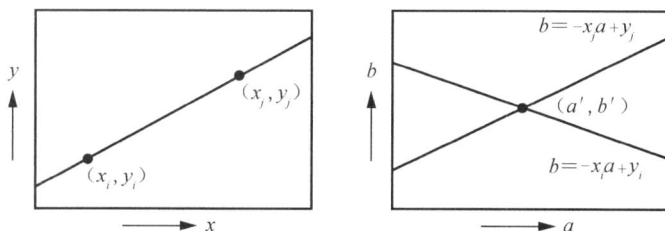

图 5-17　直角坐标系中的 Hough 变换

如果直线近似竖线，那么其斜率趋于无限大。此时，式（5-34）不再适用。为了能够准确地识别和检测任意方向、任意位置的直线，通常使用以下直线表达式：

$$r = x\cos\theta + y\sin\theta，\quad \theta \in [-90°, 90°] \tag{5-35}$$

上式是极坐标下的霍夫变换，如图 5-18 所示。图像空间的一点映射为参数空间的一条正弦曲线；图像空间的一条直线上的 n 点，映射为参数空间相交于点 $(r*, \theta*)$ 的 n 条正弦曲线，这些曲线的交点坐标即直线的斜率和截距。

在 MATLAB 中用于霍夫变换的函数有 hough()、houghpeaks() 和 houghlines()。霍夫变换针对的原始图像一般为二值图像，即图像边缘轮廓的灰度为 1，而背景部分的灰度为 0。计算时需事先设置 θ 和 ρ 的间隔，默认值均为 1。图 5-19（a）为一幅包含多条直线目标的原始图像，其对应的霍夫变换结果如图 5-19（b）所示，图中清晰可见点线之间的对偶关系。需要注意的是，霍夫变换用于直线检测时的算法与最小二乘法不同，它不会不受线外孤立噪声点的影响，可以同时检测出所有直线目标。

在进行霍夫变换之前，需要对原始图像做必要的预处理，得到线幅宽度接近 1 像素的图像边缘，然后再用霍夫变换提取图像中的直线。需要说明的是，若 θ 和 r 的量化程度过粗，则计算出的直线参数不精确；若量化程度过细，则计算量增加。因此，θ 和 r 的量化不仅要在满足一定精度条件下进行，还要考虑计算量是否合适。因此，程序中 θ 和 r 的步长决定计算量和计算精度。

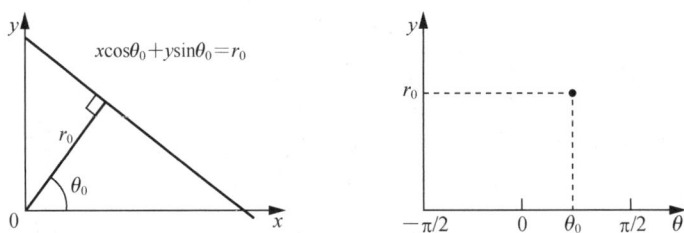

（a）一条直线对应一个点

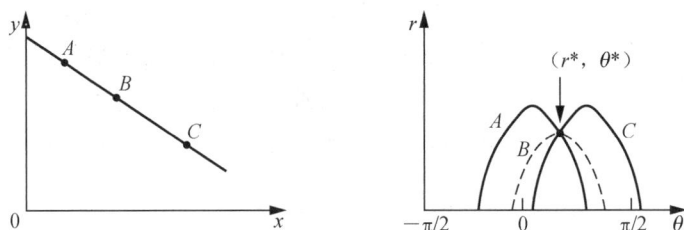

（b）一条直线上的多个点对应多条交于一点的正弦曲线

图 5-18　极坐标下的霍夫变换（左边为图像空间，右边为参数空间）

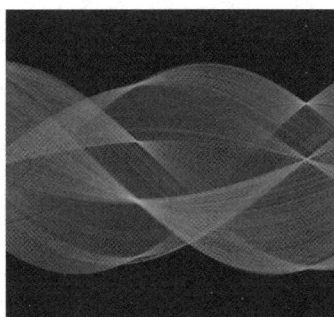

（a）原始图像　　　　　　　　　　（b）霍夫变换结果

图 5-19　霍夫变换直线检测示例

【**程序**】霍夫变换用于直线检测。

```
close all; clear all; clc;
I=imread('edge.bmp'); %默认 I 为灰度图像，若为灰度图像，可利用 edge()提取边缘
[H,theta,rho]=hough(I,'RhoResolution','0.5','Theta',-90:0.5:89.5);
figure, set(0,'defaultFigurePosition',[100,100,1000,500]);
set(0,'defaultFigureColor',[1 1 1])
subplot(121), imshow(I);
subplot(122),imshow(imadjust(mat2gray(H)),'XData',Theta,'YData', Rho,…
      'InitialMagnification','fit');      %显示 Hough 变换结果
axis normal;                              %设置坐标轴
hold on; colormap hot;                    %设置调色板
```

houghpeaks()函数用于寻找霍夫变换后的矩阵最值，该最值可以用于定位直线段。houghlines()函数用于绘制找到的直线段。

5.4.2　霍夫变换用于圆形轮廓检测

圆形轮廓检测在数字图像的形态识别领域有着很重要的地位，圆形轮廓检测即确定圆的圆心坐标与半径。假设 $\{(x_i,y_i)|i=1,2,\cdots,n\}$ 是图像空间待检测圆周上点的集合，若该圆半径为 r、圆心坐标为 (a,b)，则其在图像空间的方程为

$$(x_i-a)^2+(y_i-b)^2=r^2 \tag{5-36}$$

同样，若 (x,y) 为图像空间的一点，它在参数空间 (a,b,r) 的方程为

$$(a-x)^2+(b-y)^2=r^2 \tag{5-37}$$

显然，该方程为三维锥面。对于图像空间任一点均有参数空间的一个三维锥面与之相对应（见图 5-20）；同一个圆周上的 n 点对应于参数空间相交于某一点 (a_0,b_0,r_0) 的 n 个锥面，这点恰好对应于图像空间圆的圆心坐标与半径。

一般情况下，圆经过霍夫变换后的参数空间是三维的。所以当霍夫变换用于圆形轮廓检测时，需要在参数空间建立一个三维累加数组 $A(a,b,r)$；对于图像空间的边缘点，根据式（5-37）计算出该点在 (a,b,r) 三维网格上的对应曲面，并且将相应累加数组单元加 1。由此可见，利用霍夫变换检测圆形轮廓的原理和计算过程与检测直线类似，只是复杂程度增大了。

为了降低存储资源，减少计算量，参数空间降维操作是非常必要的。在图 5-21 所示的图像空间的圆中，θ_i 为边缘点 (x_i,y_i) 的梯度角，并且梯度方向一定是指向圆心的。利用一阶偏导数可以计算出该梯度角为

$$\tan\theta_i=G_y/G_x \tag{5-38}$$

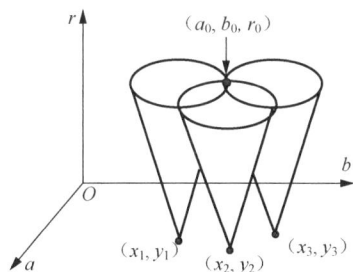

图 5-20　圆的参数空间示意　　　　　图 5-21　图像空间的圆

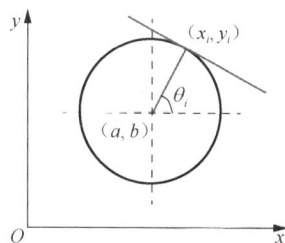

为了保证数字图像边缘点梯度角的计算结果可靠，可以借助邻域梯度方向算法。此时，圆心坐标的计算公式可表示为

$$\begin{cases} a=x_i-r\cos\theta_i \\ b=y_i-r\sin\theta_i \end{cases} \tag{5-39}$$

消去式（5-39）中的参数 r，得

$$b = a \tan \theta_i - x_i \tan \theta_i + y_i \qquad (5\text{-}40)$$

由上式可知，在得到边缘点的梯度角的正切值后，即可通过式（5-40）获得圆在参数空间的映射，由此实现三维累加数组维数的降低，即由三维降到二维。霍夫变换用于圆形轮廓的检测示例如图 5-22 所示。

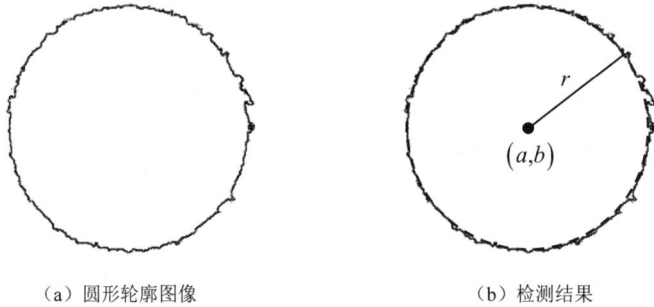

（a）圆形轮廓图像   （b）检测结果

图 5-22　霍夫变换用于圆形轮廓的检测示例

霍夫变换用于圆形轮廓检测的算法步骤如下：

（1）根据精度要求，量化参数空间 a 和 b，由此建立二维累加数组 $A(a,b)$，并将其初始化为零。

（2）计算边缘圆形轮廓图像的梯度角正切值。

（3）自上而下、自左向右扫描图像，如果检测到当前点 (x,y) 是边缘点，就查找当前点的梯度角正切值，然后根据式（5-40）计算出每个 a 对应的 b 值。

（4）根据 a 和 b 的值，执行 $A(a,b)=A(a,b)+1$。

（5）循环执行步骤（3）和步骤（4），直到所有点全部处理完毕。

（6）找到累加数组中最大元素值对应的坐标，该结果即式（5-40）描述的圆心坐标。

（7）将圆心坐标代入图像空间中的圆方程式，即式（5-36），计算出所有边缘点到圆心坐标的距离，找到其中出现频率最高的距离值，该值即圆的半径。

5.4.3　广义霍夫变换

当目标图像的边缘没有解析表达式时，就不能使用一个确定的变换方程实现霍夫变换，而利用边缘点的梯度角，就可以将前文介绍的有确定变换方程的霍夫变换算法推广到用于检测任意形状的轮廓，这就是广义霍夫变换。

广义霍夫变换的思路如下：对于一个任意形状的目标图像，可以在曲线包围的区域选取一个参考点 (a,b)，通常选择目标图像的中心。设 (x,y) 为边缘上的一点，点 (x,y) 到点 (a,b) 的位置矢量为 r，位置矢量 r 与 x 轴的夹角为 ϕ，点 (x,y) 到点 (a,b) 的距离为 r，点 (x,y) 的梯度角为 θ，如图 5-23 所示。

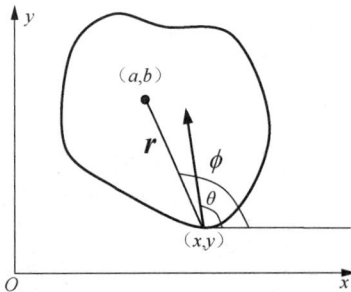

图 5-23　广义霍夫变换示意图

将 θ 分成离散的 m 种可能状态 $\{k\Delta\theta, k=1,2,\cdots,m\}$，令

$\theta_k = k\Delta\theta$，其中 $\Delta\theta$ 为 θ 的离散间隔。显然，r 和 ϕ 可以表示成梯度角 θ 的函数，以 θ_k 为索引可以建立一个关于 r 和 ϕ 的关系查找表。

对于每个梯度角为 θ 的边缘点 (x,y)，可以根据下面的约束式预先计算出参考点的可能坐标：

$$\begin{cases} a = x + r(\theta)\cos\big[\phi(\theta)\big] \\ b = y + r(\theta)\sin\big[\phi(\theta)\big] \end{cases} \tag{5-41}$$

广义霍夫变换用于任意形状检测的算法步骤如下：

（1）在已知区域形状的条件下，将目标图像的边缘形状编码成参考表。计算每个边缘点的梯度角 θ_i，进而计算出对应于参考点的距离 r_i 和角度 ϕ_i。

（2）在参数空间建立一个二维累加数组 $A(a,b)$，把初值赋零。计算出边缘上的每一点的梯度角，然后，由式（5-41）计算出对每个可能的参考点的坐标，将相应的数组元素 $A(a,b)$ 加 1。

（3）遍历所有边缘点后，找出数组 A 中的局部峰值，该峰值对应的 (a,b) 坐标即目标图像边缘中心参考点坐标。

如果边缘形状旋转 α 角度或存在比例变换系数 λ，那么累加数组变为 $A(a,b,\alpha,\lambda)$，并且约束式（5-41）应改写为

$$\begin{cases} a = x + r(\theta)\lambda\cos\big[\phi(\theta)+\alpha\big] \\ b = y + r(\theta)\lambda\sin\big[\phi(\theta)+\alpha\big] \end{cases} \tag{5-42}$$

霍夫变换的主要优点是受噪声和曲线间断的影响较小。在已知区域形状的条件下，霍夫变换实际上是利用分散的边缘点进行曲线逼近。

5.5　霍特林变换

霍特林（Hotelling）变换是建立在统计特性基础上的一种正交变换，它在连续域对应的变换是 Karhunen-Loeve 变换（简称 K-L 变换）。也常称为特征值变换或主成分分析。霍特林变换在信号处理、模式识别、数字图像处理等领域应用广泛，其基本思想如下：提取出空间原始数据中的主要特征，减少数据冗余，在一个低维的特征空间处理数据，同时保持原始数据的绝大部分信息，从而解决数据空间维数过高的瓶颈问题。霍特林变换常用于数据的压缩和特征提取。

设 $\boldsymbol{x} = (x_1, x_2, \cdots, x_N)^{\mathrm{T}}$ 为 N 维随机向量，其均值向量（或称数学期望）为

$$\boldsymbol{m}_x = E\{\boldsymbol{x}\} \tag{5-43}$$

其协方差矩阵为

$$\boldsymbol{C}_x = E\Big\{(\boldsymbol{x} - \boldsymbol{m}_x)(\boldsymbol{x} - \boldsymbol{m}_x)^{\mathrm{T}}\Big\} \tag{5-44}$$

由于 $\boldsymbol{x}$ 是 N 阶的矩阵，所以 $\boldsymbol{C}_x$ 是 $N\times N$ 阶实对称矩阵。假设有 M 个样本，则上述随机向量的均值向量和协方差矩阵可以用下面公式估算：

$$\boldsymbol{m}_x = \frac{1}{M}\sum_{k=1}^{M} \boldsymbol{x}_k \tag{5-45}$$

$$\boldsymbol{C}_x = \frac{1}{M}\sum_{k=1}^{M} \boldsymbol{x}_k \boldsymbol{x}_k^{\mathrm{T}} - \boldsymbol{m}_x \boldsymbol{m}_x^{\mathrm{T}} \tag{5-46}$$

例如，$\boldsymbol{x}_1 = (0,0,0)^{\mathrm{T}}$，$\boldsymbol{x}_2 = (1,0,0)^{\mathrm{T}}$，$\boldsymbol{x}_3 = (1,1,0)^{\mathrm{T}}$，$\boldsymbol{x}_4 = (1,0,1)^{\mathrm{T}}$，向量 $\boldsymbol{x}$ 中的每行代表一个特征，每列代表一个样本，则

$$\boldsymbol{m}_x = \frac{1}{4}(3,1,1)^{\mathrm{T}}$$

$$\boldsymbol{C}_x = \frac{1}{16}\begin{bmatrix} 3 & 1 & 1 \\ 1 & 3 & -1 \\ 1 & -1 & 3 \end{bmatrix}$$

设 λ_i 为 $\boldsymbol{C}_x$ 的特征值，并且已按降序排列，即 $\lambda_1 \geqslant \lambda_2 \geqslant \cdots \geqslant \lambda_N$。与这些特征值对应的特征向量为 $\boldsymbol{e}_i$，这些特征向量是一组正交归一向量，满足下式：

$$\boldsymbol{C}_x \boldsymbol{e}_i = \lambda_i \boldsymbol{e}_i, \quad i = 1,2,\cdots,N \tag{5-47}$$

设 $\boldsymbol{A}$ 为一个变换矩阵，它的行由 $\boldsymbol{C}_x$ 的特征向量组成，并且 $\boldsymbol{A}$ 的第一行对应特征值最大的特征向量，最后一行对应特征值最小的特征向量，则霍特林变换公式为

$$\boldsymbol{y} = \boldsymbol{A}(\boldsymbol{x} - \boldsymbol{m}_x) \tag{5-48}$$

霍特林变换的性质如下：

（1）$\boldsymbol{y}$ 的均值向量为零向量，即 $\boldsymbol{m}_y = E\{\boldsymbol{y}\} = 0$。

（2）$\boldsymbol{y} = \boldsymbol{A}(\boldsymbol{x} - \boldsymbol{m}_x)$ 公式中的各个分量彼此不相关，表现为变换域信号的协方差矩阵为对角矩阵，即

$$\boldsymbol{C}_y = \boldsymbol{A}\boldsymbol{C}_x\boldsymbol{A}^{\mathrm{T}} = \begin{bmatrix} \lambda_1 & & & \\ & \lambda_2 & & \\ & & \ddots & \\ & & & \lambda_N \end{bmatrix} \tag{5-49}$$

（3）利用 $\boldsymbol{A}^{-1} = \boldsymbol{A}^T$ 得到霍特林逆变换公式，即

$$\boldsymbol{x} = \boldsymbol{A}^{-1}\boldsymbol{y} + \boldsymbol{m}_x = \boldsymbol{A}^{\mathrm{T}}\boldsymbol{y} + \boldsymbol{m}_x \tag{5-50}$$

将特征值从大到小排列，选取前 K 个特征值对应的特征向量，把它们构成变换矩阵 $\boldsymbol{A}_K$，以便重构 $\boldsymbol{x}$，即

$$\hat{\boldsymbol{x}} = \boldsymbol{A}_K^{\mathrm{T}}\boldsymbol{y} + \boldsymbol{m}_x \tag{5-51}$$

（4）霍特林变换是在均方误差准则下失真最小的一种变换，因此，它又称最佳变换。当用上式近似 $\boldsymbol{x}$ 时，其均方误差计算公式如下：

$$e_{\mathrm{ms}} = \sum_{j=1}^{N}\lambda_j - \sum_{j=1}^{K}\lambda_j = \sum_{j=K+1}^{N}\lambda_j \tag{5-52}$$

一组二维随机向量的霍特林变换如图 5-24 所示，其中向量维数 $N=2$，样本数量 $M=500$。

通过霍特林变换，可以把多波段图像中的有用信息集中到数量尽可能少的新的主成分图像中，并使这些主成分图像互不相关，从而达到数据压缩的目的。霍特林变换用于融合

处理时，并不是为了减少噪声，而是通过该变换，使得多光谱图像在各个波段具有统计独立性。如果输入的图像是三通道图像，即只有 3 个特征，那么该图像有 3 个主成分。图 5-25 为三通道图像的降维处理示例，该图像是一幅 RGB 图像（三通道图像），经过霍特林变换得到的 3 个主成分，以实现降维处理。分别利用前 n 个（$1 \leqslant n \leqslant 3$）主成分进行图像重建（见图 5-26），该过程即霍特林逆变换。

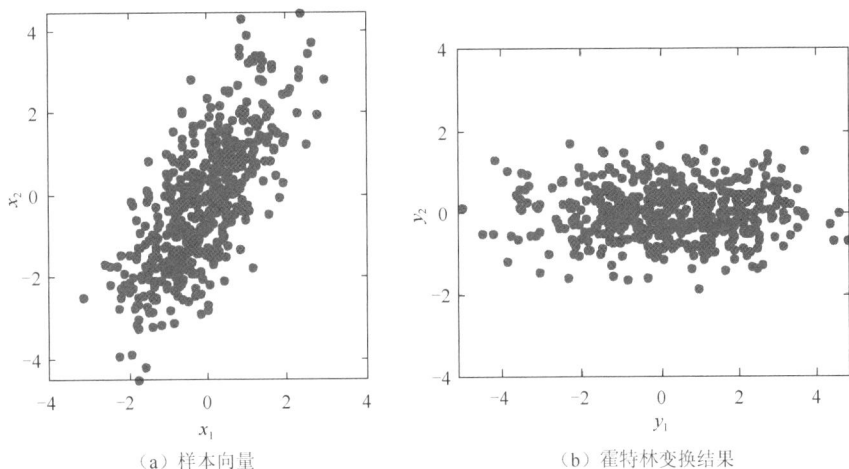

（a）样本向量　　　　　　　　　　（b）霍特林变换结果

图 5-24　一组二维随机向量的霍特林变换

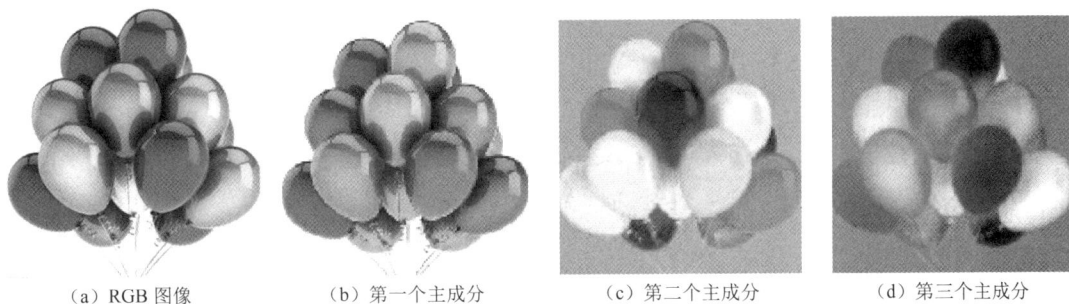

（a）RGB 图像　　　（b）第一个主成分　　　（c）第二个主成分　　　（d）第三个主成分

图 5-25　三通道图像的降维处理示例

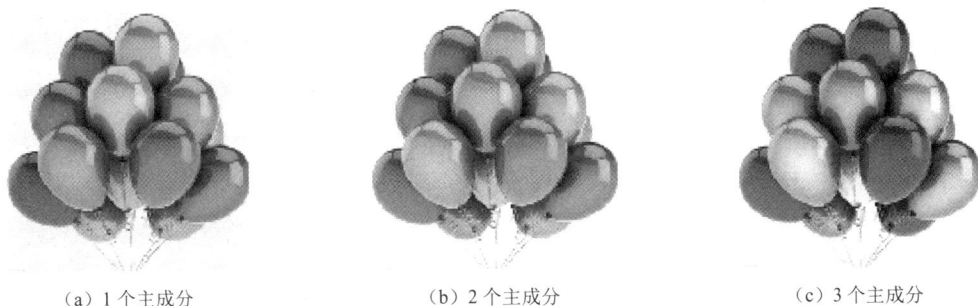

（a）1 个主成分　　　　　　（b）2 个主成分　　　　　　（c）3 个主成分

图 5-26　使用前 n 个主成分重建图像

【程序】图像的霍特林变换和逆变换。

```
%用来实现多光谱图像的 Hotelling 变换算法（PCA 算法）
function [vector, value, tempMul]=HL(mul)
    %value 为特征值，从大到小排列；vector 为对应的特征向量，1 个特征向量为 1 列
    %tempMul 为 num*bands 大小的 2 维矩阵，1 列为输入图像 mul 的一个通道值
    mul=double(mul)/255;
    [r,c,bands]=size(mul);
    num=r*c;
    mul=reshape(mul,[num,bands]);           %reshape 成 num*bands
    tempMul=mul;
    meanValue=mean(mul,1);                  %求各个通道的均值
    mul=mul-repmat(meanValue,[r*c,1]);      %数据去中心化
    cor=(mul'*mul)/num; %求协方差矩阵
    [vector,value]=eig(cor);                %求特征向量和特征值
    %特征值和特征向量从大到小排列
    vector=fliplr(vector);value=fliplr(value);value=flipud(value);
end


%显示 PCA 的各个主成分，结果如图 5-25 所示
close all; clear all; clc;
mul=imread('colour_image.bmp');            %输入 mul 为图 5-25（a）的 RGB 图像
[r,c,bands]=size(mul);
[vector,value,tempMul]=HL(mul);
PC=tempMul*vector; %Y=AX,X 中的列为样本；若 X 中的行为样本，则 Y=XA
 %提取多光谱图像的各个主成分
for i=1:bands
    outPic=PC(:,i);
    min_value=min(outPic);
    max_value=max(outPic);
    outPic=reshape(outPic,[r,c]);
    figure,  str=sprintf('%s%d%s','第',i,'主成分');
    imshow(outPic,[min_value,max_value]);title(str);
end


%Hotelling 逆变换，结果如图 5-26 所示
mul=imread('colour_image.bmp'); %输入 mul 为图 5-25（a）的 RGB 图像
[r,c,bands]=size(mul);
[vector,value,tempMul]=HL(mul);
n=2;                                      %指定用多少个主成分，若为三通道图像，则 n≤3
 %PCA 逆变换，使用前 n 个主成分，恢复到原始图像大小
re=tempMul*vector(:,1:n)*vector(:,1:n)';
```

```
comp=reshape(re,[r,c,bands]);
str=sprintf('%d%s',n,'个主成分');
figure,imshow(comp);title(str);
```

思 考 与 练 习

5-1　试通过编程产生图 5-27 所示的两幅条纹图像。计算并显示这两幅图像的幅度谱，分析并总结这两个幅度谱的异同点。

5-2　试通过编程产生图 5-28 所示的两幅条纹图像（右图相对左图产生半个周期的水平位移）。计算并显示这两幅图像的相位谱，分析并总结这两个相位谱的异同点。

图 5-27　题 5-1　　　　　　　　　　　　　图 5-28　题 5-2

5-3　如何通过离散傅里叶变换结果计算图 5-28 所示条纹图像的相对位移。

5-4　图像的频谱可以反映图像哪些特征？

5-5　交换两幅图像的相位谱，并对其进行离散傅里叶逆变换，通过实验验证相位谱决定图像结构的论断。

5-6　什么是霍夫变换？简述霍夫变换用于直线检测的原理。

5-7　根据霍夫变换原理，画出直角坐标系中经过点(1,0)的直线簇在极坐标系中的图形。

5-8　编程计算图 5-29 所示二维图像中光条中心线坐标，进一步实现霍特林变换，总结变换结果的含义。

图 5-29　题 5-8

5-9　用 MATLAB 计算并显示一幅十字线图像的拉东变换，分析并总结拉东变换用于直线检测的流程。

第6章

图像增强与复原

教学要求

掌握典型的图像预处理技术包括对比度增强、空域与频域滤波、锐化以及图像复原，并且能够使用 MATLAB 等程序设计语言实现图像卷积运算和频域滤波操作。运用本章知识对工程实践中遇到的图像质量改善问题提出合理可行的解决方案。

引例

一般地，图像在生成、获取、传输等过程中，受照明光源、成像系统、通道带宽和噪声等诸多因素的影响，可能导致图像质量下降。低质量图像示例图 6-1 所示，从左到右分别为亮度偏低、高亮度、噪声污染和光照不均匀的图像。这种情况下，需要对图像进行预处理，改善图像视觉效果，所用到的方法主要有图像增强（Image Enhancement）和图像复原（Image Restoration）。

图像增强是一种以改善图像视觉效果为主要目标的图像处理技术，其结果不一定忠实于原始图像。图像复原是一种通过建立图像退化模型，根据其逆变换尽可能恢复原始图像质量，以复原图像的真实信息为目标的图像处理技术。

图 6-1　低质量图像示例

6.1　图像质量评价

图像质量的基本含义是指人们对一幅图像视觉感受的评价。图像增强的目的就是为了改善图像显示的主观视觉质量。图像质量包含两方面的内容，一是图像的逼真度，即被评价图像与原标准图像的偏离程度；二是图像的可懂度，指图像能向人或机器提供信息的能力或程度。图像质量评价方法分为两类，即主观评价和客观评价。

1．主观评价

主观评价是指直接利用人们自身的观察对图像质量做出判断，如主观质量评分法，通过对观察者的评分判断图像质量。它有两类度量尺度，即绝对性尺度和比较性尺度。首先，观察者根据规定的评价尺度，对测试图像按视觉效果给出图像质量等级，最后将所有观察者给出的图像质量等级进行归一化处理，从而得到评价结果。

绝对性尺度由观察者根据事先规定的评价尺度或自己的经验对图像质量做出判断和评价。必要时可提供一组标准图像作为参照，帮助观察者对图像质量做出合适的评价。图像质量主观评价见表 6-1，其中列出了国际上通用的五级质量尺度和妨碍尺度。一般人员常用质量尺度，专业人员常用妨碍尺度。

表 6-1　图像质量主观评价

质 量 分 数	妨 碍 尺 度	质 量 尺 度
5	丝毫看不出图像质量变差	很好
4	可看出图像质量变差但不妨碍观看	好
3	明显地看出图像质量变差	一般
2	图像质量对观看有妨碍	差
1	图像质量对观看有严重妨碍	很差

比较性尺度是指由观察者对一组图像按质量高低进行分类，并且给出质量分数。为了保证图像质量主观评价的准确性，可用一定数量观察者给出的质量分数的平均值作为最终主观评价结果，质量分数的平均值定义为

$$\overline{c} = \frac{\sum_{i=1}^{N} c_i K_i}{\sum_{i=1}^{N} K_i} \tag{6-1}$$

式中，c_i 为第 i 类图像的质量分数；K_i 为判断该图像属于第 i 类图像的人数。

观察者中应包括一般人员和专业人员两类人员，总人数应多于 20 人，这样得出的主观评价结果才具有统计意义。

主观评价可以准确地表示人们视觉感受，但主观评价缺乏稳定性，经常受实验条件，或者观察者的情绪、动机及疲劳程度等多种因素的影响。此外，主观评价过程费时费力，很难在实际工程中应用。

2．客观评价

客观评价是指用被评价图像与标准图像的误差衡量图像质量。若被评价图像与标准图像的灰度差异越大，则被评价图像质量退化越严重。常用的评价指标有峰值信噪比（Peak Signal Noise Ratio，PSNR）和均方误差（Mean Square Error，MSE）。

对于灰度图像，PSNR 计算公式如下：

$$PSNR = 10\lg \frac{f_{\max}^2}{\frac{1}{MN} \sum_{i=1}^{N} \sum_{j=1}^{M} \left[f(x,y) - f'(x,y) \right]^2} \tag{6-2}$$

式中，$f(x, y)$ 为原始图像函数；$f'(x, y)$ 为被评价图像函数；$M \times N$ 为图像尺寸；f_{max} 为 $f(x, y)$ 中的最大值，其值通常为 255。

MSE 计算公式如下：

$$\text{MSE} = \frac{1}{MN} \sum_{i=1}^{N} \sum_{j=1}^{M} \left[f(x,y) - f'(x,y) \right]^2 \tag{6-3}$$

式中各项含义同式（6-2）。对于彩色图像质量的客观评价，计算过程复杂得多，这不仅由于图像维数的增加，而且还要满足许多视觉现象。因此，目前还没有普遍适用的计算方法。

6.2 灰 度 变 换

灰度变换是一种简单而有效的空间图像增强方法。灰度变换不改变原始图像中像素的位置，只改变像素的灰度值，并逐点进行，与周围的其他像素无关。灰度变换包括线性灰度变换和非线性灰度变换，而非线性灰度变换主要包括对数变换和幂次变换。

6.2.1 线性灰度变换

当物体成像时，曝光不足或曝光过度、成像设备的非线性以及图像记录设备动态范围不够等因素，都会使图像对比度不足，从而造成图像中的细节分辨不清。在这种情况下，可以使用线性灰度变换，对感兴趣的灰度级进行分段线性拉伸，同时对不感兴趣的灰度级进行压缩，以达到增强图像对比度、提高灰度动态范围的目的。

线性灰度变换函数可以采用如下方程描述，即

$$z = as + b \tag{6-4}$$

式中，z 和 s 分别为处理后的图像和原始图像对应像素的灰度值；a 为斜率；b 为截距。

（1）若 $a > 1$，则输出图像的对比度增大（灰度范围扩展），如图 6-2 所示。该图中，L 表示图像的灰度级，$0 \sim L-1$ 表示灰度范围，余同。

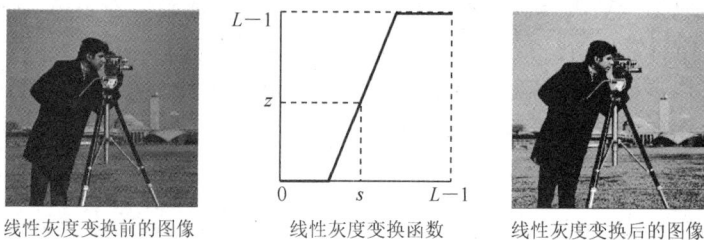

线性灰度变换前的图像　　　　　线性灰度变换函数　　　　　线性灰度变换后的图像

图 6-2　输出图像的对比度增大

（2）若 $0 < a < 1$，则输出图像的对比度减小（灰度范围压缩），如图 6-3 所示。

为了进行灰度变换，首先需要获取图像的灰度直方图，然后利用 MATLAB 中的 imadjust() 函数对图像灰度进行调整。

（3）若 $a < 0$，则暗区域变亮，亮区域变暗。

当 $a = -1$ 时，称为反色变换，反色变换的结果如图 6-4 所示。

线性灰度变换前的图像　　　　线性灰度变换函数　　　　线性灰度变换后的图像

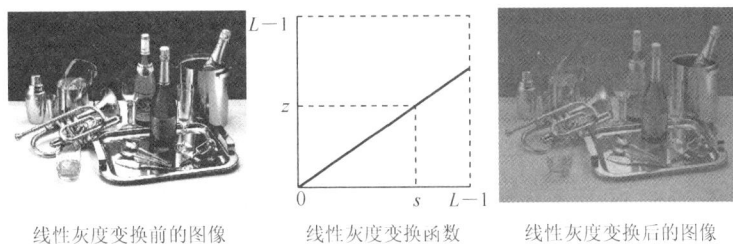

图 6-3　输出图像的对比度减小

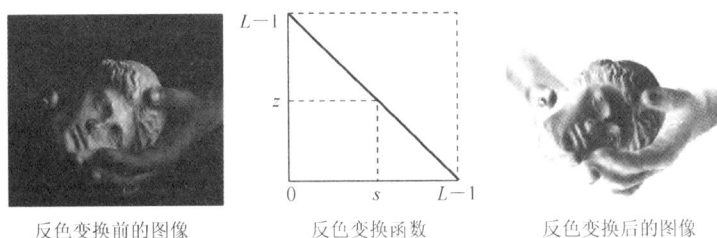

反色变换前的图像　　　　反色变换函数　　　　反色变换后的图像

图 6-4　反色变换的结果

通过反色变换，能够增强暗色背景下的白色或灰色细节信息。也可以使用三段线性灰度变换对图像中感兴趣的灰度范围进行线性扩展、相对地抑制不感兴趣的灰度范围。三段线性灰度变换的数学表达式可写成

$$z = \begin{cases} \dfrac{z_1}{s_1}s, & 0 \leqslant s \leqslant s_1 \\[2mm] \dfrac{z_2 - z_1}{s_2 - s_1}(s - s_1) + z_1, & s_1 < s \leqslant s_2 \\[2mm] \dfrac{L - 1 - z_2}{L - 1 - s_2}(s - s_2) + z_2, & s_2 < s \leqslant L - 1 \end{cases} \qquad (6\text{-}5)$$

图 6-5 所示的三段线性灰度变换中，$s_1 > z_1$，$s_2 < z_2$。原始图像灰度范围 $0 \sim s_1$ 和 $s_2 \sim L-1$ 的动态范围减小了，而灰度范围 $s_1 \sim s_2$ 的动态范围增加了。通过调整 s_1、z_1、s_2 和 z_2，可以控制三段直线的斜率，对任意灰度范围进行扩展或压缩，从而得到不同的效果。

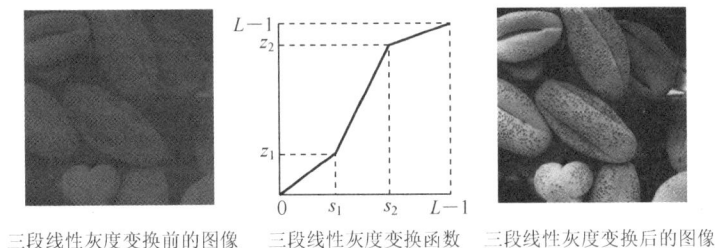

三段线性灰度变换前的图像　　　三段线性灰度变换函数　　　三段线性灰度变换后的图像

图 6-5　三段线性灰度变换

6.2.2　非线性灰度变换

1. 对数变换

在显示幅度谱时，其动态范围远远超出显示设备的显示能力，此时仅能显示图像中最亮部分，而频谱的低值部分显示黑色。因此，所显示图像相对于原始图像存在失真。解决该问题的有效方法是对原始图像进行对数变换，使低灰度范围扩展而高灰度范围压缩。

对数变换数学表达式为

$$z = c \lg(1 + s) \tag{6-6}$$

式中，c 为比例常数，其值可以结合原始图像的动态范围以及显示设备的显示能力确定。

幅度谱的对数变换如图 6-6 所示。相比之下，变换后的图像中细节部分的可见度明显提高。可见，对数变换可以使一个窄带低灰度输入值映射为一个宽带输出值，利用对数变换可以扩展被压缩的高值图像中的暗像素。

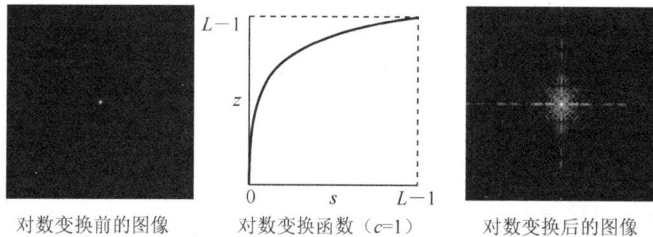

对数变换前的图像　　对数变换函数（$c=1$）　　对数变换后的图像

图 6-6　幅度谱的对数变换

2. 幂次变换

幂次变换数学表达式为

$$z = cs^\gamma, c, \ \gamma > 0 \tag{6-7}$$

幂次变换函数如图 6-7 所示。其中，当 $0 < \gamma < 1$ 时，将低亮度输入值映射至宽带输出范围；当 $\gamma > 1$ 时，将高亮度输入值映射至宽带输出范围。

当 $\gamma < 1$ 时，例如，当 $\gamma = 0.6$ 和 0.4 时可以看到更多的细节，然而当 γ 降到 0.3 时对比度明显降低（见图 6-8）。当 $\gamma > 1$ 时，例如，当 $\gamma = 3.0$ 和 4.0 时效果很好，然而当 γ 提高到 5.0 时图像过暗（见图 6-9）。

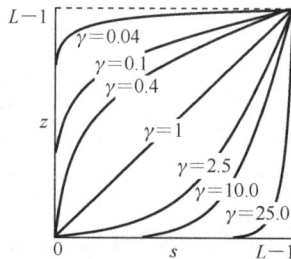

图 6-7　幂次变换函数（$c=1$）

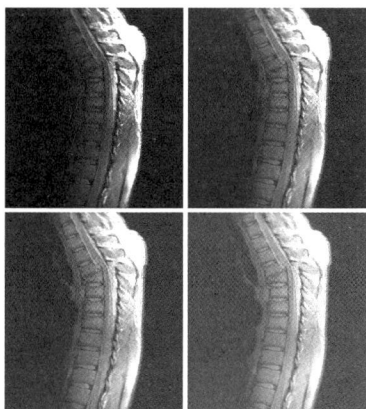

图 6-8　原始图像（左上）与幂次变换
（c=1，γ 值为 0.6、0.4 或 0.3）后的图像对比结果

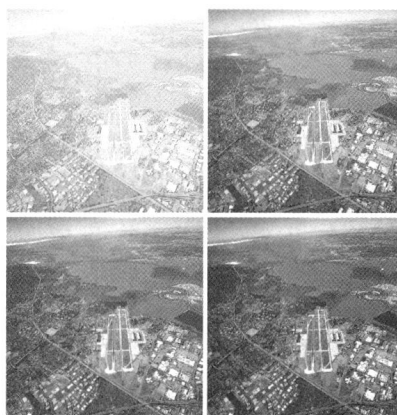

图 6-9　原始图像（左上）与幂次变换
（c=1，γ 值为 3.0、4.0 或 5.0）后的图像对比结果

6.3　直方图均衡化

直方图可以用来描述一幅图像的灰度（或颜色）分布情况，体现图像中各灰度值出现的概率。对于灰度偏暗或偏亮的图像，其直方图集中在灰度级较低（或较高）的一侧；对于动态范围偏小、对比度偏低的图像，其直方图分布范围较窄；对于动态范围正常的图像，其直方图分布覆盖宽的灰度级范围。也就是说，可以通过改变灰度直方图的形状达到增强图像对比度的效果。直方图以概率论为基础，常用的方法有直方图均衡化和直方图规定化，这里仅对直方图均衡化进行介绍。

直方图均衡化（Histogram Equalization）是一种利用灰度变换自动调节图像对比度的方法，其基本思想是通过灰度级的概率密度函数求出灰度变换函数。经过直方图均衡化处理后图像的直方图是"平坦"的，即各灰度级具有近似相同的概率，图像看起来更清晰了。

设一幅数字图像（以下简称图像）的概率密度函数表示为

$$p(s_i) = n_i / N \qquad (6\text{-}8)$$

式中，n_i 为第 i 个灰度级 s_i 出现的频数；N 为图像的总像素数。

设 L 为图像的灰度级，由概率密度函数的性质可知，

$$\sum_{i=0}^{L-1} p(s_i) = 1$$

以 s 和 z 分别表示归一化的原始图像灰度和经过直方图均衡化后的图像灰度，则 $0 \leqslant s \leqslant 1$，$0 \leqslant z \leqslant 1$。直方图均衡化使用累积概率分布函数作为变换函数，即

$$z_k = T(s_k) = \sum_{i=0}^{k} p(s_i), \quad 0 \leqslant s_i \leqslant 1, k = 0,1,2,\cdots,L-1 \qquad (6\text{-}9)$$

直方图均衡化示意如图 6-10 所示。变换函数 $T(s)$ 满足以下条件：

① 当 $0 \leqslant s \leqslant 1$ 时，$T(s)$ 为非负的递增函数。

② 当 $0 \leqslant s \leqslant 1$ 时，$0 \leqslant T(s) \leqslant 1$。

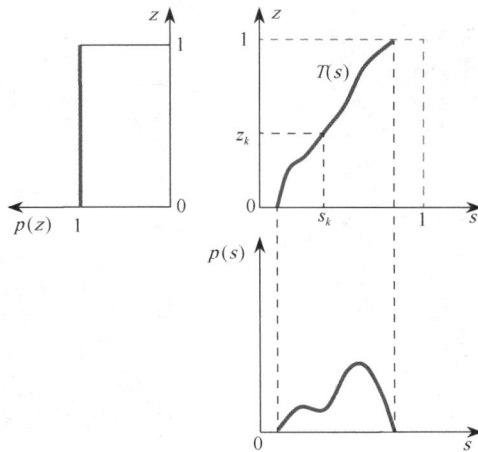

图 6-10　直方图均衡化示意

条件①保证灰度级从小到大的次序，条件②保证变换后的像素灰度级在允许的动态范围内。

从理论上说，均衡化后的图像应该具有"平坦"倾向的直方图。实际上并非如此，均衡化后的图像直方图并不是十分均衡的，这是因为在操作过程中原直方图频数较小的某些灰度级要合并到一个或几个灰度中。

下面通过一个例题说明直方图均衡化过程。假设一幅图像共 64×64＝4096 像素，8 个灰度级，各灰度级概率分布见表 6-2，直方图均衡化过程见表 6-3 和图 6-11。

表 6-2　各灰度级概率分布（N=4096）

灰度级 s_i	s_0=0	s_1=1/7	s_2=2/7	s_3=3/7	s_4=4/7	s_5=5/7	s_6=6/7	s_7=1
像素数 n_i	790	1023	850	656	329	245	122	81
概率 $p(s_i)$	0.19	0.25	0.21	0.16	0.08	0.06	0.03	0.02

表 6-3　直方图均衡化过程

原灰度级	n_i	$P(s_i)$	z_k	取整数倍	均衡化后的直方图
s_0=0	790	0.19	z_0=0.19	1/7(0.14)	0.19
s_1=1/7	1023	0.25	z_1=0.44	3/7(0.428)	0.25
s_2=2/7	850	0.21	z_2=0.65	5/7(0.714)	0.21
s_3=3/7	656	0.16	z_3=0.81	6/7(0.857)	0.16+0.08=0.24
s_4=4/7	329	0.08	z_4=0.89	6/7(0.857)	
s_5=5/7	245	0.06	z_5=0.95	7/7(1.00)	0.06+0.03+0.02=0.11
s_6=6/7	122	0.03	z_6=0.98	7/7(1.00)	
s_7=1	81	0.02	z_7=1.00	7/7(1.00)	

（a）原始图像直方图　　　　　（b）变换函数　　　　　（c）均衡化后的图像直方图

图 6-11　直方图均衡化过程

直方图均衡化实质上是以减少图像的灰度级为代价换取对比度的提高。在均衡化过程中，原来的直方图上频数较小的灰度级被合并到很少几个或一个灰度级内，这样将损失许多图像细节。若这些灰度级构成的图像细节比较重要，则可采用对比度受限自适应直方图均衡化（Contrast Limited Adaptive Histogram Equalization，CLAHE）。

图 6-12 所示为 4 组图像的直方图均衡化结果，其中，图 6-12（a）与图 6-12（b）分别为亮度偏暗和亮度偏亮图像的直方图均衡化结果；图 6-12（c）与图 6-12（d）分别为低对比度和高对比度图像的直方图均衡化结果。高对比度图像经均衡化处理后没有明显变化，而其他 3 幅图像经均衡化后对比度得到明显改善。

直方图均衡化步骤如下：

（1）计算待处理图像的灰度直方图。

（2）利用累积概率分布函数对原始图像的统计直方图做变换，得到新的图像灰度。

（3）进行近似处理，将新灰度代替旧灰度，同时将灰度值相近或近似的每个灰度直方图合并在一起，得到直方图均衡化后的图像直方图。

为了深入理解直方图均衡化原理与处理过程，这里给出详细的均衡化代码。

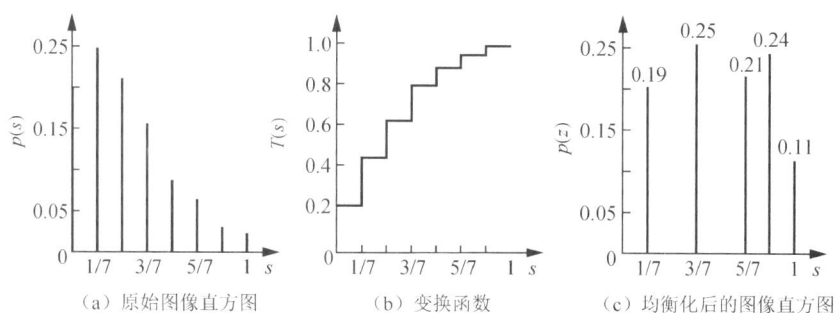

（a）亮度偏暗　　　　　　　　　　　　　（b）　亮度偏亮

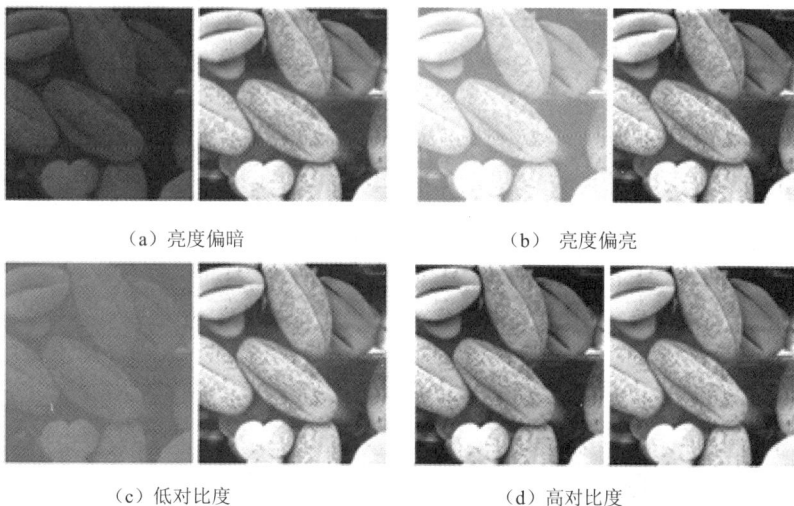

（c）低对比度　　　　　　　　　　　　　（d）高对比度

图 6-12　4 组图像的直方图均衡化结果（在 4 组图像中，左图为原始图像，右图为直方图均衡化结果）

【程序】直方图均衡化。

```
cm=imread('nut.bmp');
[M,N]=size(cm);
H=imhist(cm);        %计算输入图像的灰度直方图
%计算累积灰度直方图
Hc=zeros(1,256); Hc(1)=H(1);
for ik=2:256
    Hc(ik)= Hc(ik-1)+H(ik);
end
%计算均衡化后图像的灰度
for i=1:M
    for j=1:N
        k=cm(i,j);
        cm_equ(i,j)=Hc(k)*256/(M*N);
    end
end
cm_equ=cm_equ-1; %由1～256转变至0～255
figure,subplot(121),imshow(cm);subplot(122),imshow(uint8(cm_equ));
```

在 MATLAB 中可以直接使用 histeq()函数进行直方图均衡化，使用 adapthisteq()函数实现 CLAHE 处理。代码如下，运行代码后得到的结果如图 6-13 所示。

```
I = imread('tire.tif');  %原始图像
J = histeq(I);           %直方图均衡化
A=adapthisteq(I,'clipLimit',0.02,'Distribution','rayleigh');%CLAHE 处理
```

（a）原始图像　　　　　（b）直方图均衡化　　　　　（c）CLAHE处理

图 6-13　运行代码后得到的结果

6.4　空　域　平　滑

6.4.1　均值滤波

均值滤波也称邻域平均法，它是一种最简单的线性低通滤波算法，其实质是对含有噪

声的原始图像函数 $f(i,j)$ 的每个像素选取一个 S-邻域，用该邻域像素的平均灰度值作为处理后图像函数 $g(x,y)$ 的灰度值，即

$$g(x,y)=\frac{1}{M}\sum_{(i,j)\in S}f(i,j)$$

（6-10）

式中，S 为预先确定的邻域；M 为 S-邻域的像素数。

当以像素 (i,j) 为中心选择 8-邻域时，对应的滤波窗口大小为 3 像素×3 像素，那么均值滤波公式为

$$g(x,y)=\frac{1}{9}\sum_{k=i-1}^{i+1}\sum_{l=j-1}^{j+1}f(k,l)$$

（6-11）

8-邻域平均法卷积实现示意，如图 6-14 所示，等权卷积结果就是被处理区域中心像素 p_5 的滤波结果。

图 6-14　8-邻域平均法卷积实现示意

均值滤波模板一般包括等权模板和加权模板，常用的 3 像素×3 像素均值滤波模板如图 6-15 所示。

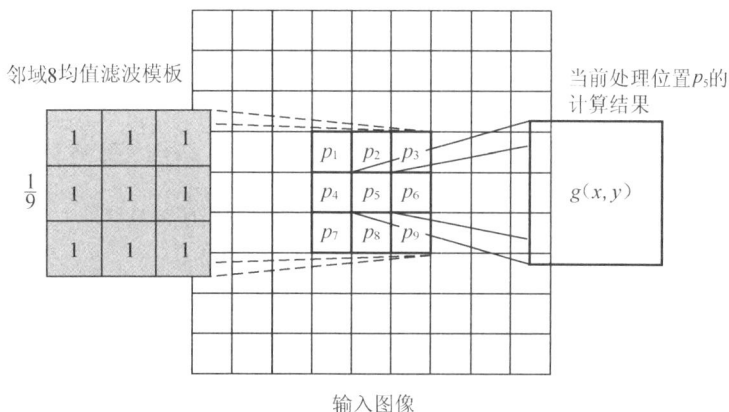

（a）8-邻域　　　（b）4-邻域　　　（c）高斯模板

图 6-15　通用的 3 像素×3 像素均值滤波模板

邻域尺寸直接影响滤波效果，邻域半径越大，滤波作用越强。作为去除大噪声的代价，大尺度滤波算法会导致图像细节的损失。不同邻域尺寸下均值滤波结果如图 6-16 所示，其中第一个图为原始图像，其余 5 幅图为均值滤波处理结果。原始图像为 500 像素×500 像素，在滤波窗口大小分别为 3 像素×3 像素、5 像素×5 像素、9 像素×9 像素、15 像素×15 像素和 55 像素×55 像素情况下得到 5 个均值滤波处理结果。

为消除噪声又不使图像模糊，可以采用阈值平均法，即根据式（6-12）所示的准则对图像进行平滑滤波：

$$g(x,y)=\begin{cases}\dfrac{1}{M}\sum_{(i,j)\in S}f(i,j), & \left|f(i,j)-\dfrac{1}{M}\sum_{(i,j)\in S}f(i,j)\right|>T\\ f(i,j), & \text{其他}\end{cases}\tag{6-12}$$

式中，T 为预先设定的阈值。

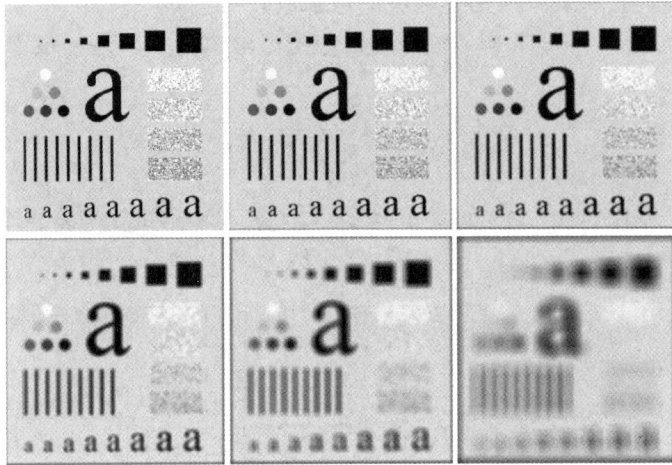

图 6-16　原始图像与不同邻域尺寸下均值滤波结果

当某些像素的灰度值与其邻域像素的灰度平均值之差不超过阈值 T 时，仍保留这些像素的灰度值。当某些像素的灰度值与其邻域像素的灰度平均值之差较大时，这些像素必定是噪声，此时需要选取其邻域像素的灰度平均值作为这些像素的灰度值。平滑滤波后的图像比单纯地进行邻域像素灰度平均后的图像清晰一些，滤波效果很好。

6.4.2　中值滤波

中值滤波是一种非线性平滑滤波，在一定条件下可以克服线性滤波（如均值滤波）带来的图像细节模糊问题，而且对滤除脉冲干扰及图像扫描噪声非常有效，但是对一些细节较多，特别是点、线、尖顶细节较多的图像，不宜采用中值滤波。中值滤波的目的是在保护图像边缘的同时去除噪声。

1．中值滤波原理

中值滤波是指设计一个含有奇数个像素的滑动窗口，将该窗口中心的灰度值用窗口内各点的中值代替。操作步骤如下：在图像中逐点扫描滤波窗口，并将滤波窗口中心与图像中某个像素位置重合；读取滤波窗口中各对应像素的灰度值，将这些灰度值排序；找出序列的中值，将中值赋给对应模板中心位置的像素。

二维中值滤波窗口形状和窗口尺寸对滤波效果影响较大，对于不同的图像内容和不同的应用要求，应该采用不同的窗口形状和不同的窗口尺寸。图 6-17 所示为 5 种典型的中值滤波窗口，包括线状、方形、圆形、十字形、菱形窗口。对于较长轮廓线缓慢变化的物体图像，采用方形或圆形窗口较合适，十字形窗口适用于有尖顶角物体的图像。

（a）线状　　（b）方形　　（c）圆形　　（d）十字形　　（e）菱形

图 6-17　5 种典型的中值滤波窗口

2．中值滤波主要特性

图 6-18 是 6 种信号的中值滤波结果，一维窗口尺寸为 5 像素。在图 6-18 中，左边为原始信号，右边为中值滤波结果。由该图可知，中值滤波对阶跃信号和斜坡信号不产生作用，因此对图像的边缘有保护作用，但是，对脉冲宽度小于窗口尺寸 1/2 且相距较远的窄脉冲有良好的抑制作用。

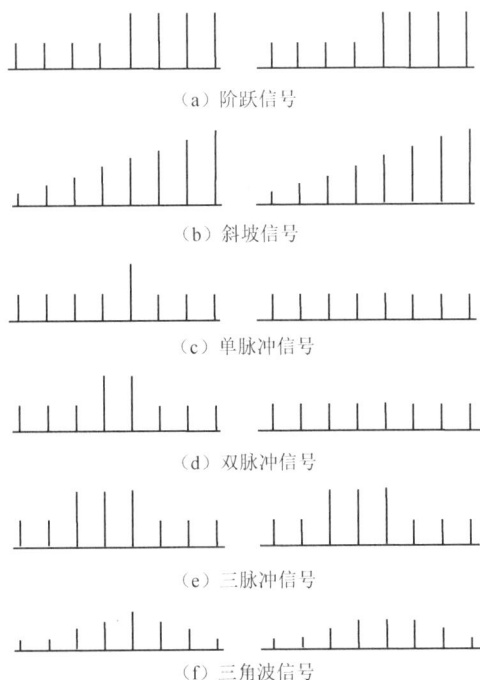

（a）阶跃信号

（b）斜坡信号

（c）单脉冲信号

（d）双脉冲信号

（e）三脉冲信号

（f）三角波信号

图 6-18　6 种信号的中值滤波结果

先使用以下 MATLAB 程序对一幅印制电路板图像加入椒盐噪声，再使用 3 像素×3 像素方形模板（滤波窗口）进行均值滤波和中值滤波（见图 6-19）。

【程序】均值滤波和中值滤波。

```
I1 =imread('D:\board.jpg');
I=imnoise(I1,'salt & pepper',0.02);
figure(1), imshow(I);
h=fspecial('average',[3 3]); %均值滤波模板
I2= imfilter(I,h); %或者用 filter2(h,I);
```

```
figure(2), imshow(I2);
I3= medfilt2(I); %中值滤波
figure(3), imshow(I3);
```

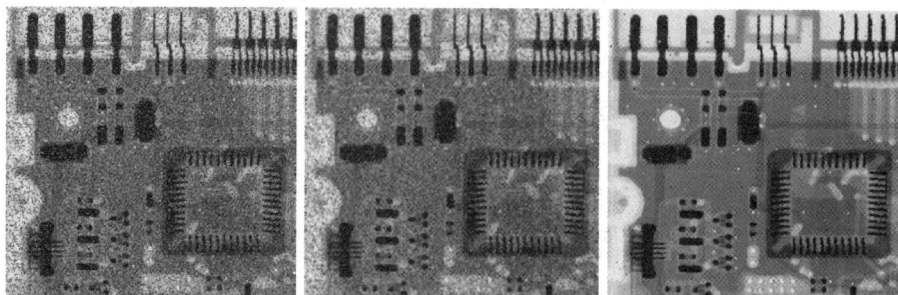

　（a）原始图像（含有椒盐噪声　　（b）3像素×3像素均值滤波结果　　（c）3像素×3像素中值滤波结果
　　的印制电路板图像）

图 6-19　原始图像与均值滤波和中值滤波结果

6.4.3　边缘保持滤波算法

均值滤波会使图像边缘模糊，而中值滤波在去除脉冲噪声的同时也会将图像中的线条细节滤除。边缘保持滤波算法是在上述两种滤波算法的基础上发展起来的，该滤波算法在滤除噪声脉冲的同时，不会使图像边缘模糊。

边缘保持滤波算法也称选择性的局部平滑法（Selective Local Averaging），即在某一像素周围寻找不含边缘的局部区域，并把这一区域像素的平均灰度值或中值设为该位置上的输出灰度，可以使边缘不模糊并能消除噪声。

边缘保持滤波算法的基本实现过程如下：

（1）对灰度图像的每个像素（i, j）选择 5 像素×5 像素的邻域，分别计算图 6-20 所示 9 个掩模（局部区域）的均值和方差，其中某个掩模的方差为

$$V = \sum \left(f_{ij} - \bar{f} \right)^2 \tag{6-13}$$

（2）对方差进行排序，选取最小方差对应区域的像素平均灰度值作为像素（i, j）的输出值。

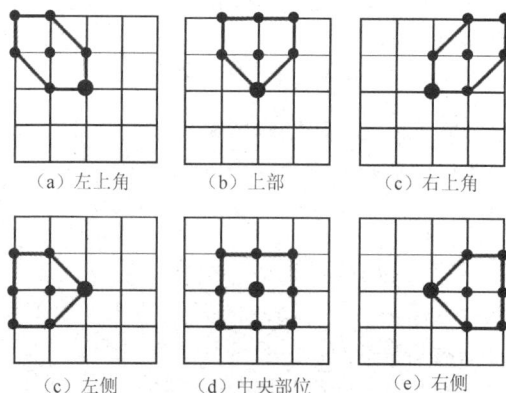

　（a）左上角　　　　　（b）上部　　　　　（c）右上角

　（c）左侧　　　　　（d）中央部位　　　　　（e）右侧

图 6-20　9 个掩模（局部区域）

（f）左下角　　　　（g）下部　　　　（h）右下角

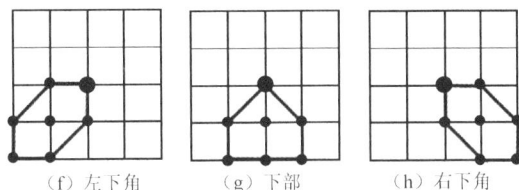

图 6-20　9 个掩模（局部区域）（续）

利用方差表征区域像素的灰度均匀性，若灰度变化较小，则说明该区域没有边缘。五边形和六边形在像素 (i, j) 处都有锐角，这样，即使像素 (i, j) 位于一个复杂形状区域的锐角处，也能找到均匀的区域，从而在平滑滤波时既不会使尖锐边缘模糊，也不会破坏边缘形状。

6.5　空　域　锐　化

图像平滑是指通过削弱高频成分突出低频成分以达到滤除噪声的目的，而图像锐化主要是加强图像细节和边缘，对图像起去模糊的作用。在空域，图像平滑就是对图像进行求和取平均值，是一种积分运算，而图像锐化可以用积分的反运算——微分法实现。通过微分运算提取图像中的边缘和轮廓，把微分结果乘以一定的比例因子并与原始图像相加，就可得到空域锐化结果。

图像锐化可以使用微分法和高通滤波法实现。

1．微分法

以正弦函数 $\sin(2\pi ax)$ 为列，它的微分结果为 $2\pi a\cos(2\pi ax)$。因此，微分后空间频率不变，幅度增加 $2\pi a$ 倍。频率越高，幅度增加越明显。这表明微分法可以加强高频成分，从而使图像轮廓变清晰。

微分算子一般用于边缘检测，例如，Sobel 算子和 Roberts 算子对应图像的一阶导数，拉普拉斯（Laplacian）算子对应图像的二阶导数。用微分法对图像进行锐化增强时，先用微分算子计算图像的梯度，然后与原始图像进行相加，得到锐化结果。图 6-21 所示为两个 Laplacian 锐化模板，即将原始图像与 Laplacian 运算结果叠加起到锐化效果。

$$\begin{bmatrix} 0 & -1 & 0 \\ -1 & 5 & -1 \\ 0 & -1 & 0 \end{bmatrix} \quad \begin{bmatrix} -1 & -1 & -1 \\ -1 & 9 & -1 \\ -1 & -1 & -1 \end{bmatrix}$$

图 6-21　两个 Laplacian 锐化模板

2．高通滤波法

由于图像细节和边缘具有较高的空间频率，所以需要采用高通滤波法让高频成分顺利通过，使低频成分得到抑制，就可增强高频成分，使图像的边缘或线条变得清晰，实现图像锐化。

图像锐化可以在空域和频域实现，关于频域高通滤波可参考 6.6.3 节。空域锐化是指通过对图像和频域高通滤波算法的冲击响应函数进行卷积。图 6-22 所示为图像锐化结果，从该图可以看出，在增强边缘的同时，丢失了图像的层次，图像变得粗糙。

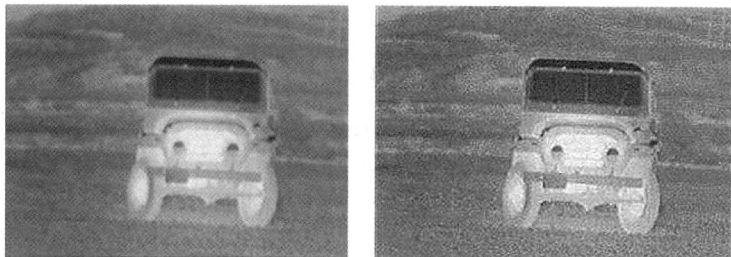

图 6-22　图像锐化结果

6.6　频 域 滤 波

6.6.1　频域滤波基础

原始图像及其傅里叶变换示例如图 6-23 所示，图 6-23（b）和图 6-23（d）表示频谱。靠近频谱中心位置的低频成分对应图像的慢变化分量，如图 6-23（a）中的天空背景。当进一步移开中心位置时，较高的频率对应图像中灰度变化较快的位置，如物体的边缘、灰度突变（如噪声）位置，对应图 6-23（a）中的房屋边缘部分以及图 6-23（c）中的大约呈 ±45°的强边缘和两个白色突起部分。由于频谱图能够直观反映图像灰度变化的快慢，因此可以在频域对图像的不同频率成分进行操作，从而实现图像滤波。

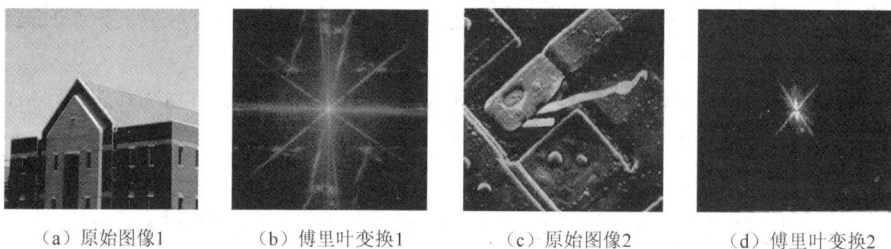

（a）原始图像1　　　　（b）傅里叶变换1　　　　（c）原始图像2　　　　（d）傅里叶变换2

图 6-23　原始图像及其傅里叶变换示例

1. 频域滤波与空域滤波的关系

根据傅里叶变换的卷积定理，假设 $g(x,y) = f(x,y) * h(x,y)$，则

$$G(u,v) = H(u,v)F(u,v) \tag{6-14}$$

在实际的滤波应用中，对图像函数 $f(x,y)$ 进行傅里叶变换得到 $F(u,v)$，只要确定滤波器传递函数 $H(u,v)$，就可把它与 $F(u,v)$ 相乘得到 $g(x,y)$ 的傅里叶变换 $G(u,v)$，然后进行傅里

叶逆变换得到滤波后的空域图像函数，即

$$g(x,y)=\text{IDFT}\big[G(u,v)\big]=f(x,y)*h(x,y) \tag{6-15}$$

因此，可以利用空域图像与频谱之间的对应关系，尝试将空域卷积滤波变成频域滤波。频域滤波的最大优点是直观性。

2．频域滤波的基本步骤

频域滤波流程如图 6-24 所示。

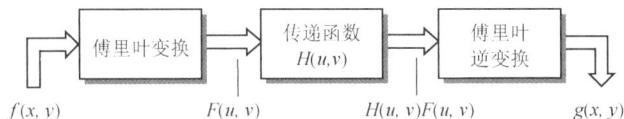

图 6-24　频域滤波流程

（1）计算原始图像函数 $f(x,y)$ 的傅里叶变换 $F(u,v)$，并将其零频移到频谱中心。

（2）计算滤波器的传递函数 $H(u,v)$ 与 $F(u,v)$ 的乘积得到 $G(u,v)$。

（3）将 $G(u,v)$ 零频移到频谱左上角，然后对其进行傅里叶逆变换，得到滤波增强结果 $g(x,y)$。

滤波器的传递函数是频域滤波的核心，它定义了滤波器对不同频率成分的响应特性。常见的频域滤波增强方法有低通滤波、高通滤波、带通滤波、带阻滤波和同态滤波等。

3．频域滤波的 MATLAB 实现

频域滤波增强的关键步骤就是设计滤波器的传递函数 $H(u,v)$，可根据空域滤波模板转换得到该传递函数，或者直接在频域设计。下面举例说明利用 MATLAB 程序由空域滤波模板获得 $H(u,v)$（程序中用 H 表示），以及频域滤波的实现过程。

【程序】由空域滤波模板获得 $H(u,v)$。

```
h = fspecial('average');        %3像素×3像素窗口的空域均值滤波模板
H = freqz2(h);
  %由空域滤波模板h获得H，如图6-25（a）所示，默认滤波器窗口为64像素×64像素
H1 = fftshift(H);               %未中心化的H，如图6-25（b）所示
  %如果对H使用fftshift进行中心化，那么滤波增强时无须对F(u,v)进行中心化
```

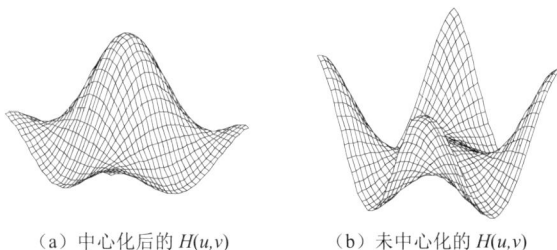

（a）中心化后的 $H(u,v)$　　　（b）未中心化的 $H(u,v)$

图 6-25　一个低通滤波器的传递函数 $H(u,v)$

为方便读者利用 MATLAB 程序实现频域滤波，我们编写了 imfreqfilt 函数。调用该函数时，需要输入原始图像及与其相同大小的滤波器的传递函数 H 作为参数，输出滤波后的图像。

【程序】 频域滤波的 MATLAB 实现。

```
function out=imfreqfilt(I,H)
                     %I 为输入空域图像，H 为与原始图像相同大小的滤波器的函数
if (ndims(I)==3) && (size(I,3)==3) %若 I 为彩色图像
    I=rgb2gray(I);
end
if (size(I)~=size(H))
    msg1=sprintf('%s:滤波算法与原始图像大小不等，检查输入',mfilename);
    msg2=sprintf('%s:滤波操作已取消',mfilename);
    eid=sprintf('Images:%s:ImageSizeNotEqual',mfilename);
    error(eid,'%s  %s',msg1,msg2);
end
F=fft2(I);              %傅里叶变换
sF=fftshift(F);         %中心化
G=sF.*H;                %对应元素相乘，实现频域滤波
G=ifftshift(G);
G=ifft2(G);             %傅里叶逆变换
out=abs(g);
out=out/max(out(:)); %归一化以便显示
```

6.6.2　低通滤波

图像中的噪声干扰对应图像傅里叶变换中的高频成分，因此，若要在频域抑制其影响，则需要设法减弱高频成分。根据需要选择一个合适的传递函数 $H(u,v)$，把它乘以图像的频谱 $F(u,v)$，使其高频成分得到衰减，而低频成分相对不发生改变，从而实现图像平滑。在以下讨论中，考虑对 $F(u,v)$ 的实部和虚部的影响完全相同的滤波算法，具有这种特性的滤波算法称为零相移滤波器。

1. 理想低通滤波器

理想低通滤波器（Ideal Low-Pass Filter，ILPF）可以"截断"傅里叶变换中所有的高频成分，这些成分分布在零频大于 D_0 的区域，其传递函数如下：

$$H(u,v)=\begin{cases}1, & D(u,v)\leqslant D_0 \\ 0, & D(u,v)>D_0\end{cases}\qquad(6\text{-}16)$$

式中，D_0 为非负整数，称为截止频率，表示点 (u,v) 到频域平面原点的距离；$D(u,v)=\left(u^2+v^2\right)^{1/2}$。

图 6-26 所示为理想低通滤波器传递函数的剖面图[假设 $D(u,v)$ 相对于原点对称]和透视图。这里，"理想"是指小于或等于 D_0 的频率可以完全不受影响地通过低通滤波器，大于 D_0

的频率完全被滤除。尽管 ILPF 在数学上的定义很清楚，在计算机模拟中也可以实现，但 ILPF 这种陡峭的突变不能用硬件实现，并且随着所选截止频率 D_0 的变化，它会发生不同程度的"振铃"和模糊现象，这种现象是由离散傅里叶变换性质决定的。由于 $H(u,v)$ 体现理想矩形特性，因此它的逆变换 $h(x,y)$ 必然会产生无限的"振铃"，经过与 $f(x,y)$ 卷积后也给 $g(x,y)$ 带来模糊现象和"振铃"现象。D_0 越低，滤除噪声越彻底，高频成分损失越严重，图像就越模糊。

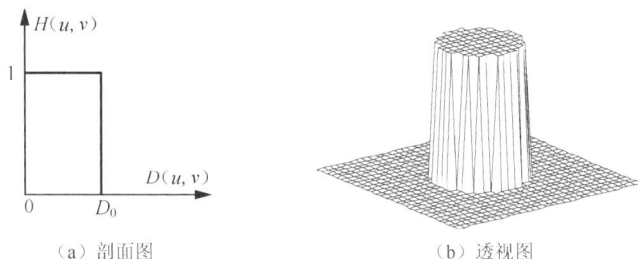

（a）剖面图　　　　　　　　　　（b）透视图

图 6-26　理想低通滤波器传递函数的剖面图和透视图

2．巴特沃斯低通滤波器

物理上可以实现的一种低通滤波器是巴特沃斯低通滤波器（Butterworth Low-Pass Filter，BLPF）。设一个截止频率为 D_0 的 n 阶 BLPF 的传递函数如下：

$$H(u,v) = \frac{1}{1 + k\left[D(u,v)/D_0\right]^{2n}} \tag{6-17}$$

其中，$k=1$ 或 0.414，一般选取 $k=1$。

图 6-27 所示为 BLPF 传递函数的剖面图和 4 阶 BLPF 的透视图。与 ILPF 不同，BLPF 的传递函数在 D_0 处没有尖锐的不连续现象，其通带与阻带之间的过渡比较平滑，所以用 BLPF 得到的输出图像的"振铃"不明显。从图 6-27（a）中的传递函数曲线可以看出，这些曲线尾部保留较多高频，所以对噪声的平滑效果不如 ILPF。

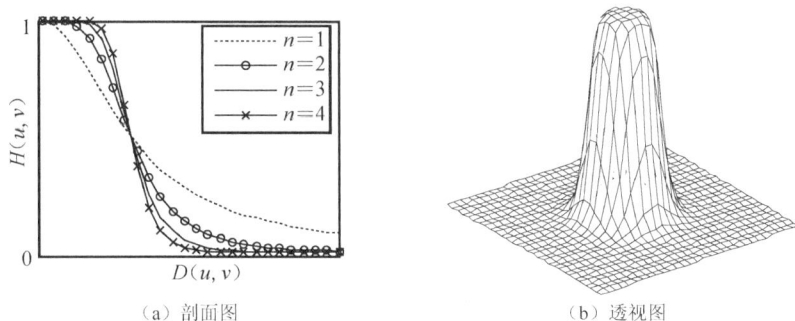

（a）剖面图　　　　　　　　　　（b）透视图

图 6-27　BLPF 传递函数的剖面图和 4 阶 BLPF 的透视图

在式（6-17）中，对于 $k=1$ 和 0.414 两种情况，当 $D(u,v) = D_0$ 时，$H(u,v)$ 分别等于 0.5 和 $\frac{1}{\sqrt{2}}$，即其值下降到最大值（等于 1）的 $\frac{1}{2}$ 和 $\frac{1}{\sqrt{2}}$。

3. 高斯低通滤波器

高斯低通滤波器（Gaussian Low-Pass Filter，GLPF）的传递函数如下：

$$H(u,v) = \mathrm{e}^{-\frac{D^2(u,v)}{2\sigma^2}} \tag{6-18}$$

式中，σ 为标准差。令 $\sigma = D_0$，得到关于截止频率 D_0 的 GLPF 表达式，即

$$H(u,v) = \mathrm{e}^{-\frac{D^2(u,v)}{2D_0^2}} \tag{6-19}$$

当 $D(u,v) = D_0$ 时，$H(u,v)$ 下降到最大值的 0.607 倍。GLPF 传递函数的剖面图和透视图如图 6-28 所示，高斯低通滤波器的滤波结果如图 6-29 所示。

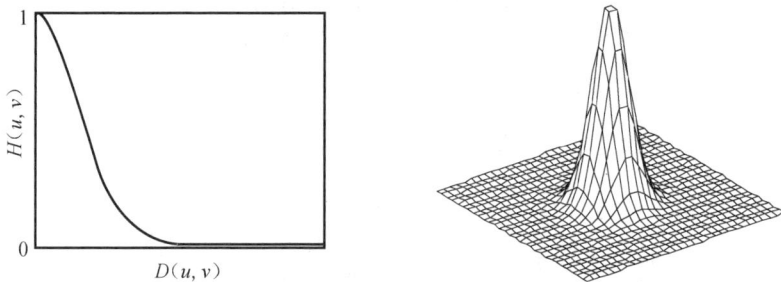

图 6-28　GLPF 传递函数的剖面图和透视图

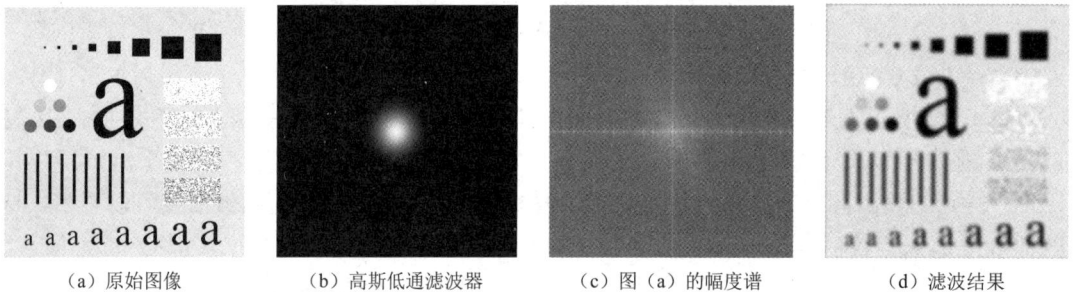

（a）原始图像　　　　（b）高斯低通滤波器　　　　（c）图（a）的幅度谱　　　　（d）滤波结果

图 6-29　高斯低通滤波器的滤波结果

选择不同的滤波器传递函数（也称窗函数），可产生不同的滤波效果。除了上述滤波器，还有采用巴特利特窗（Bartlett）函数、汉宁窗（Hanning）函数、汉明窗（Hamming）函数、布莱克曼（Blackman）函数等作为传递函数的滤波器。

6.6.3　高通滤波

低通滤波使图像平滑，其相反操作——高通滤波则通过衰减图像频谱中的低频成分、相对地不改变高频成分而实现图像的锐化。

1. 基本高通滤波器

给定一个低通滤波器的传递函数 $H_{\mathrm{lp}}(u,v)$，通过式（6-20）这种简单的关系可以获得相

应的高通滤波器的传递函数，即

$$H_{hp}(u,v) = 1 - H_{lp}(u,v) \qquad (6\text{-}20)$$

图 6-30 所示为理想高通滤波器、巴特沃斯高通滤波器和高斯高通滤波器 3 种高通滤波器传递函数的透视图及其对应的二维图，图 6-31 所示为一幅图像采用高斯高通滤波器的滤波结果。

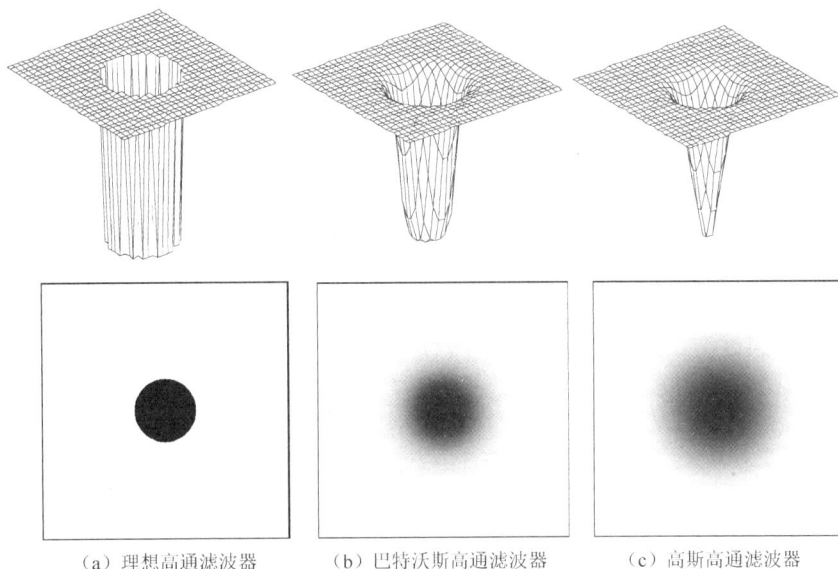

（a）理想高通滤波器　　（b）巴特沃斯高通滤波器　　（c）高斯高通滤波器

图 6-30　3 种高通滤波器传递函数的透视图（上行）及其对应的二维图（下行）

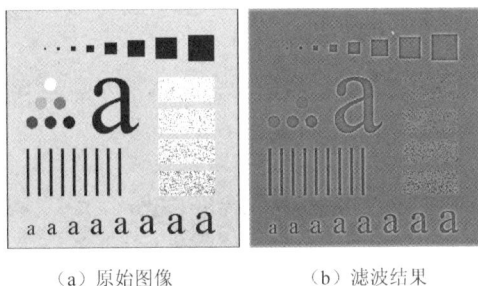

（a）原始图像　　（b）滤波结果

图 6-31　一幅图像采用高斯高通滤波器的滤波结果

2．高频加强滤波器

图像经过高通滤波后，很多低频信号被滤除，因此图像的平滑区基本消失。对于这个问题，可以采用高频加强滤波弥补。高频加强滤波器的传递函数如下：

$$H_{hfe}(u,v) = a + bH_{hp}(u,v) \qquad (6\text{-}21)$$

式中，a 为常数，$0<a<1$；b 为大于 1 的乘数因子。

使用高频加强滤波器可以获得比一般高通滤波效果好的增强图像。为了解决图像变暗的问题，可以在变换后的图像上进行一次直方图均衡化，这种方法称为后滤波处理。

6.6.4 带阻滤波

1. 理想带阻滤波器

理想带阻滤波器的传递函数如下：

$$H\left(u,v\right)=\begin{cases}1, & D\left(u,v\right)<D_0-\dfrac{W}{2}\\[2mm]0, & D_0-\dfrac{W}{2}\leqslant D\left(u,v\right)\leqslant D_0+\dfrac{W}{2}\\[2mm]1, & D\left(u,v\right)>D_0+\dfrac{W}{2}\end{cases} \qquad (6\text{-}22)$$

式中，W 为频带的宽度；D_0 为频带的中心半径。

2. 巴特沃斯带阻滤波器

巴特沃斯带阻滤波器的传递函数如下：

$$H\left(u,v\right)=\cfrac{1}{1+\left[\cfrac{D\left(u,v\right)W}{D^2\left(u,v\right)-D_0^2}\right]^{2n}} \qquad (6\text{-}23)$$

3. 高斯带阻滤波器

高斯带阻滤波器的传递函数如下：

$$H\left(u,v\right)=1-\mathrm{e}^{-\frac{1}{2}\left[\frac{D^2\left(u,v\right)-D_0^2}{D\left(u,v\right)W}\right]^2} \qquad (6\text{-}24)$$

以上 3 种带阻滤波器传递函数的透视图如图 6-32 所示。对一幅含有正弦周期性噪声的图像使用带阻滤波器进行滤波，滤波结果如图 6-33 所示。

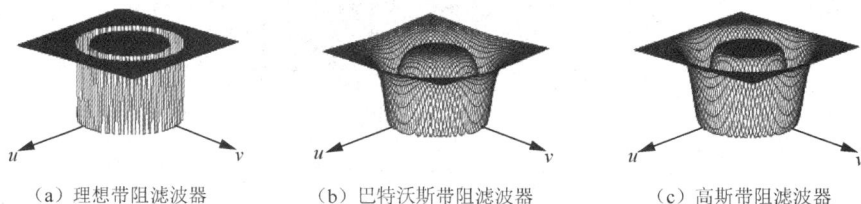

（a）理想带阻滤波器　　　（b）巴特沃斯带阻滤波器　　　（c）高斯带阻滤波器

图 6-32　3 种带阻滤波器传递函数的透视图

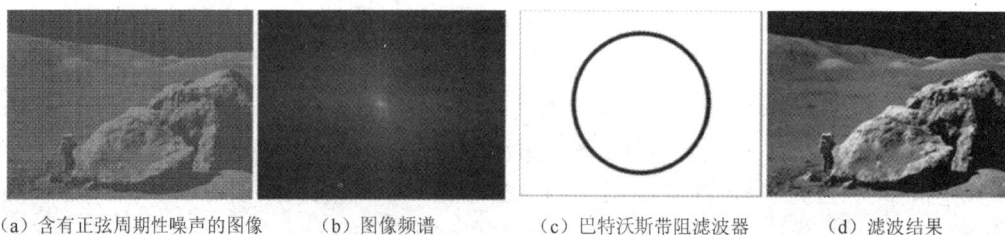

（a）含有正弦周期性噪声的图像　　（b）图像频谱　　（c）巴特沃斯带阻滤波器　　（d）滤波结果

图 6-33　带阻滤波器的滤波结果

带通滤波器的操作结果与带阻滤波器相反，因此可用全通滤波器减带阻滤波器 $H_{\mathrm{bs}}(u,v)$ 实现带通滤波器，二者关系式如下：

$$H_{\mathrm{bp}}(u,v) = 1 - H_{\mathrm{bs}}(u,v) \tag{6-25}$$

6.6.5　同态滤波

图 6-34 所示的照度不均匀图像类似逆光拍摄的图像。虽然该图像动态范围很大，但其中某一区域的灰度范围很小，分不清物体的灰度层次和细节。对这类图像，采用上述滤波方法难以获得理想增强效果。

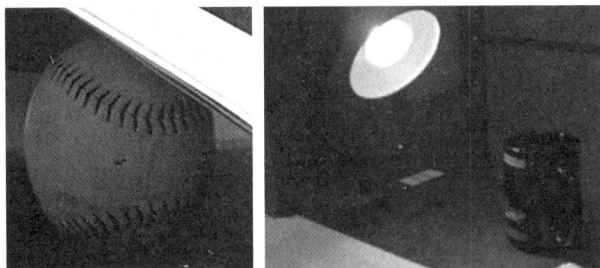

图 6-34　照度不均匀图像

同态滤波是一种在频域同时进行图像灰度范围压缩和图像对比度增强的方法，它能够消除图像照度不均匀的问题，增加暗区的图像细节，同时又不损失亮区的图像细节。

对一幅图像的灰度分布函数 $f(x,y)$，可以用照度分量 $i(x,y)$ 和反射分量 $r(x,y)$ 的乘积表示，即

$$f(x,y) = i(x,y)r(x,y) \tag{6-26}$$

照度分量代表光照条件，它在空间上具有缓慢变化的特点，是频域的低频成分。反射分量代表图像细节特征，它随空间位置的变化而快速变化，是频域的高频成分。

为了消除照度不均匀问题、压缩照度分量、增强反射分量，需要把照度分量和反射分量分开并对它们施加不同的影响。对式（6-26）等号两边取自然对数，将乘法关系转化为加法关系，即

$$\ln f(x,y) = \ln i(x,y) + \ln r(x,y) \tag{6-27}$$

对上式等号两边进行傅里叶变换，得

$$F_1(u,v) = I_1(u,v) + R_1(u,v) \tag{6-28}$$

这种图像对数傅里叶变换中的低频成分对应照度分量，而高频成分对应反射分量。选择适当的传递函数 $H(u,v)$ 对 $F_1(u,v)$ 进行滤波处理，得

$$H(u,v)F_1(u,v) = H(u,v)I_1(u,v) + H(u,v)R_1(u,v) \tag{6-29}$$

对上式进行傅里叶逆变换，使之变换到空域，得

$$f_{\mathrm{hl}}(x,y) = i_{\mathrm{hl}}(x,y) + r_{\mathrm{hl}}(x,y) \tag{6-30}$$

由式（6-30）可知，增强后的图像是由对应的照度分量和反射分量叠加而成的效果。对式（6-30）等号两边取指数，得

$$g(x,y) = \mathrm{e}^{f_{h1}(x,y)} = \mathrm{e}^{i_{h1}(x,y)}\mathrm{e}^{r_{h1}(x,y)} = i_h(x,y)r_h(x,y) \qquad (6\text{-}31)$$

同态滤波过程示意如图 6-35 所示，所用的 MATLAB 算法步骤如下：

（1）将图像数据 I 转化为 double 类型且不能进行归一化处理，然后取自然对数，代码为 f = log(1+double(I))。

（2）对 f 进行快速傅里叶变换并中心化处理，代码为 F=fftshift(fft2(f,M,N));若数据阵列 $m \times n$ 较小，则在快速傅里叶变换之前，需要通过补零操作使之扩大至 $M \times N$。例如，$M=2m$，$N=2n$。

（3）设计滤波器传递函数 H，该滤波器大小与图像傅里叶变换结果的大小一致，即 $M \times N$。

（4）频域滤波，即 $G = F \cdot H$。

（5）进行傅里叶逆变换，代码为 gi=ifft2(fftshift(G));在傅里叶逆变换之前需要对 G 进行反中心化处理。

（6）进行取实部运算并提取有效数据，代码为 gp=real(gi); g=gp(1:m,1:n)。

（7）进行指数运算，得到空域滤波结果，代码为 g = exp(g)－1。

（8）将 g 映射至[0～255]。

f(x,y) → ln → DFT → H(u,v) 高频增强 → IDFT → exp → g(x,y)

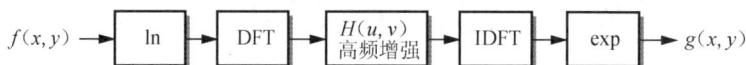

图 6-35　同态滤波过程示意

同态滤波实质是通过减少低频成分、增加高频成分实现图像增强，决定同态滤波效果的关键在于传递函数的选择。同态滤波器传递函数的一般形式如下：

$$H(u,v) = (\gamma_H - \gamma_L)H_{hp}(u,v) + \gamma_L \qquad (6\text{-}32)$$

式中，$\gamma_H > 1$，$\gamma_L < 1$，它们都是控制滤波器幅度范围；$H_{hp}(u,v)$ 为高通滤波器传递函数。

若选择高斯高通滤波器，则 $H_{hp}(u,v) = 1 - \mathrm{e}^{-c(D^2(u,v)/D_0^2)}$，其中 c 控制图像锐化程度，即控制从低频到高频过渡段的斜率，其值越大，过渡带越陡峭。高斯同态滤波器的传递函数如图 6-36 所示。

采用 MATLAB 程序，对图 6-34 所示的照度不均匀图像进行同态滤波增强，结果如图 6-37 所示。同态滤波器通过压缩照度分量的灰度范围（或在频域上减弱照度频谱分量）、增强反射分量的对比度（或在频域上加大反射频谱分量），使暗区图像细节增强，并保留亮区图像细节。得到的结果是原始图像背景亮度减弱，暗区中的图像细节对比度得到增强。

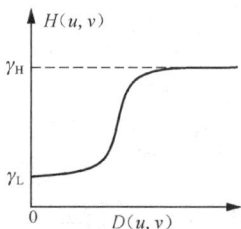

图 6-36　高斯同态滤波器的传递函数

图 6-37　对图 6-34 所示的照度不均匀图像进行同态滤波增强后的结果

【程序】同态滤波增强的 MATLAB 实现。

```
clear all;close all;clc;
I= imread('Ball.jpg');          %读取被处理图像
figure(1),imshow(I);
[P,Q]=size(I); k=2;
[v,u]=meshgrid(1:Q,1:P);
u=u-floor(P/2)-1; v=v-floor(Q/2)-1;
D=sqrt(u.^2+v.^2);
c=1.5;                          %锐化系数
D0=0.3;                         %截止频率
Hg=1-exp(-c*((D./D0).^2));      %高通滤波器
rH=0.5;rL=0.1;   %rH 为高频增益，rL 为低频增益，改变这两个参数可得到不同的滤波结果
H1=(rH-rL)*Hg+rL;               %高斯同态滤波器
Ln=log(double(I)+1);            %取对数
F1=fftshift(fft2(Ln,P,Q));      %快速傅里叶变换并中心化
hImg=F1.*H1;
gImg=ifft2(fftshift(hImg));     %对滤波结果进行傅里叶逆变换
g=real(gImg);                   %取实部
Y=exp(g)-1;                     %取指数
max_num = max(max(Y));  min_num = min(min(Y));
Imgs=uint8(255*(Y-min_num)./(max_num - min_num));%转化为无符号 8 位整型数据
figure(2),imshow(Imgs);         %显示同态滤波增强后的图像
```

6.7 彩 色 增 强

人眼只能区分 20 多种不同的灰度级，但可分辨上千种不同亮度和色调。灰度图像中的微小灰度差别无法让人眼察觉，但若给它们赋予不同的色彩，则可能被人眼分辨出。彩色增强的目的是为了增强图像的视觉效果。彩色增强包括假彩色增强、伪彩色增强和彩色变换增强，它们之间的区别在于处理对象或处理目的不同。

与真彩色图像相对而言的两种彩色图像分别为伪彩色图像和假彩色图像。

（1）伪彩色图像是由灰度图像经过伪彩色处理后得到的，其像素值是所谓的索引值，是按照灰度值进行彩色指定的结果，其色彩并不一定忠实于外界景物的真实色彩。

在显示或记录时，根据黑白图像各个像素灰度的大小，按一定的规则赋予它们不同的颜色，就可以将黑白图像变成彩色图像，这种处理方法称为伪彩色增强。

（2）假彩色图像是自然图像经过假彩色处理后形成的彩色图像。假彩色处理目的与伪彩色处理的目的一样，也是通过彩色映射增强图像效果，但前者处理的原始图像不是灰度图像，而是一幅真实的自然彩色图像，或是遥感多光谱图像。

6.7.1 假彩色增强

假彩色增强用于自然图像或同一景物的多光谱图像。假彩色增强的主要目的包括以下三方面内容。

（1）把景物映射成奇怪的彩色，使之比原来的自然彩色更引人注目，给人留下深刻印象。

（2）适应人眼对颜色的灵敏度，提高鉴别能力。例如，鉴于人眼对绿色的灵敏度最高，可把原来是其他颜色显示的细节映射成绿色，这样就易于鉴别；鉴于人眼对蓝色的强弱对比灵敏度最高，可把细节丰富的物体映射成深浅与亮度不一的蓝色。

（3）将多光谱图像变成假彩色图像，不仅看起来自然、逼真，而且可以通过与其他波段图像配合从中获得更多的信息，便于区分地形、地物及矿产。

自然图像的假彩色增强方法如下：

（1）将关注的目标物体映射成与原色不同的彩色。例如，将绿色草原换成红色，将蓝色海洋换成绿色等。这样做的目的是使目标物体置于奇特的环境中，以引起观察者的注意。

（2）根据人眼的色觉灵敏度，重新分配图像成分的颜色。例如，利用人眼对绿色比较敏感，可将原来非绿色描述的图像细节或目标物体经假彩色增强变成绿色，以达到提高目标物体分辨率的目的。自然图像的假彩色映射可定义为

$$\begin{bmatrix} R_{\mathrm{g}} \\ G_{\mathrm{g}} \\ B_{\mathrm{g}} \end{bmatrix} = \begin{bmatrix} T_{11} & T_{12} & T_{13} \\ T_{21} & T_{22} & T_{23} \\ T_{31} & T_{32} & T_{33} \end{bmatrix} \begin{bmatrix} R_{\mathrm{f}} \\ G_{\mathrm{f}} \\ B_{\mathrm{f}} \end{bmatrix} \tag{6-33}$$

式中，R_{f}、G_{f}、B_{f} 为原彩色图像的三基色分量；R_{g}、G_{g}、B_{g} 为假彩色图像的三基色分量；T_{ij}（i,j=1,2,3）为变换函数。

6.7.2 伪彩色增强

伪彩色增强（Pseudo Color Enhancement）是指将单一波段或灰度图像变成彩色图像，从而把人眼不能区分的微小灰度差别显示为明显的色彩差异，以便于识别和提取有用信息。伪彩色增强不改变像素的几何位置，仅改变其显示的颜色，主要用于提高人眼对图像的分辨能力。伪彩色增强已经被广泛应用于遥感和医学图像处理，如云图判读、超声图像增强等。伪彩色增强可以在空域或频域实现，其实现方法主要包括灰度分层法、空域灰度级彩色变换和频域伪彩色增强。

1. 灰度分层法

灰度分层法也称密度分割法，是伪彩色增强方法中最简单的一种方法，它是指对图像灰度范围进行分割，使一定灰度间隔对应某一种颜色，从而有利于图像的增强和分类。也就是说，把灰度图像的灰度级从黑色到白色分成 M 个区间 L_k，$k = 1,2,\cdots,M$，给每个区间 L_k 指定一种彩色 C_k。这样，便可以把一幅灰度图像变成一幅伪彩色图像，灰度分层法示意如图 6-38 所示。

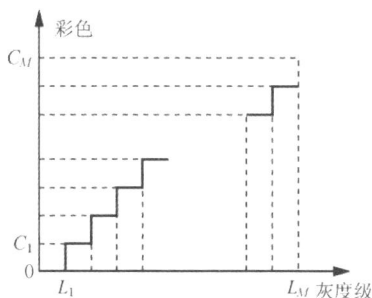

图 6-38　灰度分层法示意

　　灰度分层法的缺点是变换出的彩色数目有限，伪彩色生硬且不够柔和，量化噪声大。增强效果与分割层数成正比，层次越多，细节越丰富，彩色越柔和。图 6-39 为灰度分层法在医学图像中的应用。

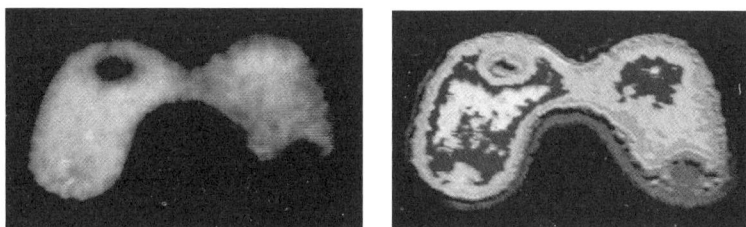

图 6-39　灰度分层法在医学图像中的应用（分割层数为 8）

2. 空域灰度级彩色变换

　　空域灰度级彩色变换是一种更为常用的、比灰度分层法更为有效的伪彩色增强方法。该方法利用色度学的原理，将原始图像的灰度分段，经过红、绿、蓝三种颜色的不同变换，变成三基色分量，然后用它们分别去控制彩色显示器的红、绿、蓝显示通道，这样就可得到一幅由三个变换函数调制的与灰度值相对应的彩色图像。彩色的含量由变换函数的曲线形状而定。

　　典型的灰度级彩色变换函数如图 6-40 所示，图 6-40（a）～图 6-40（c）分别表示红、绿、蓝三种颜色变换函数。图 6-40（d）把三种变换函数显示在同一坐标系中，以便清晰地显示三者的关系，横坐标表示原始图像灰度。由图 6-40 可知，当灰度为零时图像呈蓝色，当灰度为 $L/2$ 时图像呈绿色，当灰度为 L 时图像呈红色，在其他灰度值时图像呈其他彩色。这种技术可以将灰度图像变换成具有多种颜色渐变效果的连续彩色图像。

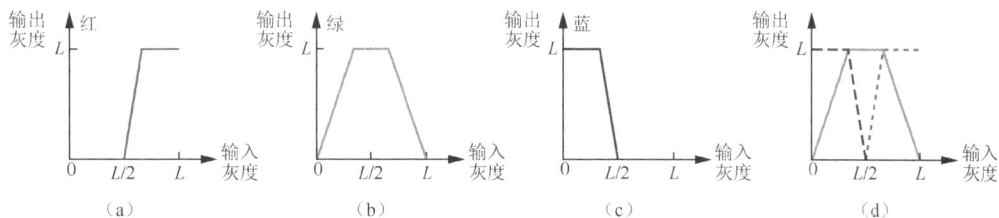

图 6-40　典型的灰度级彩色变换函数

在实际应用中，变换函数常用绝对值正弦函数表示，其特点是在峰值函数曲线比较平缓，而在峰谷函数曲线比较尖锐。通过改变每个正弦波的相位和频率，就可以改变相应灰度值所对应的彩色。

【程序】单色图像灰度级彩色变换的 MATLAB 实现。

```
I=imread('Img.bmp'); I=double(I); [M,N]=size(I); L=256;
for i=1:M
 for j=1:N
    if I(i,j)<L/4
        R(i,j)=0;  G(i,j)=4*I(i,j);  B(i,j)=L;
    else if I(i,j)<=L/2
        R(i,j)=0;  G(i,j)=L;  B(i,j)=-4*I(i,j)+2*L;
    else if I(i,j)<=3*L/4
        R(i,j)=4*I(i,j)-2*L; G(i,j)=L; B(i,j)=0;
    else
        R(i,j)=L; G(i,j)=-4*I(i,j)+4*L; B(i,j)=0;
    end
 end
end
for i=1:M
 for j=1:N
    G2C(i,j,1)=R(i,j); G2C(i,j,2)=G(i,j); G2C(i,j,3)=B(i,j);
 end
end
G2C=G2C/256;
figure, imshow(uint8(G2C));
```

3. 频域伪彩色增强

频域伪彩色增强的步骤如下：首先，将输入的灰度图像经傅里叶变换到频域，在频域用三个不同传递特性的滤波器将灰度图像分离成三个独立分量。其次，对它们进行傅里叶逆变换，以便得到三幅代表不同频率分量的单色图像，对这三幅单色图像进行直方图均衡化。最后，将它们作为三基色分量分别添加到彩色显示器的红、绿、蓝显示通道，从而得到一幅彩色图像。

6.7.3 彩色图像增强

在颜色模型中，RGB 模型的三基色分量均与亮度有联系，各分量数值越小，亮度越低。而 HSI 模型中的色彩的明亮程度仅由亮度分量 I 决定，增强亮度分量，即可使彩色图像变得更加明亮。

在 HSI 模型中进行彩色图像增强的步骤如下：

（1）对输入的彩色图像进行颜色分离，提取 R、G、B 三个颜色分量。

（2）变换到 HSI 模型，得到色调 H、饱和度 S 和亮度 I 三个分量。

（3）保持色调 H 和饱和度 S 不变，利用灰度图像处理技术增强亮度 I，得到新的亮度 I_{new}。

（4）根据从 HSI 模型变换到 RGB 模型的变换公式，由 H、S 和 I_{new} 得到新的 R、G、B 颜色分量，从而合成新的彩色图像。

上述步骤的 MATLAB 程序如下：

```
hsi_s = cat(3,H,S,I_new);      %原始图像的 H、S 分量和经增强处理后的 I 分量合成新的
                                 HSI 数组
rgb_s=hsi2rgb(hsi_s);          %将 HSI 模型变换到 RGB 模型
figure(3),imshow(rgb_s,[]);    %显示彩色增强结果
```

例如，在 HSI 模型中采用高斯同态滤波器，对输电塔的彩色图像[见图 6-41（a）]亮度分量进行增强处理，得到增强后的彩色图像，如图 6-41（b）所示。

（a）原始图像　　　　　　　　　　　　　（b）增强后的彩色图像

图 6-41　在 HSI 模型中进行彩色图像增强

下面的 MATLAB 程序用于在 L*a*b* 模型中，采用 CLAHE 算法对 $L*$ 分量进行增强，然后重新合成新的彩色图像（见图 6-42）。

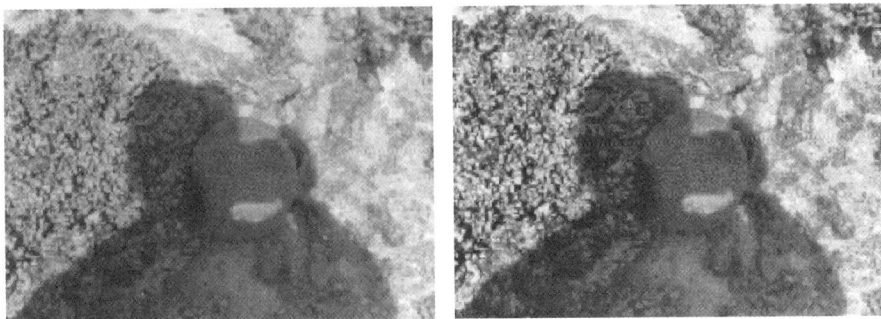

（a）原始图像　　　　　　　　　　　　　（b）增强后的彩色图像

图 6-42　在 L*a*b* 模型中进行彩色图像增强

【程序】在 L*a*b* 模型中进行彩色增强。

```
[X MAP] = imread('shadow.tif');        %读取彩色图像
RGB = ind2rgb(X,MAP);                  %索引图像变换到真彩色 RGB 图像
cform2lab = makecform('srgb2lab');     %将 RGB 模型变换到 L*a*b* 模型
```

```
LAB = applycform(RGB, cform2lab);
L = LAB(:,:,1)/100;                            %将亮度值映射到 0～1 范围
%使用 CLAHE 算法对亮度分量进行增强
LAB(:,:,1) = adapthisteq(L,'NumTiles',[8 8],'ClipLimit',0.005)*100;
cform2srgb = makecform('lab2srgb');            %亮度分量增强后返回到 RGB 模型
J = applycform(LAB,cform2srgb);
figure, imshow(RGB); figure, imshow(J);   %显示原始图像和增强处理结果
```

6.8　图　像　复　原

图像复原和图像增强都是为了改善图像质量，但是两者有区别。进行图像增强时，不考虑图像是如何退化的，只是试图采用各种技术增强图像的视觉效果。而进行图像复原时，需要了解图像退化的原因和过程等先验知识，据此找到一种相应的逆处理方法，从而得到恢复的图像。

6.8.1　图像退化的原因

图像退化的典型表现是图像出现模糊、失真、附加噪声等。图像的退化使接收端显示的图像不再是传输的原始图像，输出图像的效果明显变差。造成图像退化的主要原因如下：

（1）成像系统的畸变、带宽不够、系统像差等。

（2）由成像器件拍摄姿态和扫描的非线性等引起的图像几何失真。

（3）由成像系统与被拍摄景物之间的相对运动引起的图像动态模糊。

（4）光学系统或成像传感器特性不均匀，造成同样亮度景物的成像灰度不同。

（5）辐射失真。

（6）图像在成像、数字化、采集和处理过程中引入噪声。

图像复原是指试图利用退化过程的先验知识使已退化的图像恢复原品质，即根据退化的原因，分析引起退化的环境因素，建立相应的数学模型，并沿着使图像降质的逆过程恢复图像品质。其目的在于消除或减轻在图像获取以及传输过程中造成的图像品质下降，恢复图像的品质。

图像复原是图像处理领域非常重要的一种处理技术，与图像增强等其他基本图像处理技术类似，也以改善某种视觉质量为目的。所不同的是图像复原过程实际上是一个估计过程，需要根据某些特定的图像退化模型，对退化图像进行复原。简言之，图像复原的处理过程就是提升退化图像品质的过程。

6.8.2　图像退化模型

1. 连续图像退化模型

输入图像函数 $f(x,y)$ 通过一个系统 $L[\cdot]$ 以及引入外来加性噪声 $n(x,y)$ 变为输出图像函数 $g(x,y)$。图像的线性退化模型如图 6-43 所示。

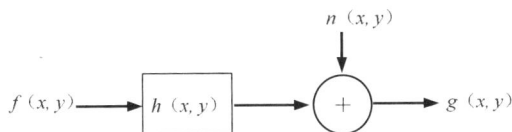

图 6-43　图像的线性退化模型

在图 6-43 中，

$$g(x,y) = L[f(x,y)] + n(x,y) \qquad (6-34)$$

若不考虑加性噪声的影响，令 $n(x,y)=0$，则

$$g(x,y) = L[f(x,y)] \qquad (6-35)$$

根据单位冲激信号 $\delta(x,y)$ 的取样特性，可以将连续的输入图像函数 $f(x,y)$ 改写如下：

$$f(x,y) = f(x,y) * \delta(x,y) = \int_{-\infty}^{\infty}\int_{-\infty}^{\infty} f(\xi,\eta)\delta(x-\xi, y-\eta)\mathrm{d}\xi\mathrm{d}\eta \qquad (6-36)$$

由式（6-36）可知，输入图像函数 $f(x,y)$ 是一系列含有权重的无穷多个位置不同的 δ 函数的线性组合。

考虑退化模型中的 $L[\cdot]$ 是线性空间不变系统，根据线性系统理论，$L[\cdot]$ 的性能完全由其单位冲激响应 $h(x,y)$ 表征，即

$$h(x,y) = L[\delta(x,y)] \qquad (6-37)$$

而线性空间不变系统 $L[\cdot]$ 对任意输入图像函数 $f(x,y)$ 的响应为该图像函数与系统的单位冲激响应的卷积，即

$$g(x,y) = L[f(x,y)] = f(x,y) * h(x,y) = \int_{-\infty}^{\infty}\int_{-\infty}^{\infty} f(\xi,\eta)h(x-\xi, y-\eta)\mathrm{d}\xi\mathrm{d}\eta \qquad (6-38)$$

在考虑加性噪声的情况下，上述线性退化模型可以表示为

$$g(x,y) = f(x,y) * h(x,y) + n(x,y) \qquad (6-39)$$

对式（6-39）进行傅里叶变换，得到频域的退化模型，即

$$G(u,v) = F(u,v)H(u,v) + N(u,v) \qquad (6-40)$$

式中，$H(u,v)$ 为单位冲激响应 $h(x,y)$ 的傅里叶变换，称为系统传递函数。

式（6-39）和式（6-40）是连续函数退化模型。图像复原过程就是已知 $g(x,y)$ 或 $G(u,v)$，求解 $f(x,y)$ 或 $F(u,v)$ 的过程。

实际的图像复原过程是设计一个滤波算法，从降质图像函数 $g(x,y)$ 中计算真实图像的估计值 $\hat{f}(x,y)$，该估计值最大程度地接近真实图像函数 $f(x,y)$，图像复原过程示意如图 6-44 所示。因为图像退化主要包括系统退化函数和噪声两个因素，所以图像复原的核心就是寻找系统的单位冲激响应模型或系统传递函数模型以及噪声模型。

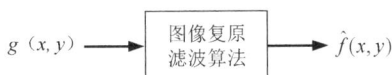

图 6-44　图像复原过程示意

2. 离散图像退化模型

设输入图像函数 $f(x,y)$ 的阵列为 $A \times B$，单位冲激响应 $h(x,y)$ 的阵列为 $C \times D$。为避免卷

积的各个周期重叠，采用补零扩展方法将其分别扩展为 $M=A+C-1$ 和 $N=B+D-1$ 个元素的周期函数。$f(x,y)$ 和 $h(x,y)$ 扩展后的结果分别为

$$f_e(x,y) = \begin{cases} f(x,y), & 0 \leqslant x \leqslant A-1, 0 \leqslant y \leqslant B-1 \\ 0, & A \leqslant x \leqslant M-1, B \leqslant y \leqslant N-1 \end{cases} \tag{6-41}$$

$$h_e(x,y) = \begin{cases} h(x,y), & 0 \leqslant x \leqslant C-1, 0 \leqslant y \leqslant D-1 \\ 0, & C \leqslant x \leqslant M-1, D \leqslant y \leqslant N-1 \end{cases} \tag{6-42}$$

则退化图像函数表达式为

$$\begin{aligned} g_e(x,y) &= f_e(x,y) * h_e(x,y) + n(x,y) \\ &= \sum_{m=0}^{M-1} \sum_{n=0}^{N-1} f_e(m,n) h_e(x-m, y-n) + n_e(x,y) \end{aligned} \tag{6-43}$$

式中，$x = 0, 1, 2, \cdots, M-1$；$y = 0, 1, \cdots, N-1$。

引入矩阵表示法：

$$\boldsymbol{g} = \boldsymbol{h}\boldsymbol{f} + \boldsymbol{n} = \begin{bmatrix} \boldsymbol{h}_0 & \boldsymbol{h}_{M-1} & \boldsymbol{h}_{M-2} & \cdots & \boldsymbol{h}_1 \\ \boldsymbol{h}_1 & \boldsymbol{h}_0 & \boldsymbol{h}_{M-1} & \cdots & \boldsymbol{h}_2 \\ \boldsymbol{h}_2 & \boldsymbol{h}_1 & \boldsymbol{h}_0 & \cdots & \boldsymbol{h}_3 \\ \vdots & \vdots & \vdots & \cdots & \vdots \\ \boldsymbol{h}_{M-1} & \boldsymbol{h}_{M-2} & \boldsymbol{h}_{M-3} & \cdots & \boldsymbol{h}_0 \end{bmatrix} \begin{bmatrix} f_e(0) \\ f_e(1) \\ f_e(2) \\ \vdots \\ f_e(MN-1) \end{bmatrix} + \begin{bmatrix} n_e(0) \\ n_e(1) \\ n_e(2) \\ \vdots \\ n_e(MN-1) \end{bmatrix} \tag{6-44}$$

其中，$\boldsymbol{h}_j$ 由扩展函数 $h_e(x,y)$ 的第 j 行构成，即

$$\boldsymbol{h}_j = \begin{bmatrix} h_e(j,0) & h_e(j,N-1) & \cdots & h_e(j,1) \\ h_e(j,1) & h_e(j,0) & \cdots & h_e(j,2) \\ \vdots & \vdots & \ddots & \vdots \\ h_e(j,N-1) & h_e(j,N-2) & \cdots & h_e(j,0) \end{bmatrix} \tag{6-45}$$

这里，$\boldsymbol{h}_j$ 是一个循环矩阵。

6.8.3 噪声模型

按照噪声和信号之间的关系，图像噪声可以分为加性噪声和乘性噪声两种。考虑了加性噪声的图像函数表达式为 $f(x,y)+n(x,y)$，考虑了乘性噪声的图像函数表达式为 $f(x,y) \times [1+n(x,y)]$。

噪声一般由其概率特征描述，常用的噪声包括高斯噪声和椒盐噪声等。自然界中常见的噪声为高斯噪声，其概率密度函数为

$$p(x) = \frac{1}{\sigma\sqrt{2\pi}} e^{\frac{-(x-\mu)^2}{2\sigma^2}} \tag{6-46}$$

其中，μ 和 σ 分别是噪声的均值与标准差。在很多实际情况下，噪声可以很好地用高斯噪声近似。高斯噪声可以通过空域平滑或图像复原技术消除。

椒盐噪声又称双极脉冲噪声，其概率密度函数为

$$P(x) = \begin{cases} P_a, & x = a \\ P_a, & x = b \\ 0, & \text{其他} \end{cases} \tag{6-47}$$

椒盐噪声是指图像中出现的噪声只有两种灰度值，分别是 a 和 b，这两种灰度值出现的概率分别是 P_a 和 P_b。

在 MATLAB 中，使用 imnoise()函数为图像增加不同类型、不同尺度的噪声，调用格式如下：

```
J=imnoise(I,type,parameters);  %对图像 I 添加类型为 type 的噪声
```

下面的 MATLAB 代码分别用于为图像增加高斯噪声和椒盐噪声，效果如图 6-45 所示。

```
J = imnoise(I, 'gaussian', 0, 0.025);      %高斯噪声均值为 0，方差为 0.025
J = imnoise(I, 'salt & pepper', 0.02);     %椒盐噪声，噪声密度为 0.02
```

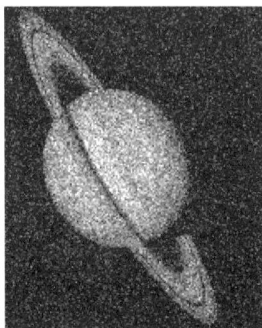 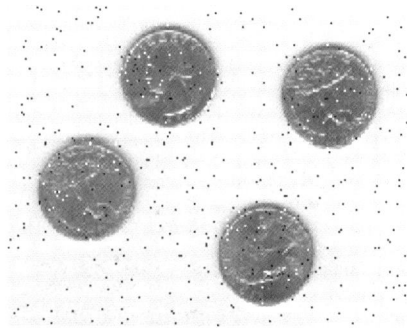

（a）高斯噪声　　　　　　　　　　　　　　　　（b）椒盐噪声

图 6-45　为图像增加高斯噪声和椒盐噪声后的效果

当噪声是图像退化的唯一原因时，可以使用去噪声复原方法，包括基于均值滤波、顺序统计滤波（中值滤波、最大值滤波、最小值滤波）、自适应滤波的空域滤波复原技术和基于陷波滤波算法的频域滤波复原技术。

MATLAB 中的 medfilt2()函数用于二维中值滤波，ordfilt2()函数用于二维排序滤波，wiener2()函数可以根据图像中的噪声进行自适应维纳滤波，还可以对噪声进行估计。

6.8.4　退化函数估计

图像复原的主要目的是在给定的退化图像 $g(x,y)$、退化函数，以及对噪声有某种了解或假设的情况下，估计出原始图像函数 $f(x,y)$。在实际应用中，我们并不真正清楚引起图像退化的原因，退化函数是未知的，但可以通过一些近似方法对它进行估计和建模。通常，采用观察估计法、试验估计法和建模估计法等。

1．观察估计法

如果考虑从退化图像中选取具有明显特征的子图像函数 $g_s(x,y)$作为观察对象，那么可以利用锐化滤波或人工方法处理子图像，以获得清晰图像函数 $\hat{f}_s(x,y)$ 的估计。假定噪声影响可以忽略，那么

$$H_s(u,v) - \frac{G_s(u,v)}{\hat{F}_s(u,v)} \qquad (6\text{-}48)$$

式中，$H_s(u,v)$ 是子图像的退化函数。基于退化模型位置不变的假设，就可以复原图像的退化函数 $H(u,v)$。

如果知道退化图像，就可以采用这种简单的观察估计方法，但是该方法不能重复使用。通常，该方法只应用于一些特殊情况。例如，复原一幅有历史价值的老照片。

2．实验估计法

如果可以使用与获得退化图像的设备相似的装置，那么从理论上有可能得到一个相对准确的退化函数（估计的）。根据此思路，利用相同的装置，使一个脉冲（小亮点）成像，就可以得到退化的冲激响应。

此处小亮点用来模拟一个冲激响应 $A\delta$，并使它尽可能明亮，以减少噪声的干扰。根据线性系统理论，线性且空间不变的系统可完全由其冲激响应描述，因此

$$H(u,v) = \frac{G(u,v)}{A} \qquad (6\text{-}49)$$

式中，$G(u,v)$ 为冲激退化图像的傅里叶变换；常数 A 用于描述冲激强度，并且 $A\delta$ 的傅里叶变换等于 A。图 6-46 所示是冲激特性的退化估计示例。这个过程可以通过物理实验进行模拟，从而估计出退化函数。实验估计法适用于相同设备条件下可以重复开展实验测试的情况。

（a）一个脉冲（小亮点）　　　　（b）退化的冲激

图 6-46　冲激特性的退化估计示例

3．建模估计法

退化模型可用于解决图像复原问题，在某些情况下，建立退化模型时，需考虑引起退化的环境因素。例如，以下退化模型

$$H(u,v) = e^{-k(u^2+v^2)^{\frac{5}{6}}} \qquad (6\text{-}50)$$

就是基于大气湍流的物理特性而提出的。其中，k 是与大气湍流性质有关的常数。单从公式上看，考虑了大气湍流的退化模型与高斯低通滤波器公式非常相似，上述 k 值类似高斯低通滤波器截止频率。事实上，高斯低通滤波器也常用于模型淡化和均匀模糊等。

采用建模估计法时，需要从基本原理推导数学模型。这里，以动态模糊为例进行说明。假设对在平面上运动的物体采集一幅图像，其函数为 $f(x,y)$，$x_0(t)$ 和 $y_0(t)$ 分别是该物体在 x 轴和 y 轴方向上随时间变化的运动分量，T 是曝光时间，忽略其他因素，实际采集到的动态

模糊图像 $g(x,y)$ 如下：

$$g(x,y) = \int_0^T f\left[x - x_0(t), y - y_0(t)\right]\mathrm{d}t \tag{6-51}$$

对上式进行傅里叶变换，调整积分顺序，得

$$G(u,v) = \int_{-\infty}^{\infty}\int_{-\infty}^{\infty} g(x,y)\mathrm{e}^{-\mathrm{j}2\pi(ux+vy)}\mathrm{d}x\mathrm{d}y = \int_0^T\left\{\int_{-\infty}^{\infty}\int_{-\infty}^{\infty} f\left[x - x_0(t), y - y_0(t)\right]\mathrm{e}^{-\mathrm{j}2\pi(ux+vy)}\mathrm{d}x\mathrm{d}y\right\}\mathrm{d}t \tag{6-52}$$

对式（6-52）利用傅里叶变换的位移性，得

$$G(u,v) = \int_0^T F(u,v)\mathrm{e}^{-\mathrm{j}2\pi[ux_0(t)+vy_0(t)]}\mathrm{d}t = F(u,v)\int_0^T \mathrm{e}^{-\mathrm{j}2\pi[ux_0(t)+vy_0(t)]}\mathrm{d}t \tag{6-53}$$

令

$$H(u,v) = \int_0^T \mathrm{e}^{-\mathrm{j}2\pi[ux_0(t)+vy_0(t)]}\mathrm{d}t \tag{6-54}$$

则式（6-53）可改写为

$$G(u,v) = H(u,v)F(u,v) \tag{6-55}$$

对于匀速直线运动，运动分量 $x_0(t)$ 和 $y_0(t)$ 满足 $\left[x_0(t), y_0(t)\right] = \left[at/T, bt/T\right]$，式（6-54）可以改写为

$$H(u,v) = \int_0^T \mathrm{e}^{-\mathrm{j}2\pi\frac{(ua+vb)t}{T}}\mathrm{d}t = \frac{T}{\pi(ua+vb)}\sin\left[\pi(ua+vb)\right]\mathrm{e}^{-\mathrm{j}\pi(ua+vb)} \tag{6-56}$$

式中，a 和 b 表示在曝光时间 T 内、图像分别沿 x 轴和 y 轴方向的位移，其不同取值决定图像模糊程度和位移方向。由此可知，式（6-56）就是通过建模求得的退化函数。

图 6-47 所示为动态模糊示例，模拟动态模糊的 MATLAB 程序如下。

（a）原始图像　　　　　　　　　　　　　　　　（b）动态模糊

图 6-47　动态模糊示例

【程序】动态模糊模拟。

```
c=imread('object.tif');
LEN=30;
THETA=45;
PSF=fspecial('motion',LEN,THETA);      %返回运动滤波器的单位冲激响应
MF=imfilter(c,PSF,'circular','conv');  %获得退化图像，circular用来减少边界效应
figure,imshow(c);figure,imshow(MF);
```

6.8.5 逆滤波复原

逆滤波复原是最早使用的一种无约束复原方法。以噪声范数 $J(\hat{f}) = \|n^2\| = \|g - h\hat{f}\|^2$ 为最小的准则，利用极值条件

$$\frac{\partial J(\hat{f})}{\hat{f}} = -2h^{\mathrm{T}}(g - h\hat{f}) = 0$$

可得

$$\hat{f} = h^{-1}g \tag{6-57}$$

其中，$\hat{f}$ 表示复原始图像，g 表示退化图像，h 表示退化函数。对上式进行傅里叶变换，得

$$\hat{F}(u,v) = \frac{G(u,v)}{H(u,v)} \tag{6-58}$$

含有噪声的逆滤波复原基本公式如下：

$$\hat{F}(u,v) = F(u,v) + \frac{N(u,v)}{H(u,v)} \tag{6-59}$$

实际计算时，由于分母不能为零，因此可限制 $H(u,v)$ 的零点值不参与计算。但是，由于复原模型中存在噪声，$H(u,v)$ 接近零，可能使式（6-59）中的噪声项变得很大而掩盖了图像的重要信息。为此，可以在逆滤波时增加一些限制条件，只在原点附近的有限领域进行复原，这种方法称为伪逆滤波复原。

6.8.6 维纳滤波

1. 有约束滤波

在约束最小二乘法复原问题中，令 Q 为 $\hat{f}$ 的线性算子，在满足 $\|g - h\hat{f}\|^2 = \|n\|^2$ 的约束条件下，使形式为 $\|Q\hat{f}\|^2$ 的函数值最小。对这种有约束条件的极值问题，可以采用拉格朗日乘数法处理。也就是说，寻找 $\hat{f}$，使下述的准则函数值最小。

$$J(\hat{f}) = \|Q\hat{f}\|^2 + \lambda(\|g - h\hat{f}\|^2 - \|n\|^2) \tag{6-60}$$

其中，λ 为常数，称为拉格朗日乘数。令 $\partial J(\hat{f})/\partial \hat{f} = 0$，求解 $\hat{f}$，得

$$2Q^{\mathrm{T}}Q\hat{f} - 2\lambda h^{\mathrm{T}}(g - h\hat{f}) = 0$$

$$\frac{1}{\lambda}Q^{\mathrm{T}}Q\hat{f} + h^{\mathrm{T}}h\hat{f} = h^{\mathrm{T}}g \tag{6-61}$$

$$\hat{f} = (h^{\mathrm{T}}h + sQ^{\mathrm{T}}Q)^{-1}h^{\mathrm{T}}g$$

其中，$s = 1/\lambda$，对这个参数，必须调整到满足约束条件为止；若 $s=0$，则无约束复原图像。

式（6-61）就是维纳滤波和约束最小平方滤波复原的基础。此时的核心问题就是如何选用合适的变换矩阵 Q。Q 的形式不同，可得到不同类型的最小二乘滤波复原方法，如果采用图像 f 和噪声 n 的自相关矩阵表示 Q，则得到维纳滤波复原方法。

值得注意的是，式（6-61）表示空域图像复原方法，但是，由于向量维数巨大，通常需变换到频域进行处理。

2．维纳滤波复原

逆滤波比较简单，但不能清楚地说明如何处理噪声，而维纳滤波综合了退化函数和噪声特性进行复原。维纳滤波复原是指寻找一个滤波器，使得复原后的图像函数 $\hat{f}(x,y)$ 与原始图像函数 $f(x,y)$ 的均方误差最小，即 $E\{[\hat{f}(x,y)-f(x,y)]^2\}$ 最小。因此，维纳滤波器通常又称最小均方误差滤波器。

令 $\boldsymbol{R}_f$ 和 $\boldsymbol{R}_n$ 分别为图像 $\boldsymbol{f}$ 与噪声 $\boldsymbol{n}$ 的自相关矩阵，则

$$\boldsymbol{R}_f = E\left\{\boldsymbol{f}\boldsymbol{f}^{\mathrm{T}}\right\}, \quad \boldsymbol{R}_n = E\left\{\boldsymbol{n}\boldsymbol{n}^{\mathrm{T}}\right\} \tag{6-62}$$

式中，$E\{\cdot\}$ 表示数学期望。

定义 $\boldsymbol{Q}^{\mathrm{T}}\boldsymbol{Q} = \boldsymbol{R}_f^{-1}\boldsymbol{R}_n$，将其代入式（6-61），得

$$\hat{f} = \left(\boldsymbol{h}^{\mathrm{T}}\boldsymbol{h} + s\boldsymbol{R}_f^{-1}\boldsymbol{R}_n\right)^{-1}\boldsymbol{h}^{\mathrm{T}}\boldsymbol{g} \tag{6-63}$$

假设 $M=N$，S_f 和 S_n 分别为图像信号与噪声的功率谱，则

$$\hat{F}(u,v) = \left\{\frac{H^*(u,v)}{\left|H(u,v)\right|^2 + s\left[S_n(u,v)/S_f(u,v)\right]}\right\}G(u,v)$$

$$= \left\{\frac{1}{H(u,v)} \cdot \frac{\left|H(u,v)\right|^2}{\left|H(u,v)\right|^2 + s\left[S_n(u,v)/S_f(u,v)\right]}\right\}G(u,v) \tag{6-64}$$

式中，大括号里面的式子为维纳滤波器的传递函数；$G(u,v)$ 是退化图像的傅里叶变换；$H(u,v)$ 是退化函数的傅里叶变换，$\left|H(u,v)\right|^2 = H^*(u,v)H(u,v)$；$u,v = 0,1,2,\cdots,N-1$。

必须注意以下问题：

（1）上述推导中假设图像函数 $f(x,y)$ 与噪声函数 $n(x,y)$ 不相关，并且其中一个函数存在零均值，同时估计的灰度级是退化图像灰度级的线性函数。

（2）维纳滤波器能够自动抑制噪声。当 $H(u,v)=0$ 时，由于 $S_n(u,v)$ 和 $S_f(u,v)$ 的存在，式（6-64）中的式分母不为零，因此不会出现被零除的情形。

（3）当 $S_f(u,v)$ 远大于 $S_n(u,v)$ 时，$S_n(u,v)/S_f(u,v)$ 的比值很小，因此传递函数趋近于 $1/H(u,v)$，即维纳滤波器变成逆滤波器，此时的逆滤波器是维纳滤波器的特例。反之，当 $S_n(u,v)$ 远大于 $S_f(u,v)$ 时，传递函数趋近于 0，即维纳滤波器避免了逆滤波器过于放大噪声的问题。

（4）采用维纳滤波器时，需要知道原始图像和噪声的功率谱。实际上 $S_f(u,v)$ 和 $S_n(u,v)$ 都是未知的，这时常用一个常数 K 代替 $S_n(u,v)/S_f(u,v)$ 的比值，因此，式（6-64）可以改写为

$$\hat{F}(u,v) = \frac{1}{H(u,v)} \cdot \frac{\left|H(u,v)\right|^2}{\left|H(u,v)\right|^2 + K}G(u,v) \tag{6-65}$$

那么，如何确定常数 K 呢？令平均噪声功率谱 n_A 和平均图像功率谱 f_A 分别为

$$f_A = \frac{1}{MN} \sum_u \sum_v S_f(u,v)$$

$$n_A = \frac{1}{MN} \sum_u \sum_v S_n(u,v)$$

(6-66)

其中，M 和 N 分别表示噪声和图像阵列的垂直与水平尺寸。而 n_A / f_A 的比值通常用来代替 $S_n(u,v) / S_f(u,v)$ 的比值。此时，即使不知道真实的比值，也可以通过实验获得。

在 MATLAB 中采用 deconvwnr()函数对图像进行维纳滤波复原。该函数的调用格式如下。

J=deconvwnr(I,PSF,NSR)；该函数中的 PSF 为点扩展函数，NSR 为信噪比。该函数的返回值 J 为维纳滤波复原结果。

J=deconvwnr(I,PSF,NCORR,ICORR)；该函数中的参数 NCORR 为噪声的自相关函数，ICORR 为原始图像的自相关函数。

6.8.7 几何失真图像校正

成像系统的非线性或摄像视角的不同都会使生成的图像产生几何失真（或几何变形）。在广义上，图像的几何失真也是一种图像退化。这就需要通过几何变换校正失真图像中的各像素位置，以重新得到像素的原空间关系，包括原位置的灰度值关系。图像的几何失真校正包括两个步骤：

（1）空间变换。该步骤对图像平面上的像素进行重新排列，以恢复原空间关系。

（2）灰度插值。该步骤对空间变换后的像素赋予相应的灰度值，以恢复原位置的灰度值。

1. 空间变换

假设图像函数 $f(x,y)$ 几何失真后变成 $g(x',y')$，这里的坐标 (x',y') 表示失真图像的坐标，它已不是原始图像的坐标 (x,y)。假设这一几何变形过程可以用双线性方程表示，即

$$\begin{cases} x' = k_1 x + k_2 y + k_3 xy + k_4 \\ y' = k_5 x + k_6 y + k_7 xy + k_8 \end{cases}$$

(6-67)

该变换产生几何失真图像函数 $g(x',y')$。如果已知上述解析表达式，那么理论上可以用相反的变换把 $g(x',y')$ 复原为 $f(x,y)$。

最常用的方法是利用"连接点"建立失真图像与校正图像之间其他像素空间位置的对应关系，而这些"连接点"在输入（失真）图像和输出（校正）图像中的位置是精确已知的。图 6-48 显示了失真图像和校正图像中的四边形区域，这两个四边形的顶点就是相应的"连接点"。

在图 6-48 中有 4 对"连接点"，将它们对应的值代入式（6-67），可得 8 个联立方程，由此解出 8 个系数 k_i。这些系数构成了变换四边形区域所有像素的几何失真模型，即空间映射关系。确定式（6-67）中的系数，就可确定校正图像中任意点坐标 (x_i, y_j) 的灰度值

$\hat{f}(x_i, y_j)$。具体过程如下：首先将 x_i, y_j 代入式（6-67），解得 x_i', y_j'；最后得到 $\hat{f}(x_i', y_j') = g(x_i', y_j')$。

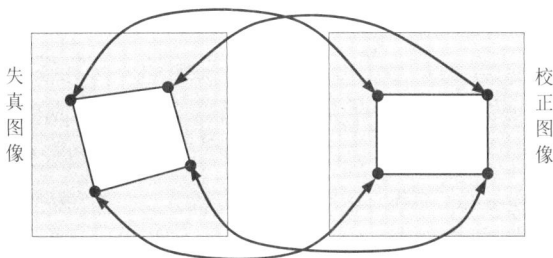

图 6-48　失真图像和校正图像的"连接点"

2. 灰度插值

由式（6-67）计算得到的坐标 (x_i', y_j') 值不一定是整数。此时，对于非整数的像素值，就要通过其周围一些整数坐标对应的像素值推断。用于完成该任务的方法称为灰度插值。

最简单的灰度插值是最近邻插值，也称零阶插值。最近邻插值步骤如下：将 (x, y) 经空间变换映射为 (x', y')，若 (x', y') 是非整数坐标，则寻找 (x', y') 的最近邻，并将最近邻的灰度值赋给校正图像 (x, y) 坐标对应的像素。最近邻插值简单，但有时不够精确，会出现不希望的人为疵点。

较为实用的方法是双线性灰度插值。它利用坐标 (x', y') 的 4 个最近邻的灰度值确定坐标 (x', y') 对应的灰度值（见图 6-49）。设坐标 (x', y') 的 4 个最近邻为 A，B，C，D，它们的坐标分别为 (i, j)，$(i+1, j)$，$(i, j+1)$，$(i+1, j+1)$，它们对应的灰度值分别为 $g(A)$，$g(B)$，$g(C)$，$g(D)$。下面计算图 6-49 中 E 和 F 两点的灰度值：

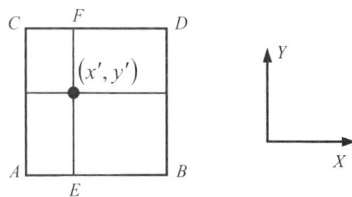

图 6-49　双线性灰度插值示意

$$g(E) = (x' - i)\left[g(B) - g(A)\right] + g(A)$$
$$g(F) = (x' - i)\left[g(D) - g(C)\right] + g(C)$$

（6-68）

则坐标 (x', y') 对应的灰度值为

$$g(x', y') = (y' - j)\left[g(F) - g(E)\right] + g(E)$$

（6-69）

3. 几何失真图像复原应用案例

日常生活中常见的二维码、汽车车牌的识别均涉及几何失真图像复原问题。由于摄像视角问题，拍摄的图像很容易产生几何失真，给信息识别造成困难。在工程应用中，常见的汽车车牌倾斜校正、其他平面目标的变形校正或姿态校正均属于几何失真图像复原。

此类目标图像的共同特点是，空间中二维平面目标具有矩形轮廓，理想图像中目标轮廓的 4 个角点构成正方形或特定长宽比的矩形形状。基于这一事实，通过在失真图像中提取 4 个角点的坐标，与理想图像中设定的角点坐标构成 4 对"连接点"；利用建模估计法确定退化模型并根据"连接点"坐标计算模型系数；利用空间变换和双线性灰度插值校正图像。其中，建模估计可以采用本节知识，也可借助平面物体透视投影原理构建空间变换模型。

这里以二维码（QR 码）图像为例，介绍平面目标几何失真图像复原的基本步骤。

二维码中的定位图案由 3 个"回字形"的位置探测图形组成，其模块宽度比为 1：1：3：1：1，用于定位二维码图像。校正图像中的 3 个位置探测图形分别位于左下角、左上角和右上角，基于此特征可以对二维码图像进行旋转校正。二维码图像的轮廓为 4 条直线，轮廓的 4 个角点在校正图像中构成正方形，基于此特征对二维码图像进行变形校正。二维码图像中的其他结构不影响图像复原，这里不再详述。

图 6-50 给出了几何失真二维码图像的复原步骤，二维码图像处理结果如图 6-51 所示。这里通过两步校正实现图像复原，首先是利用二维码中的 3 个位置探测图形的位置关系对图像进行旋转校正，将左上角和右上角两个位置探测图形旋转至水平位置。然后对二值图像利用挖空算法提取图像轮廓，利用 Hough 变换检测算法得到轮廓边缘的 4 个直线方程，由此计算出变形二维码图案的 4 个角点坐标，进而实现变形校正。图 6-52 给出了 3 幅任意位姿的几何失真二维码图像校正结果。

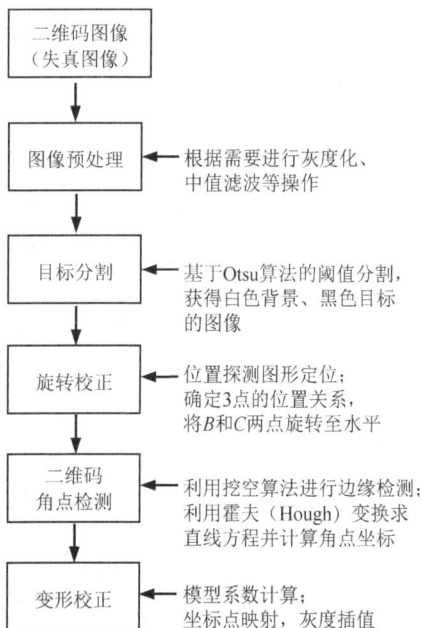

（a）灰度图像　　　（b）基于Otsu算法的阈值分割

（c）位置探测图形的定位　　（d）旋转校正

（e）二维码角点坐标的计算　　（f）变形校正

图 6-51　二维码图像处理结果

图 6-50　几何失真二维码图像的复原步骤

图 6-52　3 幅任意位姿的几何失真二维码图像校正结果

思 考 与 练 习

6-1　图像增强的目的是什么？它包含哪些内容？

6-2　图像空域增强和频域增强的基本原理是什么？

6-3　什么是图像平滑？试述均值滤波的基本原理。

6-4　采用双线性灰度插值把一幅灰度图像放大两倍，请用 MATLAB 编程实现这个过程。

6-5　设计一个灰度级变换函数，将图像中灰度值为 12 的最暗的像素映射为黑色（0），灰度值为 50 的最亮的像素映射为白色（255），其他的所有像素在黑色和白色之间线性变换。

6-6　试写出把灰度范围[0,30]扩展为[0,50]，把灰度范围[30,60]移动到[50,80]，把灰度范围[60,90]压缩为[80,90]的线性灰度变换方程。

6-7　使用图 6-53 中的右图所示的变换函数对图像进行分段线性灰度变换处理。

6-8　使用 3 像素×3 像素均值滤波对图 6-54 所示图像进行平滑处理；使用加权均值滤波模板 H 对本题的图像进行平滑处理。不考虑边界像素。

$$\begin{bmatrix} 1 & 1 & 3 & 4 & 5 \\ 2 & 1 & 4 & 5 & 5 \\ 2 & 3 & 5 & 4 & 5 \\ 3 & 2 & 3 & 3 & 2 \\ 4 & 5 & 4 & 1 & 1 \end{bmatrix}$$

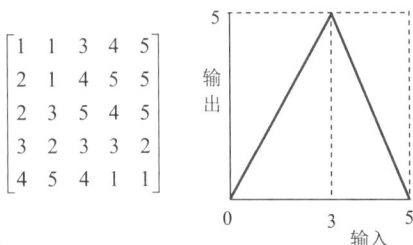

$$\begin{bmatrix} 1 & 0 & 3 & 4 & 1 \\ 2 & 1 & 4 & 5 & 2 \\ 2 & 0 & 5 & 4 & 1 \\ 3 & 2 & 5 & 0 & 2 \\ 1 & 3 & 4 & 1 & 1 \end{bmatrix} \quad H = \frac{1}{10}\begin{bmatrix} 1 & 1 & 1 \\ 1 & 2 & 1 \\ 1 & 1 & 1 \end{bmatrix}$$

图 6-53　题 6-7　　　　　　　　　　　　　　图 6-54　题 6-8

6-9 直方图均衡化的目的是什么？数字图像经均衡化处理后，能够产生均匀分布的直方图吗？为什么？

6-10 一幅10像素×10像素的图像的6个灰度级及其对应的像素数见表6-4，试将其进行直方图均衡化处理。

表6-4 图像的参数

灰度级	0	1	2	3	4	5
像素数	20	4	50	10	9	7

6-11 编写MATLAT程序以便在HSI模型中进行直方图均衡化，验证在单独均衡化I分量时会产生视觉上所期望的效果，而均衡化其他分量则不会。

6-12 伪彩色增强的目的是什么？为什么该处理方法可以实现这样一个目的？

6-13 已知某伪彩色图像处理中，采用如图6-55所示的灰度级彩色变换函数，请问当灰度级为$3L/8$和$3L/4$时，输出图像在相应灰度级上将呈现什么颜色？并给出它们的配色方程。

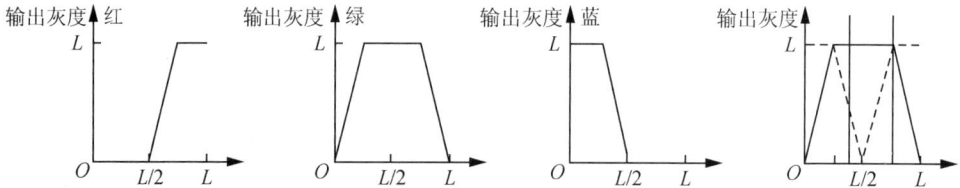

图6-55 题6-13图

6-14 对于图像A，分别进行邻域平滑和高通锐化处理。其中边界像素保持不变，邻域平滑模板为$H = \dfrac{1}{8}\begin{bmatrix} 1 & 1 & 1 \\ 1 & 0 & 1 \\ 1 & 1 & 1 \end{bmatrix}$，高通锐化算子为$H = \begin{bmatrix} -1 & -1 & -1 \\ -1 & 9 & -1 \\ -1 & -1 & -1 \end{bmatrix}$，图像

$$A = \begin{bmatrix} 1 & 1 & 3 & 4 & 5 \\ 2 & 1 & 4 & 5 & 5 \\ 2 & 3 & 5 & 4 & 5 \\ 3 & 2 & 3 & 3 & 2 \\ 4 & 5 & 4 & 1 & 1 \end{bmatrix}。$$

6-15 说明中值滤波的特点。

6-16 设原始信号为$[2 \quad 4 \quad 7 \quad 4 \quad 3 \quad 5 \quad 4 \quad 6 \quad 4 \quad 4 \quad 4]$，使用一维1像素×5像素模板进行中值滤波，边界像素保持不变。

6-17 解释为什么中值滤波对受冲击噪声污染的图像滤波效果好。

6-18 低通滤波图像增强处理中通常有几种滤波器？它们的特点是什么？

6-19 一幅8像素×8像素的图像$f(i,j)$的灰度值由下列方程给出：$f(i,j) = |i-j|$; i,j=1、2、…、8，用3像素×3像素中值滤波器作用于该图像上，求输出图像。

6-20 试设计一个高斯平滑滤波器。选择几个不同的σ值对一幅图像进行滤波，观察平滑程度。如何为一幅图像选择合适的σ值？

6-21　已知一幅数字图像如图 6-56 所示，请用 3 像素×3 像素邻域平均法求取 R 点处理后的灰度值。

6-22　某滤波器的传递函数为

$$H(u,v) = \cfrac{1}{1 + 0.414\left[\cfrac{100}{D(u,v)}\right]^2}$$

请结合滤波器特性曲线说明该滤波器是低通滤波器还是高通滤波器？为什么？

1	1	2	2	3
1	1_{R_1}	2	2	3
6	6	7	7	$R_2$6
1	1	2	2	3

图 6-56　题 6-21 图

6-23　为一幅图像增加一个周期性噪声，如正弦噪声，然后进行带阻滤波，选择理想带阻滤波器以及高斯带阻滤波器。

6-24　用 MATLAB 程序实现不同标准差的零均值高斯噪声，使用加性噪声模型将其加入一幅灰度图像中并进行观察。

6-25　试述彩色图像增强与单色图像增强之间的联系。

6-26　使用 MATLAB 程序设计如图 6-57 所示的 4 种滤波器，定性分析这 4 种滤波器的适用场合。

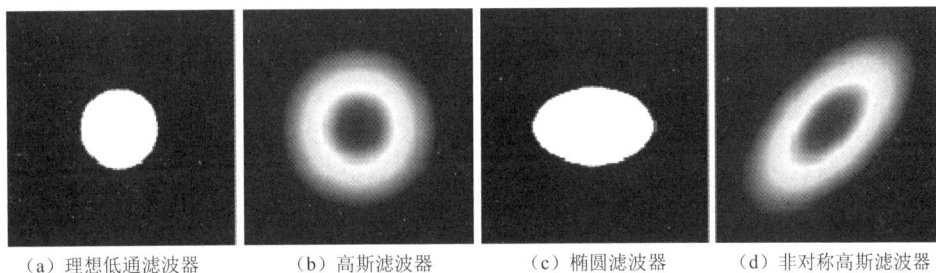

（a）理想低通滤波器　　　　（b）高斯滤波器　　　　（c）椭圆滤波器　　　　（d）非对称高斯滤波器

图 6-57　题 6-26

（1）图 6-57（a）为理想低通滤波器，其传递函数为

$$H(x, y) = \begin{cases} 1 & r = \left[(x-x_0)^2 + (y-y_0)^2\right]^{1/2} \leqslant r_0 \\ 0 & \text{其他} \end{cases}$$

（2）图 6-57（b）为高斯滤波器，其传递函数为

$$H(x, y) = e^{-\frac{(x-x_0)^2 + (y-y_0)^2}{2\sigma^2}}$$

（3）图 6-57（c）为椭圆滤波器。其基本原理如下：

正椭圆的表达式为

$$\frac{x^2}{a^2} + \frac{y^2}{b^2} = 1$$

把正椭圆逆时针旋转某一角度 θ 后的表达式为

$$\begin{bmatrix} x' \\ y' \end{bmatrix} = \begin{bmatrix} \cos\theta & -\sin\theta \\ \sin\theta & \cos\theta \end{bmatrix} \begin{bmatrix} x \\ y \end{bmatrix}$$

把上式代入正椭圆表达式，得

$$x'^2\left(\frac{\cos^2\theta}{a^2}+\frac{\sin^2\theta}{b^2}\right)+y'^2\left(\frac{\sin^2\theta}{a^2}+\frac{\cos^2\theta}{b^2}\right)+2\left(\frac{\sin\theta\cos\theta}{a^2}-\frac{\sin\theta\cos\theta}{b^2}\right)x'y'=1$$

引入如下系数：

$$\frac{1}{A^2}=\frac{\cos^2\theta}{a^2}+\frac{\sin^2\theta}{b^2},\quad \frac{1}{B^2}=\frac{\sin^2\theta}{a^2}+\frac{\cos^2\theta}{b^2},\quad C=2\left(\frac{\sin\theta\cos\theta}{a^2}-\frac{\sin\theta\cos\theta}{b^2}\right)$$

由此得到椭圆滤波器的传递函数，即

$$H(x',y')=\begin{cases}1 & r=\frac{(x'-x_0)^2}{A^2}+\frac{(y'-y_0)^2}{B^2}+C(x'-x_0)(y'-y_0)\leqslant r_0\\0 & \text{其他}\end{cases}$$

（4）图6-57（d）为非对称高斯滤波器，其传递函数为

$$H(x',y')=e^{-\left[\frac{(x'-x_0)^2}{A^2}+\frac{(y'-y_0)^2}{B^2}+C(x'-x_0)(y'-y_0)\right]}$$

第7章 》》》》》

图像分割

教学要求

重点掌握图像分割的概念与分类，以及常用的图像分割法，包括边缘检测、阈值分割和区域分割技术。

引 例

简单地说，图像分割就是将一幅数字图像分割成不同的区域，在一定准则下可以认为同一区域有相同的性质(如灰度、颜色、纹理等)，而任何相邻区域的性质有明显的区别。图像分割是图像处理技术中的一个关键步骤，也是由图像处理向图像分析过渡的重要技术步骤。一方面，图像分割是对图像特征的提取，是目标表达的基础；另一方面，图像分割也是进行后续图像分析与理解的前提，分割结果的好坏将直接影响图像分析与理解的效果。

若需要对图 7-1 中的图像进行分析，例如对图 7-1（a）中的 V 形块进行角度检测，对图 7-1（b）中的由布氏硬度仪拍摄的圆形压痕轮廓直径进行测量，对图 7-1（c）中的光学字符进行识别，则首先需要完成图像的分割，然后才能进行图像分析或测量。

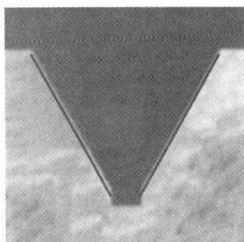

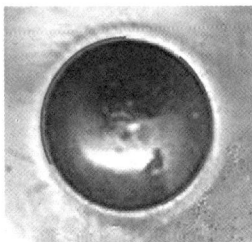

（a）角度检测　　　　　（b）圆形压痕轮廓直径测量　　　　　（c）光学字符的识别

图 7-1　图像分析示例

7.1　图像分割的概念

根据需要，将图像分割成有意义的若干区域的图像处理技术称为图像分割。图像分割是图像处理、模式识别和人工智能等领域的一个重要且困难的问题，是计算机视觉技术的关键步骤。

目前，国内外学者已提出众多图像分割算法，但没有通用的图像分割算法，绝大多数图像分割算法都是针对具体问题而提出的。在已提出的这些算法中，边缘检测、阈值分割和区域分割技术比较经典。

从分割的角度看，图像分割有两个重要的分割准则：相邻像素之间的相似性和不连续性。依据分割准则，可以将现有的图像分割法分为基于灰度值不连续性、基于灰度值相似性和同时寻找区域和边缘的分割法，如图 7-2 所示。其中基于灰度值不连续性的分割法就是首先检测局部不连续性，然后将它们连接在一起形成边缘，根据边缘将图像分割成不同的区域。灰度值相似性的区域分割就是将具有同一特性的像素聚集在一起，形成一个目标。

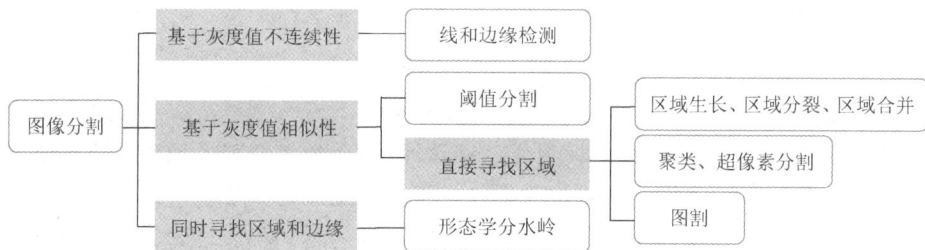

图 7-2　图像分割法分类

7.2　边　缘　检　测

图像边缘是图像的最基本特征，它主要存在于目标与目标、目标与背景、区域与区域（包括不同色彩）之间。边缘通常意味着一个区域的终结和另一个区域的开始。从本质上说，图像边缘是以图像局部特征不连续的形式出现的，是图像局部特征突变的一种表现形式，如灰度的突变、颜色的突变、纹理结构的突变等。边缘检测实际上是找出图像特征发生变化的位置。

灰度的空间变化模式因成因不同而呈现出多样性。因此，在大多数边缘检测算子中，通常会基于几种典型的灰度空间变化模式建立边缘模型，并且检测与这些模型对应的灰度变化。

图 7-3 所示为常见的边缘模型及其一阶导数。由于在图像采集过程中光学系统成像、数字采样、光照条件等不完善因素的影响，理想的阶跃边缘将变成斜坡边缘，从而使边缘变得模糊，并且斜坡边缘的过渡带越长，边缘模糊程度越严重。理想的边缘应该处于图像中

两个具有不同灰度值的相邻区域之间，也就是实际边缘信号的一阶导数的极值点位置。由此可见，图像的边缘可以用灰度变化的一阶或二阶导数表示。其中，一阶导数有 Roberts 算子、Prewitt 算子、Sobel 算子、Kirsch 算子和 Canny 算子等；二阶导数算子有 Laplacian 算子和 LoG 算子等。下面介绍几种常用的边缘检测算子。

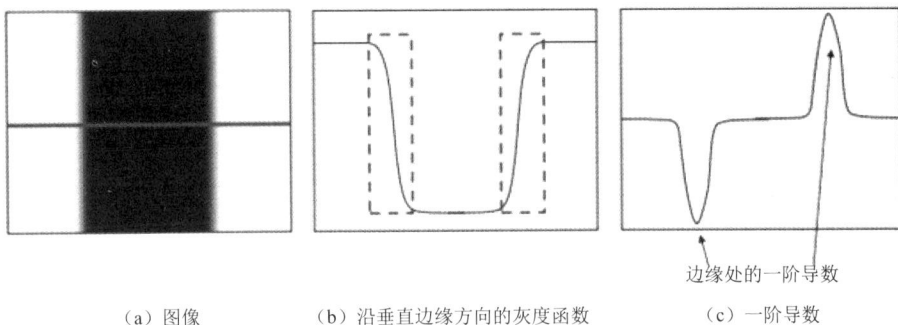

（a）图像　　　　　（b）沿垂直边缘方向的灰度函数　　　　　（c）一阶导数

图 7-3　常见的边缘模型及其一阶导数

7.2.1　一阶导数算子

对于二维图像函数 $f(x,y)$，其坐标 (x,y) 的梯度可以定义为一个二维列向量，即

$$\nabla f(x,y) = \begin{bmatrix} G_x \\ G_y \end{bmatrix} = \begin{bmatrix} \dfrac{\partial f}{\partial x} \\ \dfrac{\partial f}{\partial y} \end{bmatrix} \tag{7-1}$$

梯度矢量的大小用梯度幅值表示，即

$$|\nabla f(x,y)| = \sqrt{G_x^2 + G_y^2} = \sqrt{\left(\dfrac{\partial f}{\partial x}\right)^2 + \left(\dfrac{\partial f}{\partial y}\right)^2} \tag{7-2}$$

梯度幅值是指坐标 (x,y) 处的灰度最大变化率。一般情况下，也将 $|\nabla f(x,y)|$ 也称梯度。

式（7-2）对应欧几里得距离。为了减少计算量，有时也按城区距离或棋盘格距离计算梯度幅值，分别表示为

$$|\nabla f(x,y)| \approx |G_x| + |G_y| \tag{7-3}$$

$$|\nabla f(x,y)| \approx \max\left\{|G_x|, |G_y|\right\} \tag{7-4}$$

上述的 3 种距离示意如图 7-4 所示。

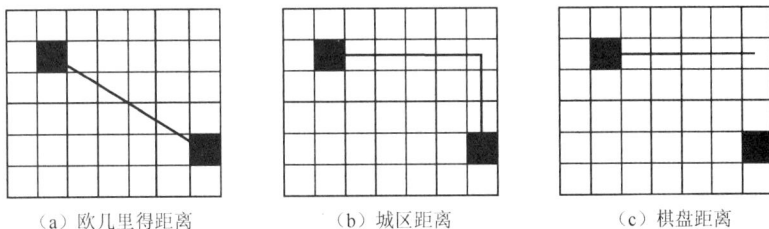

（a）欧几里得距离　　　　　（b）城区距离　　　　　（c）棋盘距离

图 7-4　3 种距离示意

梯度矢量方向是指坐标 (x, y) 处灰度最大变化率的方向，表示为

$$\theta(x, y) = \arctan\left(\frac{G_y}{G_x}\right) \tag{7-5}$$

对于数字图像，可以用差分逼近梯度算子。图 7-5 所示的计算模板表示图像中的 3 像素×3 像素区域。例如，若中心像素 w_5 表示 $f(x, y)$，则 w_1 表示 $f(x-1, y-1)$，w_2 表示 $f(x, y-1)$，以此类推。用垂直差分和水平差分计算最简单的一阶偏导数：

$$G_x = w_5 - w_6, \quad G_y = w_5 - w_8 \tag{7-6}$$

式（7-6）中像素之间的关系如图 7-6 的左图所示，这种梯度计算方法也称直接差分法，其卷积模板如图 7-6 的右图所示。

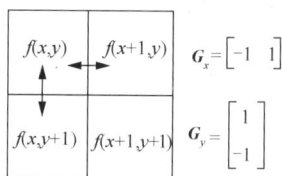

图 7-5　计算模板　　　　　　　图 7-6　直接差分法

可利用直接差分法对一幅原始图像计算其一阶偏导数和梯度，计算结果如图 7-7 所示。

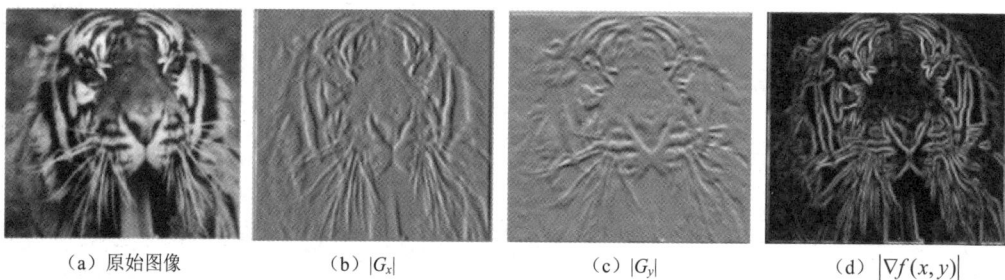

（a）原始图像　　　　　（b）$|G_x|$　　　　　（c）$|G_y|$　　　　　（d）$|\nabla f(x, y)|$

图 7-7　原始图像及其一阶偏导数和梯度计算结果

1. Roberts 算子

Roberts 算子的原理是利用交叉差分计算一阶偏导数，即

$$G_x = w_5 - w_9, \quad G_y = w_8 - w_6 \tag{7-7}$$

Roberts 算子计算示意及卷积模板如图 7-8 所示。若按照欧几里得距离和城区距离计算梯度幅值，则可写成

$$|\nabla f(x, y)| = \left[(w_5 - w_9)^2 + (w_8 - w_6)^2\right]^{\frac{1}{2}} \tag{7-8}$$

$$|\nabla f(x, y)| \approx |w_5 - w_9| + |w_8 - w_6| \tag{7-9}$$

采用 Roberts 算子计算图像梯度幅值时，无法计算出图像的最后一行（列）像素的梯度幅值。此时一般采用前一行（列）像素的梯度幅值近似代替最后一行（列）像素。

图 7-8　Roberts 算子计算示意及卷积模板

2．Sobel 算子

Sobel 算子的行列大小为 3×3，对于中心像素 w_5，使用以下公式计算其一阶偏导数，即

$$G_x = \left(w_1 + 2w_4 + w_7\right) - \left(w_3 + 2w_6 + w_9\right)$$
$$G_y = \left(w_1 + 2w_2 + w_3\right) - \left(w_7 + 2w_8 + w_9\right)$$

（7-10）

Sobel 算子卷积模板如图 7-9 所示。它的特点是对称的一阶差分，通过对中心加权，起到一定的平滑作用。

3．Prewitt 算子

Prewitt 算子与 Sobel 算子在设计上类似，但 Prewitt 算子在模板权重分配上未对中心像素赋予更高的权重，而 Sobel 算子更强调中心像素的作用。Prewitt 算子卷积模板如图 7-10 所示。

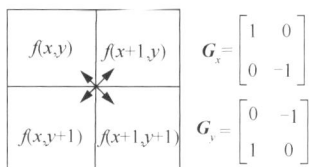

图 7-9　Sobel 算子卷积模板

图 7-10　Prewitt 算子卷积模板

上述一阶导数算子对 $\boldsymbol{G}_x$ 和 $\boldsymbol{G}_y$ 各用一个卷积模板，通过两个模板的组合构造一个梯度算子。各个卷积模板的系数和均等于零，表明在灰度均匀区域的响应为零。

对一幅原始图像，采用 3 种一阶导数算子进行边缘检测的结果如图 7-11 所示。

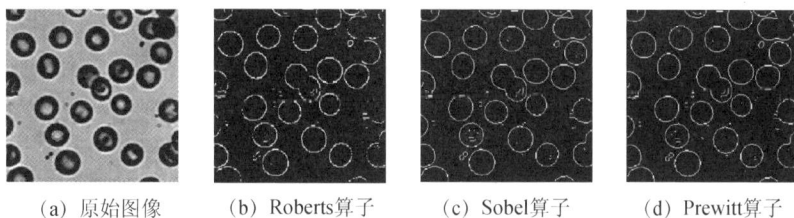

（a）原始图像　　（b）Roberts 算子　　（c）Sobel 算子　　（d）Prewitt 算子

图 7-11　采用 3 种一阶导数算子进行边缘检测的结果

4．Kirsch 算子

Kirsch 算子是一种方向算子，该算子的原理是利用一组卷积模板对图像中的同一像素进行卷积运算，然后选取其中最大值作为边缘强度，将与之对应的方向作为边缘方向。相对于上述一阶导数算子，Kirsch 算子不仅考虑水平和垂直方向，还可以检测其他方向的边缘，但计算量大大增加。

八方向 Kirsch 算子（其矩阵行列大小为 3×3）卷积模板如图 7-12 所示，各个方向间的夹角为 45°。图像中的每个像素都有 8 个卷积模板对某个特定方向边缘做出最大响应，最大响应对应的卷积模板的序号构成边缘方向的编码。

$$
\begin{bmatrix} -3 & -3 & 5 \\ -3 & 0 & 5 \\ -3 & -3 & 5 \end{bmatrix} \quad
\begin{bmatrix} -3 & 5 & 5 \\ -3 & 0 & 5 \\ -3 & -3 & -3 \end{bmatrix} \quad
\begin{bmatrix} 5 & 5 & 5 \\ -3 & 0 & -3 \\ -3 & -3 & -3 \end{bmatrix} \quad
\begin{bmatrix} 5 & 5 & -3 \\ 5 & 0 & -3 \\ -3 & -3 & -3 \end{bmatrix}
$$

（a）0°　　　　（b）45°　　　　（c）90°　　　　（d）135°

$$
\begin{bmatrix} 5 & -3 & -3 \\ 5 & 0 & -3 \\ 5 & -3 & -3 \end{bmatrix} \quad
\begin{bmatrix} -3 & -3 & -3 \\ 5 & 0 & -3 \\ -5 & 5 & -3 \end{bmatrix} \quad
\begin{bmatrix} -3 & -3 & -3 \\ -3 & 0 & -3 \\ 5 & 5 & 5 \end{bmatrix} \quad
\begin{bmatrix} -3 & -3 & -3 \\ -3 & 0 & 5 \\ -3 & 5 & 5 \end{bmatrix}
$$

（e）180°　　　　（f）225°　　　　（g）270°　　　　（h）315°

图 7-12　八方向 Kirsch 算子卷积模板

Kirsch 算子检测过程如下：把表示不同方向边缘的 8 个卷积模板分别与图像进行卷积运算，选择卷积运算的最大值作为该像素位置的灰度输出结果，然后采用梯度幅值阈值判据实现边缘检测。梯度算子在图像边缘附近产生较宽的响应，通常需要对边缘进行细化，这在一定程度上影响了边缘定位的精度。

5. Canny 算子

John Canny 于 1986 年提出 Canny 算子，他研究了最优边缘检测算子所需的特性，给出了评价边缘检测算子性能优劣的 3 个指标：

（1）好的检测结果。在检测得到的结果中应尽量多地包含真正的边缘，而尽量少地包含假边缘。

（2）好的定位。检测到的边缘应该在真正的边缘上。

（3）单像素宽。要有很高的选择性，对每个边缘有唯一的响应。

采用边缘检测算子进行边缘检测时，通过图像平滑算子可以有效滤除噪声，但会降低边缘定位的精度；反之，若提高边缘检测算子对边缘的敏感性，也会同时增加对噪声的敏感性。高斯函数的一阶导数作为一种线性算子，能够在抗噪声干扰和边缘精确定位之间提供最佳折中方案。

Canny 边缘检测算子的操作步骤如下：

（1）通过高斯滤波器平滑图像。将图像函数 $f(x,y)$ 与高斯函数 $h(x,y;\ \sigma)$ 进行卷积运算，得到平滑图像函数 $g(x,y)$，即

$$
g(x,y) = h(x,y;\ \sigma) * f(x,y) \tag{7-11}
$$

（2）使用一阶有限差分计算梯度幅值 $M(x,y)$ 和梯度方向角 $\theta(x,y)$。其中，$M(x,y)$ 反映图像的边缘强度；$\theta(x,y)$ 反映边缘的方向，对应于 $M(x,y)$ 获得局部极大值的方向角。

（3）对梯度幅值进行非极大值抑制。将梯度方向角 $\theta(x,y)$ 离散为 4 个扇区之一（见图 7-13）。4 个扇区的标号为 0～3，对应 3 像素×3 像素邻域元素的 4 种可能的组合，任何通过邻域中心的点必通过其中一个扇区。在每一点上，将邻域中心像素的梯度幅值与沿着梯度方向的两个元素进行比较。若中心像素的梯度幅值不比沿梯度方向的两个相邻像素的梯度幅值大，则 $M(x,y)=0$。非极大值抑制图像函数用 $N(x,y)$ 表示。

（4）采用双阈值算法检测和连接边缘。双阈值算法对非极大值抑制图像函数 $N(x,y)$ 作用了两个阈值 t_1 和 t_2，需要事先设定这两个阈值，并且 $2t_1 \approx t_2$，从而可以得到两个阈值边缘图像函数 $N_1(x,y)$ 和 $N_2(x,y)$。由于

图 7-13　梯度方向所属扇区

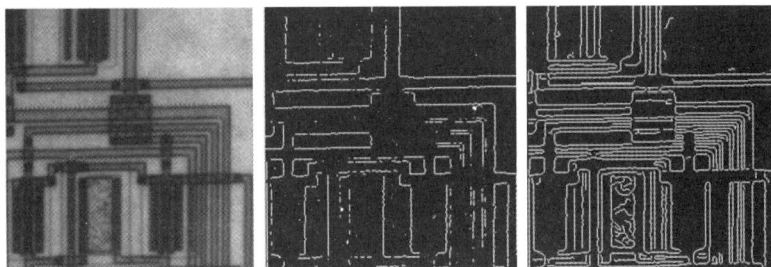

使用高阈值得到 $N_2(x,y)$，因此它含有很少的假边缘，但同时也损失了有用的边缘信息。而 $N_1(x,y)$ 的阈值较低，保留了较多的信息。于是，以 $N_2(x,y)$ 为基础，以 $N_1(x,y)$ 为补充连接边缘。

连接边缘的具体步骤如下：

① 对 $N_2(x,y)$ 进行扫描，当遇到一个非零像素 $p(x,y)$ 时，跟踪以 $p(x,y)$ 为起始点的轮廓线，直到轮廓线的终点 $q(x,y)$。

② 考察 $N_1(x,y)$ 中与 $N_2(x,y)$ 中的点 $q(x,y)$ 对应位置的 8-邻域。如果该点的 8-邻域存在非零像素，就将该非零像素包括在 $N_2(x,y)$ 中。重复该过程，直到在 $N_1(x,y)$ 和 $N_2(x,y)$ 中都无法继续为止。

③ 完成 $p(x,y)$ 轮廓线的连接之后，将这条轮廓线标记为"已访问"。回到步骤①，寻找下一条轮廓线。重复步骤①～③，不断在 $N_1(x,y)$ 中收集边缘，直到在 $N_2(x,y)$ 中找不到新轮廓线为止。

利用 MATLAB 中的 edge()函数可以实现 Roberts、Sobel、Prewitt、LoG、Canny 等算子的边缘检测，图 7-14 显示了其中两种算子的边缘检测结果。

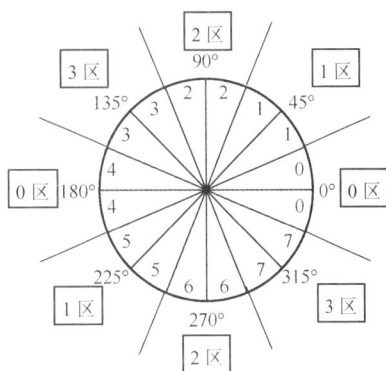

（a）原始图像　　　　　（b）Prewitt 算子　　　　　（c）Canny 算子

图 7-14　两种算子的边缘检测结果

7.2.2　二阶导数算子

1. Laplacian 算子

Laplacian 算子是一种不依赖于边缘方向的二阶导数算子，它是标量而不是矢量，而且

具有旋转不变的性质，在图像处理中用于提取图像的边缘，其定义式如下：

$$\nabla^2 f(x,y) = \frac{\partial^2 f(x,y)}{\partial x^2} + \frac{\partial^2 f(x,y)}{\partial y^2} \tag{7-12}$$

对于数字图像，上式可近似写成以下公式：

$$\nabla^2 f(x,y) = f(i+1,j) + f(i-1,j) + f(i,j+1) + f(i,j-1) - 4f(i,j) \tag{7-13}$$

显然，对于式（7-13），可用图 7-15 左图所示的卷积模板与像素(x,y)对应邻域的像素进行卷积运算得到。图 7-15 为常用的 3 种拉普拉斯算子卷积模板。

$$\begin{bmatrix} 0 & -1 & 0 \\ -1 & 4 & -1 \\ 0 & -1 & 0 \end{bmatrix} \quad \begin{bmatrix} -1 & -1 & -1 \\ -1 & 8 & -1 \\ -1 & -1 & -1 \end{bmatrix} \quad \begin{bmatrix} -1 & -4 & -1 \\ -4 & 20 & -4 \\ -1 & -4 & -1 \end{bmatrix}$$

图 7-15　常用的拉普拉斯算子卷积模板

2. LoG 算子

二阶导数算子对噪声非常敏感。为了避免噪声的影响，通常将拉普拉斯算子与平滑滤波器组合使用，如 LoG（Laplacian of Gaussian）算子。LoG 算子是在经典算子基础上发展起来的边缘检测算子，它的原理如下：首先采用二维高斯函数平滑图像，然后通过 Laplacian 算子计算图像的二阶导数，并且检测其二阶导数的过零点，以定位图像边缘。

二维高斯函数及其二阶导数和 LoG 算子分别表示如下：

$$h(x,y) = \frac{1}{2\pi\sigma^2} e^{-\frac{x^2+y^2}{2\sigma^2}} \tag{7-14}$$

$$\frac{\partial^2 h(x,y)}{\partial x^2} = \frac{1}{2\pi\sigma^4}\left(\frac{x^2}{\sigma^2}-1\right)e^{-\frac{x^2+y^2}{2\sigma^2}}, \quad \frac{\partial^2 h(x,y)}{\partial y^2} = \frac{1}{2\pi\sigma^4}\left(\frac{y^2}{\sigma^2}-1\right)e^{-\frac{x^2+y^2}{2\sigma^2}} \tag{7-15}$$

$$\nabla^2 h(x,y) = \frac{\partial^2 h(x,y)}{\partial x^2} + \frac{\partial^2 h(x,y)}{\partial y^2} = \frac{1}{\pi\sigma^4}\left(\frac{x^2+y^2}{2\sigma^2}-1\right)e^{-\frac{x^2+y^2}{2\sigma^2}} \tag{7-16}$$

其中，σ 为二维高斯函数的标准差。$\nabla^2 h(x,y)$ 称为 LoG 算子，如图 7-16 所示。由于其形状酷似草帽，所以也称墨西哥草帽函数。

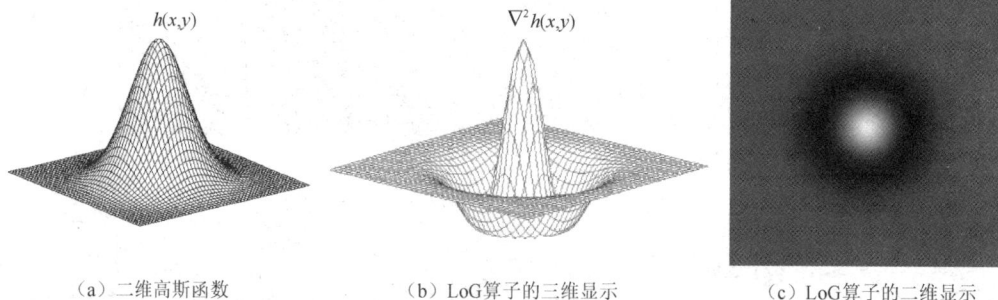

（a）二维高斯函数　　（b）LoG算子的三维显示　　（c）LoG算子的二维显示

图 7-16　LoG 算子

（d）二维高斯函数的一阶导数　　　（e）LoG算子横截面　　　（f）行列大小为5×5的LoG算子卷积模板

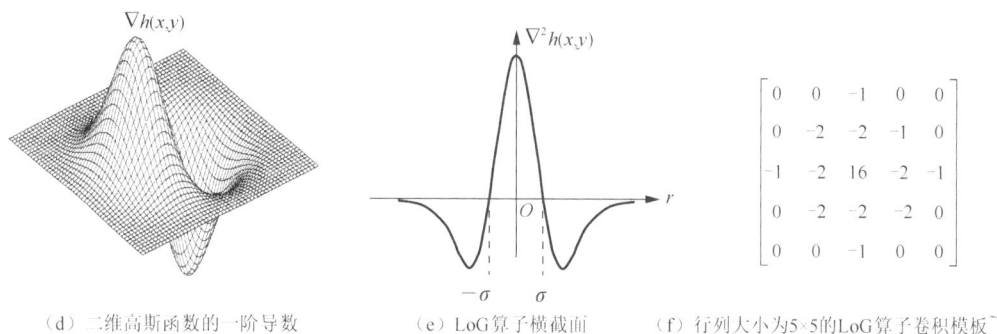

图 7-16　LoG 算子（续）

7.2.3　基于边缘跟踪的边缘检测方法

可用各种边缘检测方法检测出数字图像边缘点，在某些情况下，仅获得边缘点是不够的。另外，由于噪声、光照不均匀等因素的影响，获得的边缘点有可能是不连续的。这种情况下，必须通过边缘跟踪将边缘像素组合成有意义的边缘信息，以便后续处理。边缘跟踪可以直接在原始图像上进行，也可以在边缘跟踪之前，利用前面介绍的边缘检测算子得到梯度图像，然后在梯度图像上进行边缘跟踪。边缘跟踪包含以下两个方面的含义。

（1）剔除噪声点，保留真正的边缘点。

（2）填补边缘空白点。

1．边缘连接算法

边缘连接是指分析图像中每个边缘像素(x,y)的邻域，依据预定准则将所有相似的点连接起来。在分析过程中，确定边缘像素相似性的两个主要性质如下。

（1）用于生成边缘像素的梯度算子的响应强度，若

$$\left\|\nabla f(x,y)\right| - \left|\nabla f\left(x_0,y_0\right)\right\| \leqslant E \tag{7-17}$$

则处于定义的边缘像素(x,y)邻域且坐标为(x_0,y_0)的边缘像素具有与边缘像素(x,y)相似的幅度。这里，E 是一个非负阈值。

（2）梯度矢量的方向由梯度方向角给出，若

$$\left|\theta(x,y) - \theta\left(x_0,y_0\right)\right| \leqslant \phi \tag{7-18}$$

则处于定义的边缘像素(x,y)邻域且坐标为(x_0,y_0)的边缘像素具有与边缘像素(x,y)相似的角度。这里，ϕ是非负阈值。如前所述，边缘像素(x,y)处的方向垂直于此点梯度矢量的方向。

若大小和方向准则得到满足，则将邻域点与边缘像素(x,y)连接起来，形成边缘的一部分。在图像中的每一位置重复这个步骤，即可实现边缘连接。

2．边缘跟踪算法

边缘跟踪算法的原理是由梯度图像中的一个边缘点出发，依次搜索并连接相邻边缘点，从而逐步检测出边缘，其目的是区分目标与背景。一般情况下，边缘跟踪算法具有较好的抗噪性，产生的边缘具有较好的刚性。

不同类型的边缘具有不同的特征值。例如，阶跃型边缘的一阶导数为正值，屋顶型边缘的二阶导数为负值，而阶跃型边缘的二阶导数和屋顶型边缘的一阶导数通常为零。因此，可以将边缘跟踪算法分为极大跟踪法、极小跟踪法、极大-极小跟踪法与过零点跟踪法。

1）边缘跟踪过程

（1）确定边缘跟踪的起始边缘点。起始边缘点可以一个也可以多个。

（2）确定并采取一种合适的数据结构和搜索策略，根据已经发现的边缘点确定下一个检测目标并对其进行检测。

（3）确定搜索终止条件，在满足条件时结束搜索。

2）基于探测法的边缘跟踪

常用的边缘跟踪有探测法和梯度图法。假设图像为二值图像且图像边缘明确，图像中只有一个封闭的边缘，那么基于探测法的边缘跟踪基本步骤如下：

（1）假设 k 为统计边缘像素数的变量，其初始值为 0。

（2）自上而下、自左向右扫描图像，当发现某个像素 p_0 从 0 变到 1 时，把该像素的坐标记为 (x_0, y_0)。此时，$k=0$。

（3）从像素 (x_k+1, y_k) 开始按顺时针方向[见图 7-17（a）]分析其 8-邻域，将第一次出现的 1-像素（灰度值为 1 的像素）记为 p_k，并存储其坐标 (x_k, y_k)，置 $k = k+1$。

（4）若 8-邻域全为 0-像素（灰度值为 0 的像素），则 p_0 为孤立点，终止跟踪。

（5）若 p_k 和 p_0 是同一个点，即 $x_k = x_0$，$y_k = y_0$，则表明所有跟踪点已形成一个闭环，终止本条轮廓线的跟踪；否则，返回步骤（3），继续跟踪。

（6）把搜索起始点移到图像的别处，进行下一个轮廓线的搜索。应注意，新的搜索起始点一定要在已得到的边缘闭环区域之外。

边缘跟踪示例如图 7-17（b）所示。一幅二值图像及其边缘跟踪结果分别如图 7-17（c）和（d）所示。

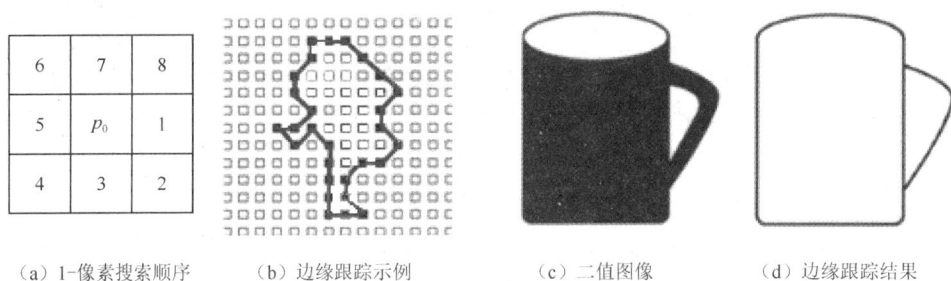

| （a）1-像素搜索顺序 | （b）边缘跟踪示例 | （c）二值图像 | （d）边缘跟踪结果 |

图 7-17　基于探测法的边缘跟踪

采用跟踪算法时，需要注意以下事项：

（1）跟踪过程中要赋予已经确定的边缘点的已跟踪标志。

（2）若有多个区域，则重复操作步骤，直到扫描点到达左下角点。

（3）对外侧的边缘线，按逆时针方向跟踪；对内侧的边缘线，按顺时针方向跟踪。

7.3 阈值分割

阈值分割是一种基本的图像分割法，其目的是为了从图像中提取物体形状。这种图像分割法的关键在于寻找合适的阈值，通常根据图像的灰度直方图选取阈值。

阈值分割法各式各样。这里按阈值选取的不同，将阈值分割分为全局阈值法（固定的阈值）和自适应阈值法（变化的阈值）两类。当背景的灰度值在整个图像中保持相对恒定，并且所有目标与背景之间的对比度基本一致时，使用一个固定的全局阈值就会得到较好的分割效果；当背景的灰度值不是恒定不变的，并且目标和背景的对比度在图像中也有变化时，可把灰度的阈值设成一个随空间位置缓慢变化的函数。阈值选取的好坏是图像阈值分割成败的关键，下面介绍几种常见的阈值选取方法。

7.3.1 双峰法

在一些简单的图像中，物体的灰度分布比较有规律，背景与各个目标在图像的灰度直方图中各自形成一个波峰，即区域与波峰一一对应，每两个波峰之间形成一个波谷（见图 7-18）。双峰法是指选择双峰之间的波谷所对应的灰度值作为阈值，将图像分为目标和背景，其公式如下：

$$g(x,y) = \begin{cases} 1, & f(x,y) \geqslant T \\ 0, & f(x,y) < T \end{cases} \qquad (7-19)$$

式中，$f(x,y)$ 为图像灰度值；$g(x,y)$ 为分割后的二值图像；T 为全局阈值。

双峰法是一种简单有效的阈值确定方法，但是它

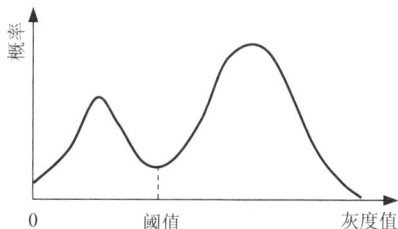

图 7-18 双峰法示意图

要求图像的灰度直方图必须具有双峰，并且背景与目标区域所对应的灰度直方图呈明显的双峰。若波峰之间的波谷平坦、各区域灰度直方图的波形重叠，则采用双峰法难以确定阈值，必须寻求其他方法。

7.3.2 Otsu 算法

N.Otsu 于 1979 年提出最大类间方差法，又称 Otsu 算法或大津阈值分割法。Otsu 算法是在灰度直方图的基础上采用最小二乘法原理推导出来的，属于统计意义上的最佳分割法。其基本原理是以最佳阈值将图像灰度值分割成两部分，使两部分之间的方差最大，即具有最大的分离性。该算法不需要人为设定其他参数，是一种自动选择阈值的方法。

将图像中的像素按灰度级用阈值 T 分成两类，即把大于 T 以上及小于 T 的像素分别设为类别 1 和类别 2。设类别 i ($i = 1, 2$) 的像素数为 w_i，平均灰度值为 M_i，方差为 σ_i^2，全体像素的平均灰度值为 M_T，则类间方差计算公式如下：

$$\sigma_B{}^2 = \frac{w_1(M_1 - M_T)^2 + W_2(M_2 - M_T)^2}{w_1 + w_2} = \frac{w_1 w_2 (M_1 - M_2)^2}{(w_1 + w_2)^2} \qquad (7-20)$$

当 T 从小到大变化时，求出使 σ_B^2 最大时的 T 值，该值就是最优阈值。

在 MATLAB 中，Otsu 算法用 graythresh() 函数实现，在获得全局阈值后，可以采用 im2bw() 函数进行图像分割。上述 Otsu 算法是一维的阈值分割法，因为只考虑像素的灰度信息。

7.3.3　最大熵法

最大熵法是指应用信息论中熵的概念与图像阈值化技术对图像进行分割，其目标就是选择最佳阈值，使分割后的目标区域与背景区域的灰度统计信息量最大。根据这一基本原理，最大熵法的具体步骤归纳如下：

（1）计算整幅图像的灰度直方图 $p(k)$，$0 \leqslant k \leqslant L-1$。

（2）假设当前阈值为 $T^{(i)}$，将图像分为 $R_1^{(i)}$ 和 $R_2^{(i)}$ 两个区域。

（3）按照下面公式分别计算上述两个区域的平均相对熵 $E_1^{(i)}$ 和 $E_2^{(i)}$。

$$E_1^{(i)} = -\sum_{k=0}^{T^{(i)}}\left(\frac{p(k)}{P\left(T^{(i)}\right)}\ln\frac{p(k)}{P\left(T^{(i)}\right)}\right) \tag{7-21a}$$

$$E_2^{(i)} = -\sum_{k=T^{(i)}+1}^{255}\left(\frac{p(k)}{1-P\left(T^{(i)}\right)}\ln\frac{p(k)}{1-P\left(T^{(i)}\right)}\right) \tag{7-21b}$$

其中，$P\left(T^{(i)}\right) = \sum_{j=0}^{T^{(i)}}p(j)$。

（4）计算上述两个区域的熵：$E^{(i)} = E_1^{(i)} + E_2^{(i)}$。

（5）令 $i = i+1$，返回步骤（2），尝试其他阈值，并根据步骤（2）～步骤（4）重新计算上述两个区域的熵 $E^{(i)}$。

（6）选择最大熵对应的阈值 T。

7.3.4　迭代阈值法

迭代阈值法是图像阈值分割中比较有效的方法，通过迭代求出最佳阈值，该方法具有一定的自适应性。

假设 i 为迭代次数，并且初始值为 0。迭代阈值法步骤如下：

（1）选择一个初始阈值 $T^{(i)}$，通常可以选择图像的平均灰度值。

（2）利用 $T^{(i)}$ 把图像分割成两个区域，即 $R_1^{(i)}$ 和 $R_2^{(i)}$。

（3）计算 $R_1^{(i)}$ 和 $R_2^{(i)}$ 两个区域各自的平均灰度值 $M_1^{(i)}$ 和 $M_2^{(i)}$。

（4）计算新的阈值：$T^{(i+1)} = \left(M_1^{(i)} + M_2^{(i)}\right)\big/2$。

（5）令 $i = i+1$，重复步骤（2）～步骤（4），直到阈值不再变化或变化很小为止。

7.4 区 域 分 割

区域分割是指把图像分割成有意义的区域，属于同一区域的像素应具有相同或相似的属性，不同区域的像素属性不同。因此，区域分割就是相同属性归属同一区域的过程。区域分割主要包括区域生长法和分水岭分割法。

7.4.1 区域生长法

区域生长法的基本思想是把一幅图像中具有相似性质的像素集合起来，构成一个区域。从初始区域（如小邻域或单个像素）开始，将相邻且具有同样性质的像素或其他区域归并到当前区域，使区域逐步增长，直到没有可以归并的像素或其他小区域为止。区域内像素的相似性度量可以包括平均灰度值、纹理和颜色等信息。

区域生长法是一种比较普遍的方法，在没有先验知识可以利用时，可以取得最佳的性能。该方法可以用来分割比较复杂的图像，如自然景物。但是区域生长法是一种迭代方法，空间和实践开销都比较大。此外，区域生长法的缺点是很容易造成过度分割，即将图像分割成过多的区域。

区域生长法的基本步骤如下：

（1）对像素进行扫描，找出尚没有归属的像素。

（2）以该像素为中心检查它的邻域像素，即将邻域内的像素逐个与它比较。若灰度差小于预先确定的阈值 T，则将它们合并。

（3）以新合并的像素为中心，返回步骤（2），检查新像素的邻域，直到区域不能进一步扩张。

（4）返回步骤（1），继续扫描，直到所有像素都有归属为止。

使用区域生长法对指示表图像进行区域分割，如图 7-19 所示。

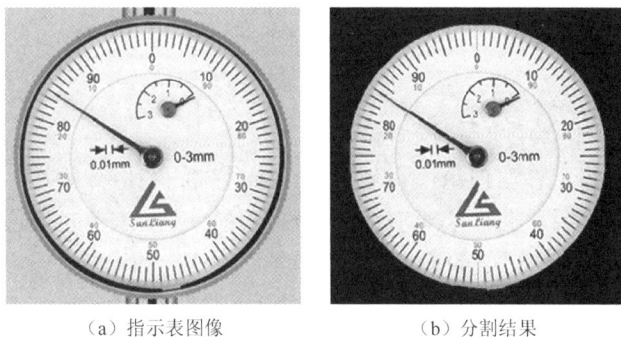

（a）指示表图像　　　　　　　　　　（b）分割结果

图 7-19　用区域生长法对指示表图像进行区域分割

由上述步骤可知，使用区域生长法时需要确定 3 个因素：合理选择最初的种子像素；确定区域生长过程中合并相邻像素的相似性准则；确定区域生长过程停止的条件。按照邻域和相似性准则的不同，区域生长法类型分为单一型（像素与像素）、质心型（区域与像素）和混合型（区域与区域）三种。

1．单一型区域生长法

单一型区域生长法是指以图像的某个像素作为生长点，通过比较相邻像素的特征，将特征相似的相邻像素合并为一个区域，然后以合并的像素为生长点，继续比较合并。不断重复这个过程，直到没有满足生长准则的像素为止。该方法实现简单，但在某些情况下可能存在局限性。例如，当两个相邻区域之间的边缘灰度变化较为平缓时，采用区域生长法将这两个区域合并为一个区域，可能导致难以区分它们之间的边界。

2．质心型区域生长法

质心型区域生长法是单一型区域生长法的改进版，改进后，在种子像素的选择中使用已存在区域的像素平均灰度值与相邻像素灰度值进行比较。该方法的缺点是区域生长的结果与种子像素的位置有关，种子像素位置不同，分割结果可能不同。

3．混合型区域生长法

混合型区域生长法的基本思想是把图像分割成若干子区域，比较相邻子区域的相似性，把相似的子区域合并。具体步骤如下：

（1）将图像划分成若干区域，通常以图像左上角第一个子区域作为初始生长点。

（2）计算当前子区域和相邻子区域的灰度统计量，然后进行相似性判别。合并符合相似性准则的相邻子区域到当前区域，形成新的当前子区域，把不符合相似性准则的相邻子区域标记为未分割区域。

（3）重复步骤（2），直到没有满足相似性准则的子区域为止。

这种方法的难点在于合并的次数很难确定。若合并次数太多，则可能导致区域的形状不自然，小的目标可能被遗漏；若合并次数减少，则会降低分割的可靠性，导致分割质量不够理想。一般情况下，合并次数控制在 5～10 次。同时，分割的子区域大小也会影响最终的分割效果。当子区域很小时，相当于单连接区域生长，不能体现子区域合并生长的优势；当子区域较大时，可能将不属于同一区域的像素合并进来，影响分割的精度。

7.4.2　分水岭分割法

分水岭分割法借鉴形态学理论，它是一种基于区域的图像分割法。该方法的原理是将一幅图像看成一个地形图，灰度值对应地形的高度值，高灰度值对应山峰，低灰度值对应山谷。在地球上水总是朝地势低的地方流动，流到某个局部低洼处，这个低洼处就是盆地。最终所有的水都会处于不同的盆地，盆地之间的山脊称为分水岭。

分水岭分割法相当于一个自适应的多阈值分割法。该方法直观、速度快且适于并行处理，对图像的弱边缘敏感，可以得到单像素宽的连通或封闭的区域边缘；还可以解决那些因物体靠得太近而不能用全局阈值解决的问题。但是分割时需要梯度信息，以梯度图的局部极小值作为吸水盆地的标记点，噪声的影响会在梯度图中造成许多虚假的局部极小值，使图像被分割成大量细小且无意义的区域，严重影响分割结果的实用性。

二值图像的分水岭分割目的是找到单个重叠物体（通常是粒子）。图 7-20 为分水岭分割示例。图 7-20（a）是包含黏连粒子的二值图像，采用负距离变换将二值图像变换为灰度图像，如图 7-20（b）所示。以负距离变换结果的区域极大值作为单个粒子的标记，对标记进行膨胀。对负距离变换结果求反并叠加膨胀后的标记，如图 7-20（c）所示。采用分水岭分割法，得到粒子外轮廓并呈现在原始图像中，分水岭分割结果如图 7-20（d）所示。

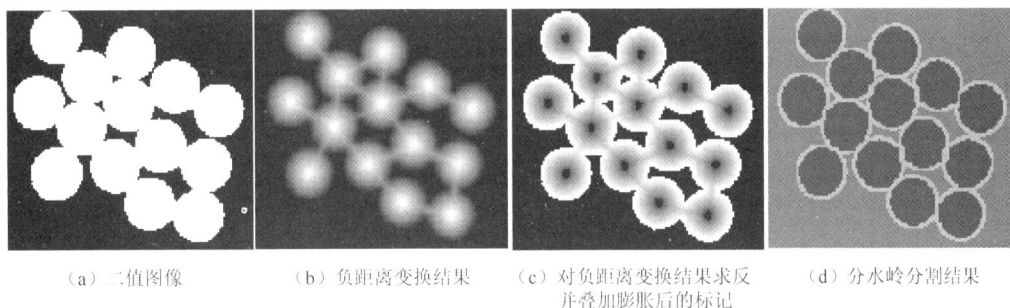

（a）二值图像　　　　（b）负距离变换结果　　　（c）对负距离变换结果求反　　　（d）分水岭分割结果
　　　　　　　　　　　　　　　　　　　　　　并叠加膨胀后的标记

图 7-20　分水岭分割示例

【程序】二值图像的分水岭分割。

```
clear all; close all; clc
BW=imread('lizi.jpg');      %输入 BW 作为二值图像
figure, imshow(BW);
D=bwdist(~BW);              %计算距离函数
figure, imshow(D,[]);
D = max(max(D))-D;
D(~BW) = -Inf;
L = watershed(D,8);        %连通区域参数，对于二值图像，可取值为 4 和 8
%返回值 L 为标记矩阵，第 1 个水盆被标记为 1，第 2 个水盆标记为 2；分水岭被标记为 0
em=L==0;                    %求出山脊线
BW=double(BW);
BW(em==1)=2; f_rgb = label2rgb(BW,'jet',[.5 .5 .5]);
figure, imshow(f_rgb);
```

分水岭分割法也可用于灰度图像。利用基于"标记"的改进型分水岭分割法对一幅米粒的灰度图像进行分割，如图 7-21 所示。

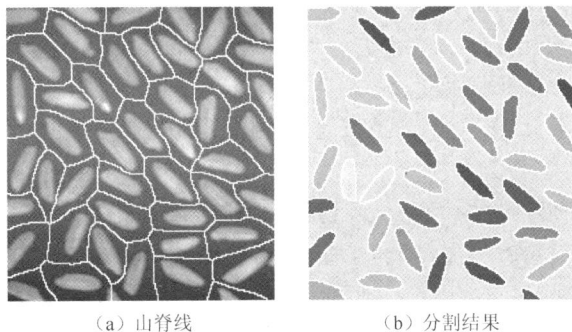

（a）山脊线　　　　　　　　（b）分割结果

图 7-21　灰度图像的分水岭分割

7.5 数学形态学处理

数学形态学可以看作一种特殊的数字图像处理方法和理论，它主要以图像的形态特征为研究对象，通过设计一整套运算、概念和算法，描述图像的基本特征。这些数学工具不同于常用的频域或空域算法，而是建立在微分几何及随机集论基础之上的。数学形态学的理论虽然比较复杂，但是它的基本思想是简单而完美的。

相比其他空域或频域图像处理方法，数学形态学方法具有一些明显的优势。例如，基于数学形态学的边缘信息提取处理优于基于微分法的边缘检测算子，它不像微分法那样对噪声敏感，提取的边缘比较光滑；利用数学形态学提取的图像骨架连续性较好，断点少；数学形态学易于实现并行处理。

7.5.1 基本的数学形态学运算

黑白像素的集合构成二值图像。假定只考虑黑色像素，把其余部分作为背景。基本的数学形态学处理是膨胀和腐蚀，由这两个变换可以衍生出如开运算、闭运算等数学形态学运算。

1. 膨胀和腐蚀

膨胀和腐蚀是数形态学中最基本的操作。膨胀是指将与物体接触的所有背景点合并到该物体中，使边缘向外部扩张的过程。通过膨胀，可以填充物体中的小孔和狭窄的缝隙。设 A 和 B 是整数空间 $\mathbf{Z}$ 中的集合，其中，A 代表原始图像，B 代表结构元素。

将 B 对 A 的膨胀记作 $A \oplus B$，定义式如下：

$$A \oplus B = \{ z \mid B_z \cap A \neq \varnothing \} \tag{7-22}$$

其中，$\varnothing$ 为空集；B_z 为结构元素 B 在原始图像 A 上平移 z 后的结果。

B 对 A 的膨胀实质是一个由所有平移量（用 z 表示）组成的集合，这些平移量满足以下条件：当集合 B 平移 z 后，与 A 的交集不为空。经过膨胀之后，物体所占像素更多。膨胀运算满足交换律，即 $A \oplus B = B \oplus A$。习惯上，总是将原始图像放在操作符前面。

腐蚀和膨胀是对偶操作。腐蚀是消除边缘点，使边缘向内收缩的过程。利用腐蚀，可以消除小且无意义的物体。将 A 被 B 腐蚀记作 $A - B$，定义式如下：

$$A - B = \{ z \mid B_z \subseteq A \} \tag{7-23}$$

可见，B 对 A 的腐蚀即平移量 z 的集合，这些平移量 z 满足将结构元素 B 平移 z 后，使集合 B 完全包含在集合 A 中。腐蚀的结果是原始图像的一个子集。膨胀和腐蚀示意如图 7-22 所示。

利用腐蚀可以得到图像的边缘，而且速度很快。腐蚀还可用来简化物体的结构，消除分散在背景中的小面积噪声，那些小于结构元素的像素单元被去除。

在 MATLAB 中使用 imdilate(I, se)函数进行膨胀，使用 imerode(I, se)函数进行腐蚀。其中，se 为由 strel()函数创建的结构元素，包括线形、矩形、方形、菱形、球形和自定义的任意形状。

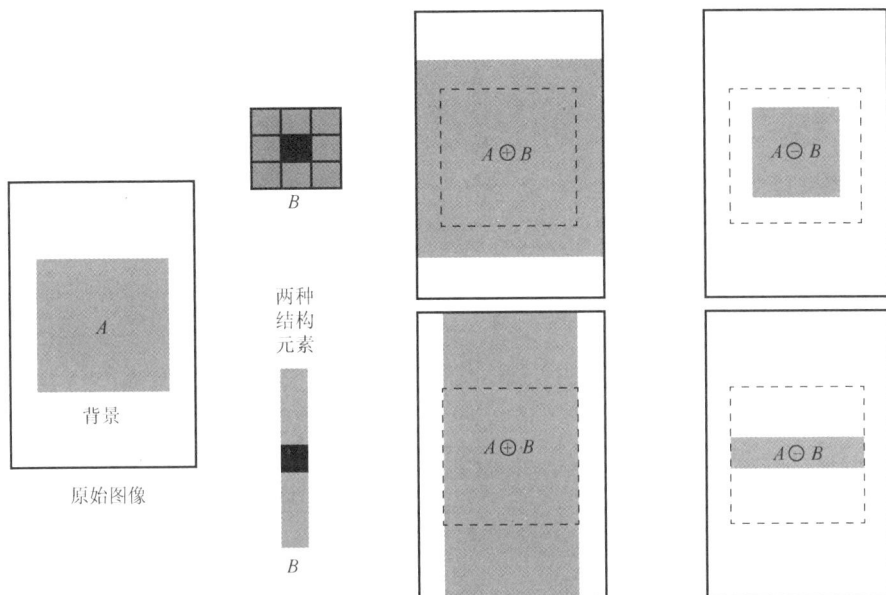

图 7-22　膨胀和腐蚀示意

2．开运算和闭运算

腐蚀和膨胀不是互逆变换。例如，先对一幅图像进行腐蚀，再膨胀，得到的不是原始图像。

先腐蚀再膨胀是一个重要的数学形态学变换，称为开运算。结构元素 B 对原始图像 A 的开运算定义式如下：

$$A \circ B = (A \ominus B) \oplus B \tag{7-24}$$

先膨胀再腐蚀称闭运算。结构元素 B 对原始图像 A 的闭运算定义式如下：

$$A \cdot B = (A \oplus B) \ominus B \tag{7-25}$$

开运算通常用于平滑物体的轮廓、断开狭窄的山谷、消除小于结构元素的细节部分、去除轮廓线上突出的毛刺。闭运算同样用于平滑轮廓，但与开运算相反，通常用于填补狭窄的断裂、细长的沟壑以及轮廓的缺口，填补小孔，连接邻近的物体。修饰词"邻近"、"小"和"窄"都是相对于结构元素的尺寸和形状而言的。

在 MATLAB 中使用 imopen(I, se)函数进行开运算，使用 imclose(I, se)函数进行闭运算。

膨胀和腐蚀处理也可以重复进行，但是膨胀和腐蚀不能保持拓扑性质。若反复进行开运算和闭运算，则不改变结果。一幅二值图像的数形态学处理（如膨胀、腐蚀、闭运算和开运算）结果如图 7-23 所示。

3．击中-击不中变换

击中-击不中变换是形状检测的基本工具，常用于二值图像的形状检测。它的原理是通过定义一定形状的结构元素，然后在图像中寻找与该结构元素相同的区域：找到，即击中；找不到，即击不中。实质是在原始图像 A 中寻找结构元素 B 并输出其原点。图 7-24 给出几种不同结构元素的击中-击不中变换示意。

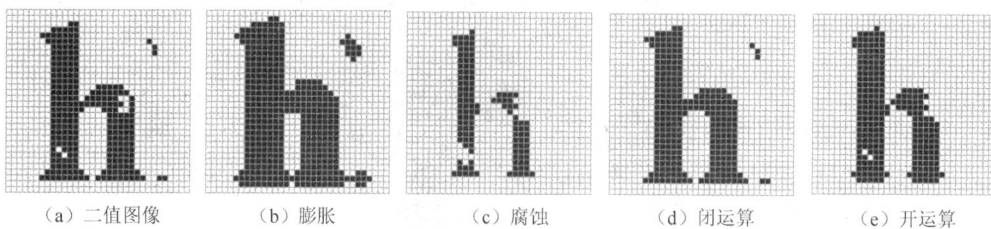

| （a）二值图像 | （b）膨胀 | （c）腐蚀 | （d）闭运算 | （e）开运算 |

图 7-23　一幅二值图像的数据数学形态学处理结果

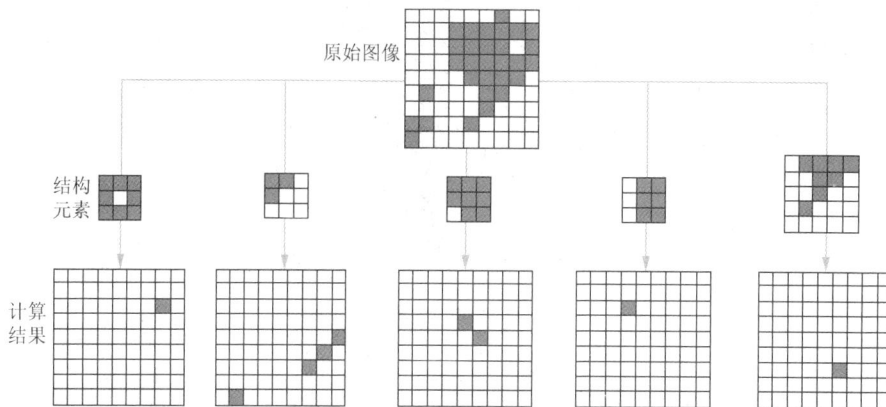

图 7-24　几种不同结构元素的击中-击不中变换示意

7.5.2　二值图像的数学形态学处理

可以考虑用数学形态学对二值图像进行适当处理，以便提取二值图像的特征。下面讨论这方面的一些应用算法。

1．边缘提取

运用数学形态学的腐蚀运算，可以得到二值图像的边缘。若给定一幅二值图像 A 以及一个适当的结构元素 B，则二值图像 A 的边缘 $b(A)$ 可以由下式计算：

$$b(A) = A - (A \ominus B) \qquad (7\text{-}26)$$

一幅二值图像的边缘提取结果如图 7-25 所示。在 MATLAB 中使用 L=bwperim(A, conn) 函数提取二值图像 A 中目标区域的边缘。

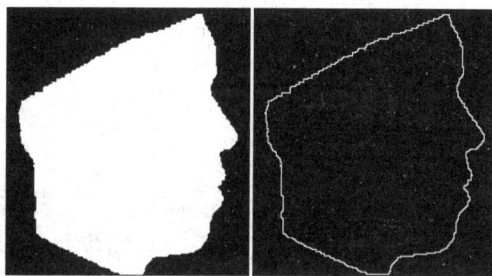

图 7-25　一幅二值图像的边缘提取结果

2. 孔洞填充

图像中的孔洞是指由前景像素连成的边缘包围的背景区域。在 MATLAB 中使用 imfill() 函数对二值图像或灰度图像进行孔洞填充。例如，可以使用 H= imfill(A, 'holes')函数对二值图像 A 进行孔洞填充，如图 7-26 所示。

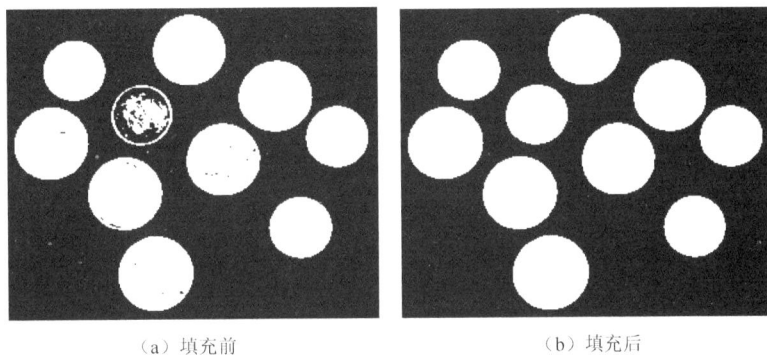

（a）填充前　　　　　　　　　　　　（b）填充后

图 7-26　二值图像 A 的孔洞填充

3. 细化

当识别图形和文字时，在不改变图形的拓扑性质（如图形的连通和不连通，孔洞的有无，分支等关系）的情况下，使线宽变为 1 个像素的操作称为细化。因此，细化的目标是提取二值图像骨架。

细化的核心是判断当前像素能否删除，可以根据像素的连接数以及像素之间的位置关系确定。

p_5	p_6	p_7
p_4	p	p_0
p_3	p_2	p_1

图 7-27　8-邻域

在二值图像中，当 $f(p)=1$ 时，像素 p 的连接数 $N_c(p)$ 是指与 p 连通的连通分量个数，可以通过考察像素 p 的 8-邻域（见图 7-27）得到连通分量个数。像素 p 的 4-连通或 8-连通的连接数计算公式分别为

$$N_c^4(p) = \sum_{k \in \{0,2,4,6\}} \left[f(p_k) - f(p_k) f(p_{k+1}) f(p_{k+2}) \right] \tag{7-27a}$$

$$N_c^8(p) = \sum_{k \in \{0,2,4,6\}} \left\{ \left[1 - f(p_k) \right] - \left[1 - f(p_k) \right] \left[1 - f(p_{k+1}) \right] \left[1 - f(p_{k+2}) \right] \right\} \tag{7-27b}$$

当 $k+2=8$ 时，令 $p_8=p_0$。

在 4-连通或 8-连通的情况下，同一二值图像的某一像素的连接数是不同的。计算像素 p 的 8-邻域一切可能存在的值，其连接数是 0～4 之间的整数。按连接数 $N_c(p)$ 大小，可将像素分为以下 4 种。

（1）孤立点：$f(p)=1$ 的像素 p。当其 4-连通或 8-连通的像素全为 0-像素时，称为孤立点，其连接数 $N_c(p)=0$。

（2）内部点：$f(p)=1$ 的像素 p。当其 4-连通或 8-连通的像素全为 1-像素时，称为内部点，其连接数 $N_c(p)=0$。

（3）边缘点：在 $f(p)=1$ 的像素中，把除孤立点和内部点以外的点称为边缘点。边缘点

的连接数 $1 \leqslant N_c(p) \leqslant 4$，4 种情况分别如下：

① $N_c(p)=1$ 的 1-像素称为可删除点或端点。

② $N_c(p)=2$ 的 1-像素称为连接点。

③ $N_c(p)=3$ 的 1-像素称为分支点。

④ $N_c(p)=4$ 的 1-像素称为交叉点。

（4）背景点：$f(p)=0$ 的像素称为背景点。

像素的可删除性是指删除这个像素后，不改变图像的连通性（各连通分量既不分离也不结合，孔洞不消失也不产生）。图 7-28 为像素的连接数示例。

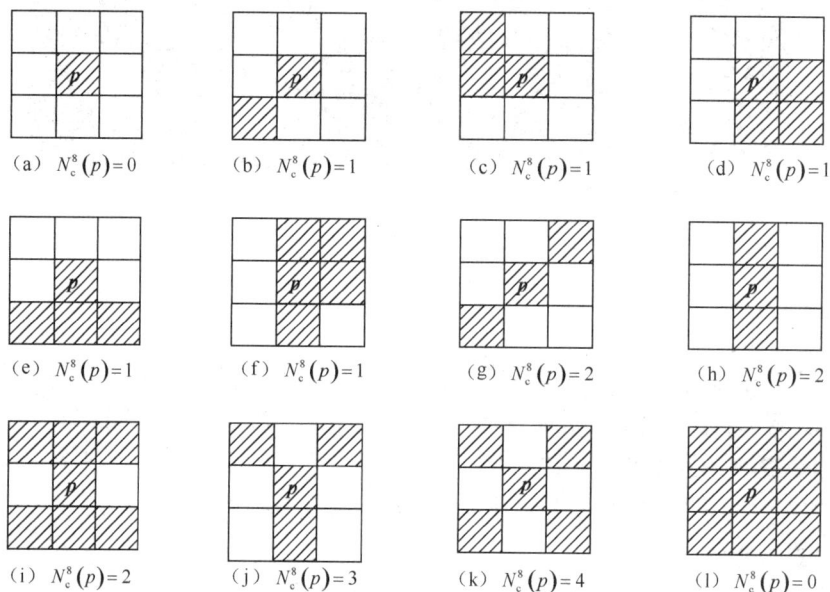

(a) $N_c^8(p)=0$ (b) $N_c^8(p)=1$ (c) $N_c^8(p)=1$ (d) $N_c^8(p)=1$

(e) $N_c^8(p)=1$ (f) $N_c^8(p)=1$ (g) $N_c^8(p)=2$ (h) $N_c^8(p)=2$

(i) $N_c^8(p)=2$ (j) $N_c^8(p)=3$ (k) $N_c^8(p)=4$ (l) $N_c^8(p)=0$

图 7-28　像素的连接数示例

常用的细化算法有 Hilditch 算法、Rosenfeld 算法、Pavlidis 算法、Zhang-Suen 算等。在 MATLAB 中使用 bwmorph() 函数对二值图像进行细化、骨架化，以及移除二值图像内部像素等操作。例如，可调用以下语句：

```
bt=bwmorph(A, 'thin', Inf);        %细化
bs=bwmorph(A, 'skel', Inf);        %骨架化
```

对一幅二值图像使用 bwmorph() 函数进行细化和骨架化，如图 7-29 所示。

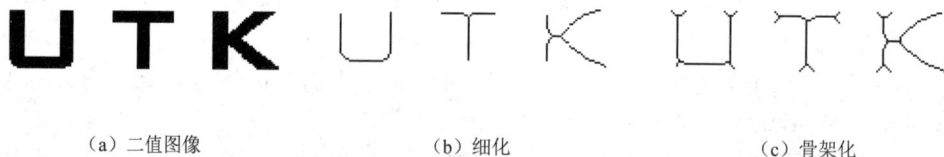

(a) 二值图像   (b) 细化   (c) 骨架化

图 7-29　二值图像的细化和骨架化

4．连通分量标记

连通分量标记是指给同一连通分量（4-连通或 8-连通）的所有像素分配相同的标号，给不同的连通分量分配不同的标号。图 7-30 为 4-连通情况下的连通分量标记示例，其中，互相连通的像素集合被赋予相同的标号，不连通的像素集合被赋予不同的标号。

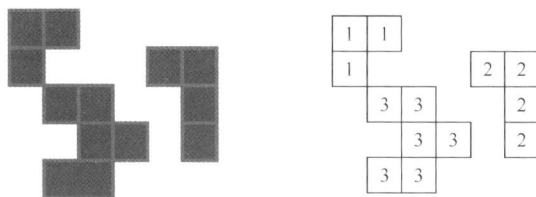

图 7-30　4-连通情况下的连通分量标记示例

连通分量标记分为两类，即基于像素的连通分量标记，基于行程分析的连通分量标记。下面重点介绍基于像素的连通分量标记（也称顺序标记）。以 4-连通情况为例，按照从左至右、从上到下的顺序对图像进行扫描。如果当前像素为 1-像素，就检测当前像素左边和上边的两个邻近像素，按照以下规则进行标记。

（1）如果左边和上边的两个邻近像素均为 0-像素，就给当前像素分配一个新的标号。

（2）如果在左边和上边的两个邻近像素中只有一个为 1-像素，就把 1-像素的标号赋予当前像素。

（3）如果左边和上边的两个邻近像素均为 1-像素且有相同的标号，就把该标号赋予当前像素。

（4）如果左边和上边的两个邻近像素均为 1-像素且有不同的标号，就把其中一个标号赋予当前像素，并做记号表明这两个标号等价，即这两个邻近像素通过当前像素连接在一起。

扫描结束时，将所有等价的标号对赋予一个唯一标号，然后重新扫描，将各个等价对用新标号进行标记。

对于 8-连通的情况，可采用类似的方法。需要注意的是，除了检测当前像素的左边和上边的两个邻近像素，还需要检测左上和右上的两个邻近像素。

以图 7-31 所示的一幅四通道光斑图像的阈值分割与连通分量标记为例，依次经过阈值分割、8-连通的连通分量标记，4 个光斑目标分别被赋予 1～4 的标号。

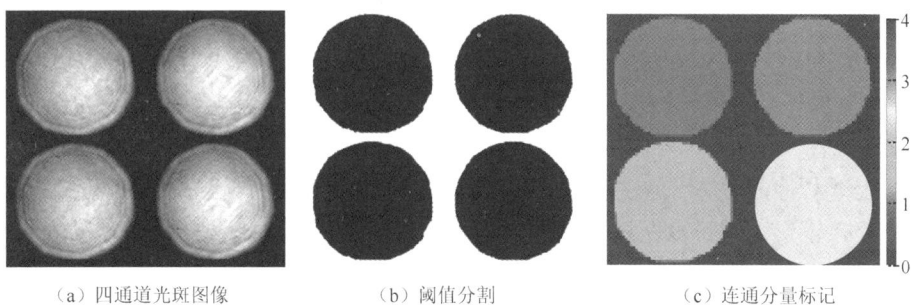

（a）四通道光斑图像　　　　　（b）阈值分割　　　　　（c）连通分量标记

图 7-31　四通道光斑图像的阈值分割与连通分量标记

MATLAB 中的 bwlabel() 函数可以用于二值图像 I 的连通分量标记，调用格式如下：

```
[L,Num]=bwlabel (I,n);
```

其中，n 表示连通类型，$n=4$ 或 8，分别表示采用 4 连通或 8 连通，n 的默认值为 8；返回值 L 为与二值图像 I 大小相同的数据矩阵，可以利用数据矩阵各元素的不同整数值区分二值图像 I 中的不同连通分量，返回值 Num 表示二值图像 I 中的连通分量个数。返回值 L 是 double 类型的数字矩阵，因此可以用索引色图像格式显示，即先把各元素加 1，使其处于索引色图像正确的范围。这样，每个目标区域显示不同的颜色，很容易区分。例如，

```
X=bwlabel (I,4);
Map=[0 0 0;jet(3)];
figure, imshow (X+1,map,'notruesize');
```

【程序】灰度图像的阈值分割和最大连通分量的提取。

```
clear all; close all; clc
I = imread('locateBoard.jpg');
figure, imshow(I)
T=graythresh(I); Ibw = im2bw(I, T);    % 阈值分割
[L, num] = bwlabel(Ibw, 8);                %标记连通分量
disp(['图像中有' num2str(num) '个连通分量'])
% 找出最大的连通分量
max = 0; indMax = 0;
for k = 1:num
   [y x] = find(L == k);
   nSize = length(y);              %计算该连通区域的像素数
   if(nSize > max)
      max = nSize;  indMax = k;
   end
end

Ibw(find(L~=indMax))=0;            %将其他区域灰度值设为 0
figure,imshow(Ibw);  hold on;
rec=regionprops(Ibw,'Boundingbox');
rectangle('Position',rec(1).BoundingBox,'Curvature',[0,0],'LineWidth',
1,'LineStyle','-','EdgeColor','r');          %画出最小外接矩形
```

运行上述程序时读入一幅雪糕板灰度图像，经过阈值分割，提取最大连通分量，并画出其最小外接矩形。雪糕板灰度图像及其最小外接矩形如图 7-32 所示。

（a）雪糕板灰度图像

（b）最小外接矩形

图 7-32　雪糕板灰度图像及其最小外接矩形

7.5.3　灰度图像的数学形态学处理

1．灰度膨胀与腐蚀

在二值图像中腐蚀和膨胀定义为对图像进行平移以后的"与"和"或"的逻辑操作结果。在灰度图像中，"与"和"或"的逻辑操作被替换成"最小值"和"最大值"操作。灰度图像的腐蚀和膨胀如图 7-33 所示，对这幅灰度图像使用 4 像素×4 像素圆形结构元素进行膨胀和腐蚀处理。图 7-33（a）中的灰度图像是一幅 X 射线图像，图 7-33（b）为膨胀运算结果，亮特征变大，暗特征变小，细黑线接近不可见；图 7-33（c）为腐蚀运算结果，小亮点变得不再明显，而暗特征变得更大，黑细线变得更宽。

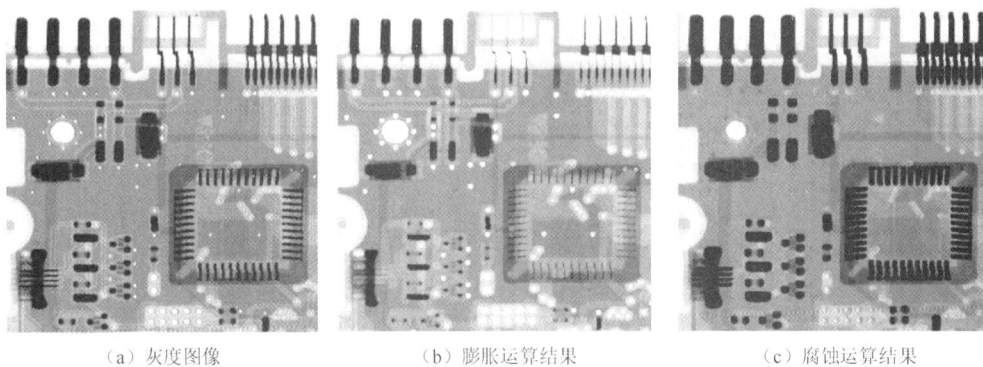

（a）灰度图像　　　　　　　　（b）膨胀运算结果　　　　　　　　（c）腐蚀运算结果

图 7-33　灰度图像的膨胀和腐蚀

2．灰度图像的开运算和闭运算

灰度图像的开运算和闭运算公式在形式上与二值图像的开运算和闭运算定义式相同。对于图 7-33（a）所示的灰度图像使用 6 像素×6 像素圆形结构元素进行开运算，结果如图 7-34（a）所示，所有的亮特征都变小了，变小的程度取决于这些亮特征相对于圆形结构元素的大小。与腐蚀不同的是，开运算对灰度图像中的暗特征和背景的影响可以忽略。使用 10 像素×10 像素圆形结构元素进行闭运算的结果如图 7-34（b）所示，原始灰度图像中小于结构元素尺寸的暗特征都被消除了，而亮特征和背景相对来说未受影响。

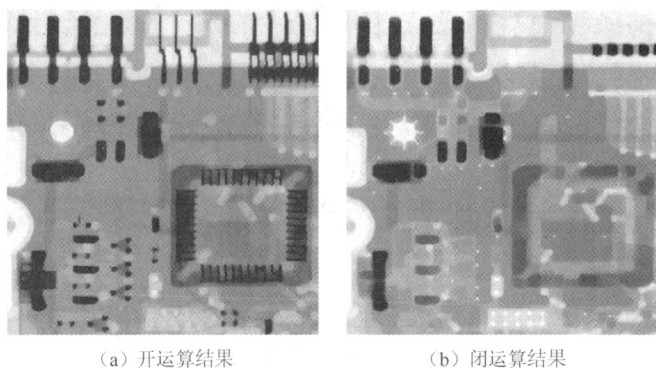

（a）开运算结果 （b）闭运算结果

图 7-34 灰度图像的开运算和闭运算结果

开运算能抑制比设定的结构元素小的亮特征，而且几乎不影响暗特征，而闭运算的处理效果相反。因此，通常组合使用这两种运算平滑图像和去除噪声。

3. 数学形态学梯度

将膨胀和腐蚀运算结果相减，可以得到灰度图像 A 的数学形态学梯度 g，其定义式如下：

$$g=(A \oplus B)-(A \ominus B) \tag{7-28}$$

膨胀和腐蚀的差值运算能够突出图像中目标区域之间的边缘。同质区域在膨胀和腐蚀操作中变化较小，因此相减运算会消除同质区域。最终结果是，边缘得到增强，产生类似梯度的效果。图 7-35（a）所示的原始灰度图像是一幅脑部 CT 图像，将该图像的膨胀和腐蚀运算结果相减，得到其数学形态学梯度结果，如图 7-35（b）所示。

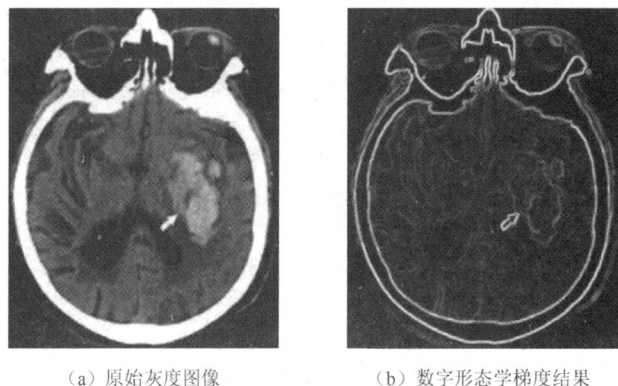

（a）原始灰度图像 （b）数字形态学梯度结果

图 7-35 灰度图像的数学形态学梯度

4. 顶帽变换和底帽变换

顶帽变换是一种基于数学形态学操作的灰度图像分割工具，要求待处理物体在亮度上能够与背景分开，即使背景灰度不均匀，这个条件也要满足。灰度图像与其开运算结果的差称为顶帽变换，即

$$T_{hat}(A) = A-(A \circ B) \tag{7-29}$$

类似地，底帽变换定义为图像的闭运算结果减去原始图像，即

$$B_{\text{hat}}(A) = (A \cdot B) - A \qquad\qquad (7\text{-}30)$$

若要从较暗（或亮）且变化平缓的背景中提取较亮（暗）物体，则顶帽变换是一个很好的方法。通过开运算那些与结构元素不符的部分被删除，再用原始图像减去开运算结果，被删除部分就清楚地显现出来。

顶帽变换适用于从暗背景中提取亮目标，而底帽变换适用于从亮背景中提取暗目标。因此，通常将这两个变换称为白顶帽变换和黑底帽变换。在 MATLAB 中采用 imtophat()函数对二值图像或灰度图像进行顶帽变换，采用 imbothat()函数进行底帽变换。

图 7-36 为灰度图像的两次阈值分割结果。7-36（a）所示灰度图像为一幅米粒图像，是在非均匀光照下得到的，该图像的右下角最明显。图 7-36（b）是 Otsu 阈值分割结果，暗区域的目标未被分割出来（右下角），同时有些背景被当作目标（左上角）。经过顶帽变换，背景变得很均匀，再用阈值分割提取出所有的目标[见图 7-36（d）]。

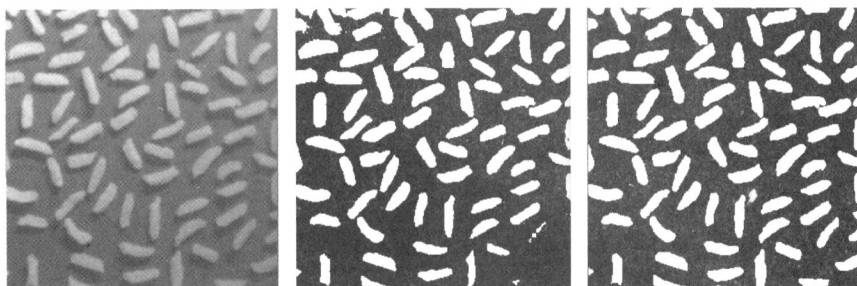

（a）灰度图像　　　　（b）Otsu阈值分割结果　　（c）顶帽变换后再进行阈值分割的结果

图 7-36　灰度图像的两次阈值分割结果

5．数学形态学的纹理分割

数学形态学的纹理分割是指以纹理内容为基础，找到两个区域的边缘，将图像分割为不同的区域。数学形态学的纹理分割示例如图 7-37 所示。图 7-37（a）所示纹理图像有两个纹理区域，左侧区域包含一些较小的斑点，右侧区域包含一些较大的斑点。由于斑点颜色比背景暗，因此可以先用一个尺寸大于较小斑点的圆形结构元素对该纹理图像进行闭运算，删除较小的斑点，从而得到只有大斑点的图像，闭运算结果如图 7-37（b）所示。再用尺寸大于较大斑点的圆形结构元素对该图像进行开运算，删除较大斑点之间的亮区域，整个图像形成左侧偏亮和右侧偏暗的两个区域，开运算结果如图 7-37（c）所示。通过数学形态学梯度运算，得到两个区域的边缘，数学形态学梯度运算结果如图 7-37（d）所示。将数学形态学梯度运算得到的边缘叠加到原始纹理图像上，实现左右两种不同纹理的分割，如图 7-37（e）所示。

6．粒度测定法

粒度测定法最早用于研究有孔材料，通过使用一系列逐渐增大的结构元素对图像进行开运算，从而量化孔洞尺寸分布。目前，粒度测定法已成为一种重要的数学形态学分析工具，在材料学和生物学中广泛应用。

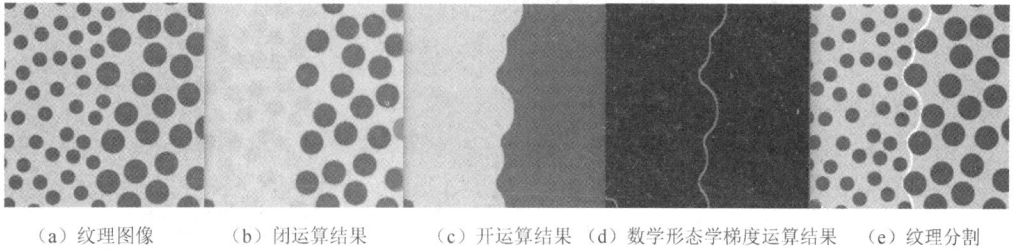

（a）纹理图像　　（b）闭运算结果　　（c）开运算结果　（d）数学形态学梯度运算结果　　（e）纹理分割

图 7-37　数学形态学的纹理分割示例

在二值图像的数学形态学中，以图像中的物体大小为独立变量，计算粒度测定曲线。其中，横坐标代表递增的颗粒尺寸（开运算所使用的结构元素的大小），纵坐标代表各尺度粒子的数量（像素数）。

常用的方法是用一系列尺寸递增的结构元素进行开运算。每个当前开运算与其前一个开运算相比，能够从图像中去除更多的部分，最终达到空集（消除图像中的所有白色目标，全部区域变为黑色区域）。

图 7-38 为粒度测定示例。输入的原始灰度图像是若干半径不同的圆形木钉，如图 7-37（a）所示。首先采用顶帽变换 imtophat(im, strel('disk',30)语句和 Otsu 阈值分割得到二值图像，如图 7-38（b）所示。使用半径为 6～30 像素的圆形结构元素对该二值图像进行开运算，其中两个开运算结果（半径分别为 17 像素和 20 像素）显示于图 7-38（c）和图 7-38（d）中。圆形结构元素半径大于 27 像素之后的开运算结果整体变为黑色。图 7-38（e）是粒度测定功率谱，包含两个最明显的峰值，清晰地表明原始灰度图像中存在两种主要的物体尺寸（半径分别为 18 像素和 27 像素）。

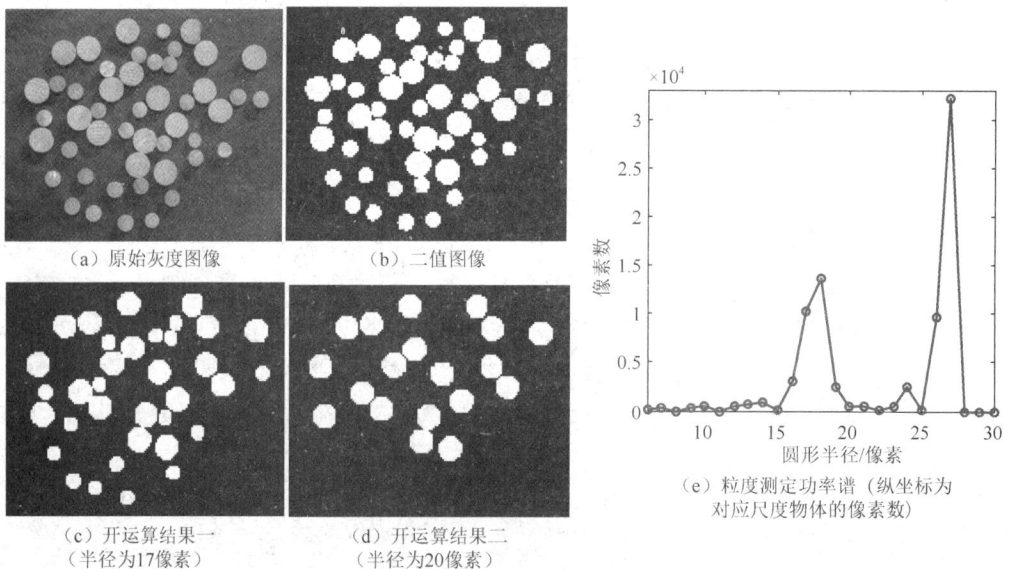

（a）原始灰度图像　　　　　　　（b）二值图像

（c）开运算结果一　　　　　　　（d）开运算结果二
（半径为17像素）　　　　　　　（半径为20像素）

（e）粒度测定功率谱（纵坐标为
对应尺度物体的像素数）

图 7-38　粒度测定示例

由这个例子可知，使用粒度测定法时，不需要事先识别（分割）物体就可以提取物体的大小信息。在实际应用中，这种方法常用于形状描述、特征提取、纹理分割和去除图像边缘的噪声。

7.6　运 动 目 标 分 割

静态图像函数是空间位置的函数，它与时间变化无关。单幅静态图像无法描述物体的运动，运动目标分割的研究对象通常是图像序列。图像序列中的每一幅图像称为一帧，在不同时刻采集的多帧图像中包含存在于摄像机与景物之间的相对运动信息。图像序列一般可以表示为 $f(x,y,t)$，和静态图像相比，多了一个时间参数 t。一般认为所有图像的获取时间间隔相等，因此图像序列也可以表示为 $f(x,y,i)$，i 为图像帧数。通过分析图像序列，获取景物的运动参数及各种感兴趣的视觉信息是计算机视觉的重要内容，而运动目标分割是其中的关键技术。

7.6.1　背景差值法

背景差值法假定图像背景静止不变，因此图像背景不随图像帧数而变，可表示为 $b(x,y)$，定义图像序列为 $f(x,y,i)$。将每帧图像的灰度值减去背景的灰度值，可得到一个差值图像函数，即

$$d(x,y,i) = f(x,y,i) - b(x,y) \tag{7-31}$$

通过设置一个阈值 T 可得到一个二值化差值图像函数，即

$$bd(x,y,i) = \begin{cases} 1, & |d(x,y,i)| \geqslant T \\ 0, & 其他 \end{cases} \tag{7-32}$$

灰度值为 1 和 0 的像素分别对应前景（运动目标区域）与背景。关于阈值 T 的选择方法，可采用静态图像阈值分割所使用的方法。背景差值法原理简单，利用该方法可以较好地对静止背景下的运动目标进行分割。

采用背景差值法分割运动目标的速度快，检测结果准确，其关键是背景图像的获取。但是在有些情况下，静止背景是不易直接获得的。此外，由于噪声等因素的影响，仅仅利用单帧图像的信息容易产生错误。这就需要通过视频序列的帧间信息估计和恢复背景，即背景重建。由于重建背景的质量、阈值的选择以及序列图像中其他各种因素的影响，在检测出的二值图像中不可避免地留下大量的噪声点，使得原始图像中对应于运动目标的区域会出现不同程度的碎片化现象。为更好地反映各个运动目标在当前图像中的位置，可以对二值图像进行滤波，去除噪声。一个简单的噪声消除方法是使用尺度滤波器，滤掉小于某一尺度的连通分量，因为这些像素常常是由噪声产生的，留下大于尺度滤波器阈值的连通分量，以便进一步分析。

7.6.2　帧间差分法

当图像背景不是静止时，无法用背景差值法分割运动目标。此时检测图像序列相邻两帧间变化的简单方法是直接比较两帧图像对应像素的灰度值。在这种方式下，帧 $f(x,y,i)$ 与帧 $f(x,y,j)$ 之间的变化用如下的二值差分图像函数表示：

$$bd(x,y,i,j)=\begin{cases}1, & |f(x,y,j)-f(x,y,i)|\geqslant T\\0, & \text{其他}\end{cases} \tag{7-33}$$

式中，T 为阈值。同样，在差分图像中，灰度值为 1 的像素代表变化区域。一般来说，变化区域对应于运动目标。当然，它也有可能是由噪声或光照变化引起的。

缓慢运动物体在图像中的变化量是很小的，它在两个相邻的图像帧之间表现出来的差别是一个很小的量，尺度滤波器可能会将这些微小量当成噪声滤掉。此外，在实际情况中，由于随机噪声的影响，没有运动目标的地方也会出现图像差分值不为零的情况。解决这一问题的一种方法是把这些差分值累积，真正的运动目标区域必然对应较大的累积差分值，这就是累积差分图像法。它属于帧间差分法的一种具体操作手段，其基本思想是通过分析整个图像序列的变化检测小位移或缓慢运动物体，还可用来估计物体移动速度的大小和方向，以及物体的尺度大小。

将图像序列的每帧图像与一幅参考图像进行比较，若两者差值大于某一阈值，则将累积差分图像对应位置的灰度值加 1。通常将图像序列的第一帧作为参考图像，设累积差分图像的初始值为 0。则在第 i 帧图像上的累积差分图像函数为

$$adp(x,y,i)=\begin{cases}0, & i=0\\adp(x,y,i-1)+bd(x,y,0,i), & \text{其他}\end{cases} \tag{7-34}$$

根据上式，可以判定累积差分图像值呈规律分布的区域不是由噪声造成的。同时，避免因缓慢运动的物体在图像中的变化量小而被当成噪声的错误。

图 7-39 所示为三帧运动图像序列及二值差分图像。在该图中，链条的运动带动雪糕板移动，投射在目标物体上的单线结构光用来判断物体是否存在弯曲等三维缺陷。下面以图 7-39 为例，介绍如何通过帧间差分法检测运动目标区域。

选择图像序列中的第 1 帧与第 3 帧图像，根据式（7-33）得到二值差分图像，对于其中的阈值 T，根据 Otsu 算法确定。二值差分图像中的白色区域为运动目标经过区域以及少量的白色噪点，中间一部分的断点是因运动目标与背景亮度基本相近而造成的。

对于二值差分图像，首先，采用闭运算去除小的黑噪点，填充运动目标区域离散的小孔洞；采用开运算消除孤立点和去除白色小区域（白噪点），平滑运动目标轮廓。其次，利用矩形结构元素的闭运算连接水平方向断点，得到闭合的运动目标区域；进行孔洞填充，将白色封闭区域的所有黑色像素设为白色。最后，利用连通分量标记，获得最大连通区域并计算其最小外接矩形，根据矩形参数从序列图像中提取出运动目标。运动目标区域检测流程如图 7-40 所示。

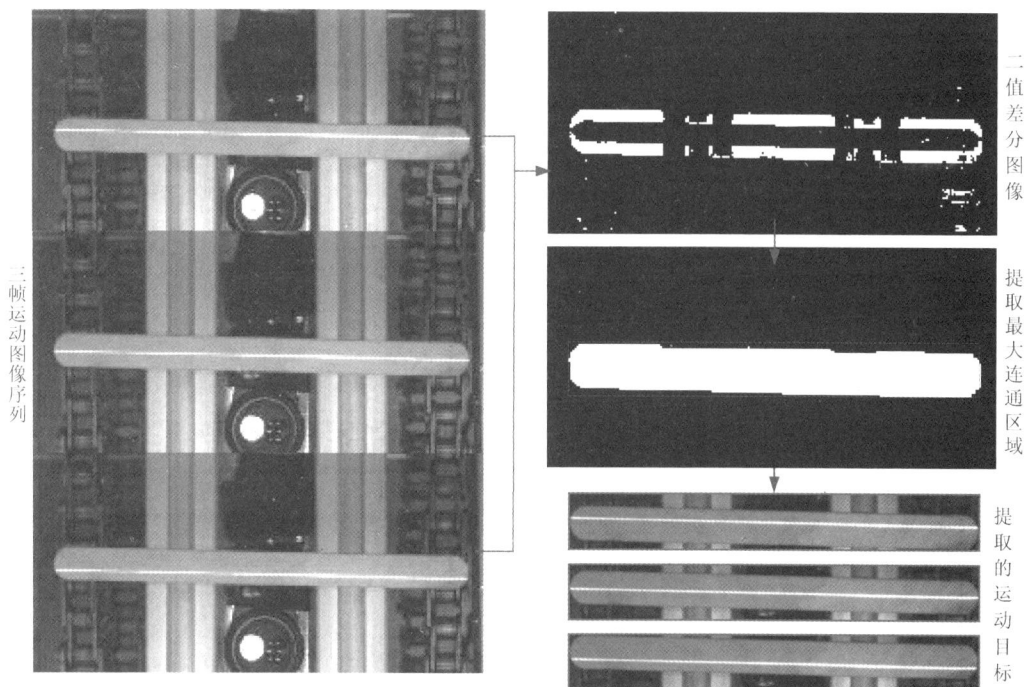

图 7-39　三帧运动图像序列及二值差分图像

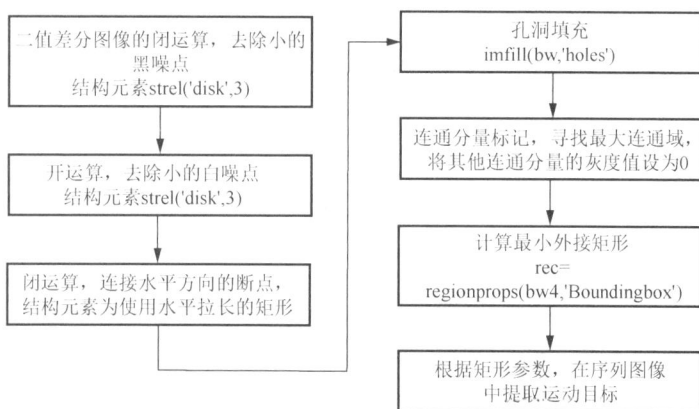

图 7-40　运动目标区域检测流程

7.6.3　三帧差分法

在差分图像中，灰度值不等于 0 的像素并不一定都属于运动物体，也可能是上一帧中被目标遮挡而在当前帧中显露的背景区域。因此，在差分图像中目标和显露的背景同时存在。为了提取实际的运动目标，需要去除显露的背景区域。利用相邻三帧图像，计算相邻两帧的差分图像，并进行二值化处理，然后将这两帧差分图像进行逻辑"与"运算，获取它们的共同部分，以此确定运动目标在中间那帧图像中的轮廓信息，这种运算称为三帧差分法，也称对称差分运算。

设帧 $f(x,y,i\text{-}1)$ 与帧 $f(x,y,i)$ 之间的二值差分图像为 $bd(x,y,i\text{-}1,i)$，帧 $f(x,y,i)$ 与帧

$f(x,y,i+1)$ 之间的二值差分图像为 $bd(x,y,i,i+1)$，则对第 i 帧图像的对称差分运算表示为

$$sbd(x,y,i)=bd(x,y,i\text{-}1,i)\cap bd(x,y,i,i+1) \tag{7-35}$$

上式表明，当 $bd(x,y,i\text{-}1,i)=1$ 和 $bd(x,y,i,i+1)=1$ 同时成立时，$sbd(x,y,i)=1$。这样便可以消除二值图像中显露的背景，获得第 i 帧图像中的运动目标区域。

采用三帧差分法提取运动目标的示例如图 7-41 所示。将三帧差分法应用于图 7-39 中的运动目标，进行粗定位。图 7-41 中的左图为三帧图像中相邻两帧的差分图像，右上图为两帧差分图像的逻辑"与"运算结果。为了提高逻辑"与"运算结果的可靠性，可以先对两帧差分图像进行膨胀运算 。利用直线检测算法（如霍夫变换）得到直线轮廓参数，从而获得第 2 帧图像中的运动目标区域（见图 7-41 中的右下图）。

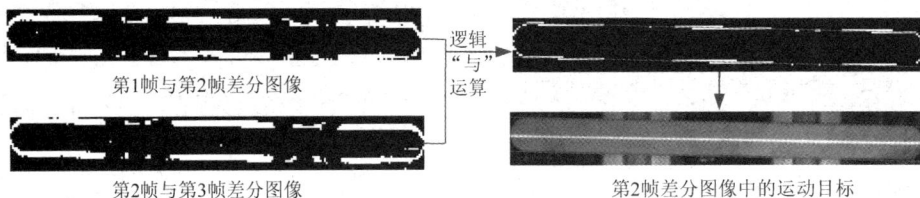

图 7-41　采用三帧差分法提取运动目标的示例

除了以上介绍的 3 种方法，还有基于运动场估计的运动目标分割法。该方法的基本思想是通过运动图像序列的时空相关性分析估计运动场，建立相邻帧对应关系，进而利用目标与背景表观运动模式的不同，进行运动目标的检测与分割，主要包括光流法、块匹配等方法。与差分法相比，运动场分析能够较好地处理背景运动的情况，适用范围更广，但计算的时空复杂度均远高于前者。

思考与练习

7-1　一幅 6 像素×6 像素的二值图像如图 7-42 所示，试分别用 Roberts 算子、Sobel 算子和 Prewitt 算子计算该图像的梯度幅值和梯度方向角。

$$\begin{pmatrix} 0 & 0 & 0 & 0 \\ 0 & 1 & 1 & 1 & 0 \\ 0 & 1 & 1 & 1 & 0 \\ 0 & 1 & 1 & 1 & 0 \\ 0 & 0 & 0 & 0 \end{pmatrix}$$

图 7-42　题 7-1

7-2　一个完整的边缘检测流程包括哪几项内容？在进行边缘检测时，是否可以省略其中一个步骤或几个步骤？为什么？

7-3　平滑滤波和边缘检测是图像处理中两种常见的操作，但它们的目标存在一定的矛盾性。请解释为什么平滑滤波和边缘检测的目标是相互矛盾的。

7-4　LoG 算子在边缘检测中采用什么滤波方法？目的是什么？

7-5　已知一幅数字图像如图 7-43 所示，请用 Robert 算子求 R 点梯度幅值。

7-6　采用双峰法、Otsu 算法对图 7-1（a）进行阈值分割，试编程实现阈值分割。

7-7　什么是阈值分割法？该方法适用于什么场景下的图像分割？

7-8　假设图 7-44 中的白色像素是边缘点，请分别使用 4 连通和 8 连通细化算法去除多余的白点（把去除的白点用阴影线表示）。

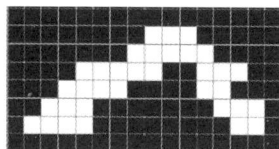

图 7-43　题 7-5　　　　　　图 7-44　题 7-8

7-9　简述 Canny 算子的优缺点。

7-10　一幅二值图像 A 采用结构元素 B1（以 O 为原点）的开运算和闭运算过程如图 7-45 所示，请分析处理过程，并计算二值图像 A 经过结构元素 B2 的开运算和闭运算结果。

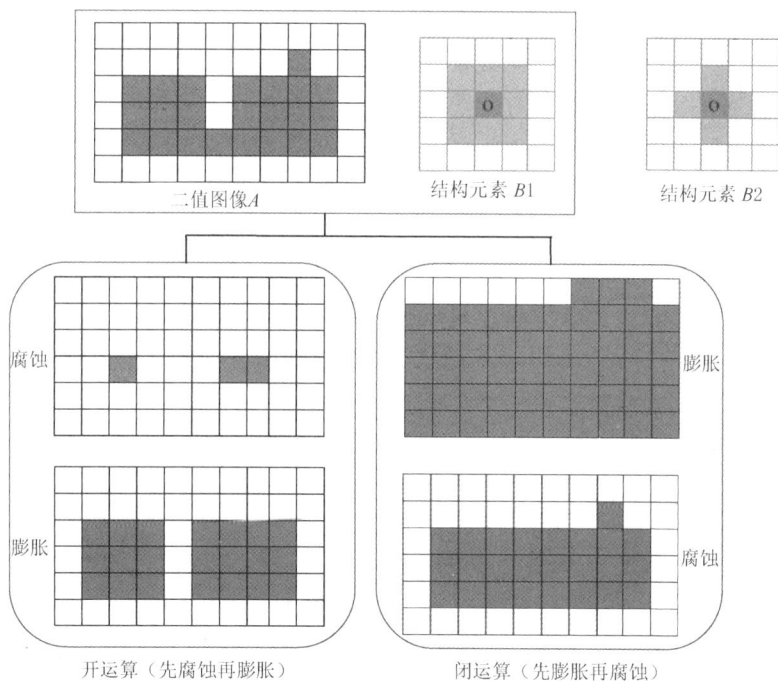

图 7-45　题 7-10

7-11　获取背景差值法中的背景图像以及图像差分中的参考图像是分割的关键，如何利用多幅运动图像构造出一个基准图像？

第8章 »»»»»»

图像特征分析

教学要求

掌握图像的点特征、纹理特征、形状特征的描述与分析方法。

引 例

图像特征分析是图像分析的关键步骤，通过对图像特征的描述和表达，提取图像中包含的原始特性或属性，从而为后续图像处理、图像理解、目标分类或目标识别奠定基础。图像特征包括视觉特征和统计特征。视觉特征主要是指人眼视觉直接感受到的自然特征，如图像的颜色、纹理和形状等；统计特征是指需要通过变换或测量才能得到的人为特征，如频谱、直方图、统计矩等。

图像特征示例如图 8-1 所示。其中，图 8-1（a）为棋盘格靶标图像，常用于视觉系统的标定。为了确定目标姿态首先需要提取棋盘格角点特征，然后计算出系统模型参数。图 8-1（b）为二维码图像，目前被广泛应用于身份认证、商业交易等领域。在二维码识别中首先需要定位二维码图像中的圆点所示的位置探测图形，然后完成变形校正。

由此可见，特征提取在图像分析和图像理解中发挥重要作用。

（a）棋盘格靶标图像　　　　　　　　　　　　　　（b）二维码图像

图 8-1　图像特征示例

8.1 点特征的描述

点特征是目前基于图像特征的配准算法所用到的主要特征。与边缘或区域特征相比，点特征指示的数据量明显少很多；点特征对于噪声的敏感度也比边缘或区域特征低；在灰度变化或遮掩等情况下，点特征比边缘或区域特征更可靠。

图像的点特征的含义如下：它的灰度幅值与其邻域灰度幅值有明显的差异。检测这种点特征时，首先将图像进行低通滤波，然后把平滑后的每个像素的灰度值与它相邻的 4 个像素的灰度值比较，当差值足够大时，才可检测出点特征。

点特征包括角点、切点和拐点，它们是目标形状的重要特征。角点是目标轮廓上曲率超过一定阈值的局部极大值点，切点是直线与圆弧的平滑过渡点，拐点是凹圆弧与凸圆弧的平滑过渡点。

常用的点特征提取算法有 Moravec 角点检测算法、SUSAN 角点检测算法、Harris 角点检测算法、SIFT 特征点检测算法、Forstner 算法与 Hannah 算法等。下面介绍前 3 种算法。

8.1.1 Moravec 角点检测算法

Moravec 角点检测算法的原理如下：首先，利用灰度方差提取特征点，计算每个像素在水平（horizontal）、垂直（vertical）、对角线（diagonal）和反对角线（anti-diagonal）4 个方向上的灰度方差，选择 4 个值中的最小值作为该像素的角点响应函数；最后，通过局部非极大值抑制检测角点。

Moravec 角点检测算法的操作步骤如下：

（1）计算各像素在 4 个方向上的灰度方差及该像素的角点响应函数。5 像素×5 像素的 Moravec 模板如图 8-2 所示。在以像素 (x,y) 为中心的 w 像素×w 像素的模板中，利用下面公式计算该像素在 4 个方向上的灰度方差。

$$V_{\mathrm{h}} = \sum_{i=k}^{k-1} \left(f_{x+i,y} - f_{x+i+1,y} \right)^2$$

$$V_{\mathrm{v}} = \sum_{i=-k}^{k-1} \left(f_{x,y+i} - f_{x,y+i+1} \right)^2$$

$$V_{\mathrm{d}} = \sum_{i=-k}^{k-1} \left(f_{x+i,y+i} - f_{x+i+1,y+i+1} \right)^2 \tag{8-1}$$

$$V_{\mathrm{a}} = \sum_{i=-k}^{k-1} \left(f_{x+i,y-i} - f_{x+i+1,y-i-1} \right)^2$$

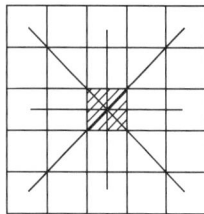

图 8-2　5 像素×5 像素的 Moravec 模板

其中，$k = \mathrm{int}\left(\dfrac{w}{2} \right)$。4 个值中的最小值为该像素的角点响应函数，即

$$R(x,y) = \min \left(V_{\mathrm{h}}, V_{\mathrm{v}}, V_{\mathrm{d}}, V_{\mathrm{a}} \right) \tag{8-2}$$

（2）给定一个经验阈值，将响应值大于该阈值的点作为候选角点。阈值的选择应以候选角点中包含足够多的真实角点而不含过多的伪角点为原则。

（3）局部非极大值抑制。在一定大小的图像窗口内，将候选角点中的响应值不是极大值的点全部去除，仅留下一个响应值是极大值的像素，则该像素为一个角点。

Moravec 角点检测算法最显著的优点是算法简单、运算速度快。然而存在以下问题。

① 只利用了 4 个方向上的灰度变化计算局部相关性，因此响应是各向异性的。

② 该算法的角点响应函数未对噪声进行抑制，因此对噪声敏感。

③ 由于该算法选取最小值作为响应函数，因此对边缘信息比较敏感，可能会将边缘点误判为角点。

8.1.2 SUSAN 角点检测算法

SUSAN（Small Univalue Segment Assimilating Nucleus）角点检测算法可用于图像的角点特征检测和边缘检测，但是角点检测效果比边缘检测效果好。

1. SUSAN 角点检测原理

SUSAN 角点检测算法是基于图像的几何观测，将像素分为边缘、角点和扁平区，直接利用图像的灰度特征进行检测。图 8-3 所示为 SUSAN 角点检测算法的 USAN（同值吸收核）区域示意，SUSAN 角点检测算法采用一个圆形模板，模板中心作为核心点，将圆形区域的每个像素的灰度值与中心像素的灰度值比较，将灰度值与中心像素灰度值相近的像素组成的区域称为 USAN 区域。

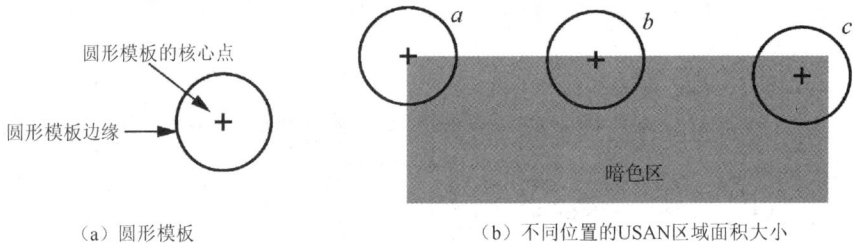

（a）圆形模板　　　　　　　　　（b）不同位置的USAN区域面积大小

图 8-3　SUSAN 角点检测算法的 USAN 区域示意

图 8-3（b）显示不同位置的 USAN 区域面积大小。USAN 区域包含图像结构的以下信息：

（1）在 a 位置，核心点在角点上，USAN 区域面积达到最小值。

（2）在 b 位置，核心点在边缘，USAN 区域面积接近最大值的一半。

（3）在 c 位置，核心点处于暗色区内，半数以上的点在 USAN 区域，USAN 区域面积接近最大值。可以看出，USAN 区域含有图像某个局部区域的强度特征。SUSAN 角点检测算法正是基于以上原理，通过判断核心点子邻域的相似灰度像素的比率确定角点。

将模板中的各点与核心点（当前点）的灰度值用下面的相似性比较函数进行比较：

$$c(x_0,y_0;\ x,y)=\begin{cases}1, & \left|f(x_0,y_0)-f(x,y)\right|\leqslant t \\ 0, & \left|f(x_0,y_0)-f(x,y)\right|>t\end{cases} \tag{8-3}$$

式中，坐标 (x_0, y_0) 为核心点的位置；坐标 (x, y) 为模板 $M(x, y)$ 中其他像素的位置；$f(x_0, y_0)$ 和 $f(x, y)$ 分别为坐标 (x_0, y_0) 和坐标 (x, y) 处像素的灰度；t 为灰度差值阈值；函数 c 为比较输出结果，由模板中所有像素参与运算得出其值。

图 8-4 所示为 37 像素的圆形模板，最小的模板为 3 像素×3 像素。通常对式（8-3）采用以下更加稳健的形式：

$$c(x_0, y_0; x, y) = \exp\left[-\left(\frac{f(x_0, y_0) - f(x, y)}{t}\right)^2\right] \quad (8\text{-}4)$$

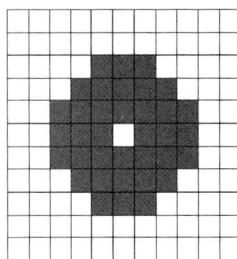

图 8-4　37 像素圆形模板

USAN 区域面积可由下式计算得到，即

$$S(x_0, y_0) = \sum_{(x,y) \in M(x,y)} c(x_0, y_0; x, y) \quad (8\text{-}5)$$

该参数决定了 USAN 区域各点之间最大的灰度差值。将 $S(x_0, y_0)$ 与一个几何阈值 g 比较，以便做出判断。一般情况下，如果模板能取到的最大 S 值为 $S_{\max}$，那么对于 37 像素模板，$S_{\max} = 36$，将该阈值设为 $S_{\max}/2$，以便得到最优的噪声消除效果。若提取边缘，则阈值设为 $3S_{\max}/4$。SUSAN 角点检测算法的角点响应函数可写为

$$R(x_0, y_0) = \begin{cases} g - S(x_0, y_0), & S(x_0, y_0) < g \\ 0, & \text{其他} \end{cases} \quad (8\text{-}6)$$

对该函数应用局部非极大值抑制后可得到角点。

2．SUSAN 角点检测算法操作步骤

（1）在图像的核心点放一个 37 像素的圆形模板。

（2）用式（8-5）计算圆形模板中与核心点有相似灰度值的像素数。

（3）用式（8-6）产生角点响应函数，函数值大于某一特定阈值的点被认为是角点。

3．SUSAN 角点检测算法存在的问题

SUSAN 角点检测算法不需要计算图像的导数，抗噪声能力强，可以检测所有类型的角点，但是 SUSAN 角点检测算法仍然存在三个主要问题。

（1）该算法使用相似性比较函数，需要对每个像素进行灰度相似性计算，计算量较大，尤其是在处理高分辨率图像时，计算复杂度较高。

（2）该算法使用固定阈值判断角点，这在实际应用中可能导致误检或漏检，特别是在低对比度区域，固定阈值可能无法准确区分目标与背景。

（3）该算法假设 USAN 区域的 3 种典型形状（完全包含、部分包含和不包含）在理想情况下，能够准确地反映像素灰度与核心点的灰度相似性。然而，在实际图像中，由于图像边缘的灰度是逐渐变化的，因此与核心点灰度相似的像素可能并不属于同一物体或背景，而属于同一物体或背景的像素灰度值可能与核心点的灰度值相差较大。这种灰度渐变现象（尤其在边缘区域）会导致该算法对角点的误判。

8.1.3　Harris 角点检测算法

Harris 角点检测算法又称 Plessey 算法，它是由 Moravec 角点检测算法改进而来的。Harris 角点检测算法引入信号处理中自相关函数理论，将角点检测与图像的局部自相关函数紧密结合，通过特征值分析判断是否为角点。

Moravec 角点检测算法只考虑了 4 个方向上的灰度变化，因此它是各向异性的。Harris 角点检测算法定义了任意方向上的自相关函数值，使之能够表现各个方向上的变化特性，并且所用高斯窗函数能起到抗噪作用，某一区域灰度变化计算式为

$$E(u,v) = \sum_{x,\,y} w(x,y)\left[f(x+u,y+v) - f(x,y) \right]^2 \tag{8-7}$$

其中，$f(x,y)$ 表示图像中的点 (x,y) 的灰度值；高斯滤波教学模型 $w(x,y) = e^{-\frac{x^2+y^2}{2\sigma^2}}$。

当图像的局部平移量 (u,v) 很小时，可以用一阶泰勒级数近似局部平移图像，即

$$f(x+u,y+v) \approx f(x,y) + \begin{bmatrix} f_x(x,y) & f_y(x,y) \end{bmatrix} \begin{bmatrix} u \\ v \end{bmatrix} \tag{8-8}$$

式中，f_x 和 f_y 分别表示图像在 x 轴与 y 轴方向上的导数。

将式（8-8）代入式（8-7），可得

$$E(u,v) = \sum_{x,y} w(x,y) \left(\begin{bmatrix} f_x(x,y) & f_y(x,y) \end{bmatrix} \begin{bmatrix} u \\ v \end{bmatrix} \right)^2 = \begin{bmatrix} u & v \end{bmatrix} M \begin{bmatrix} u \\ v \end{bmatrix} \tag{8-9}$$

式中，M 为行列 2×2 的对称矩阵。

$$
\begin{aligned}
M &= e^{-\frac{x^2+y^2}{2\sigma^2}} * \begin{bmatrix} \sum\limits_{x,y}\left[f_x(x,y) \right]^2 & \sum\limits_{x,y} f_x(x,y) f_y(x,y) \\ \sum\limits_{x,y} f_x(x,y) f_y(x,y) & \sum\limits_{x,y}\left[f_y(x,y) \right]^2 \end{bmatrix} \\
&= e^{-\frac{x^2+y^2}{2\sigma^2}} * \begin{bmatrix} \langle f_x^2 \rangle & \langle f_x f_y \rangle \\ \langle f_x f_y \rangle & \langle f_y^2 \rangle \end{bmatrix} = \begin{bmatrix} A & C \\ C & B \end{bmatrix}
\end{aligned} \tag{8-10}
$$

式中，A、B、C 是矩阵 3 个元素的简化表示。

M 反映图像中的点 (x,y) 局部邻域的图像灰度结构。假设对称矩阵 M 的特征值分别为 λ_1 和 λ_2，这两个特征值反映局部图像的两个长轴的长度，而与长轴的方向无关，因此具有旋转不变性。这两个特征值可能出现以下 3 种情况：

（1）如果这两个特征值都很小，那么这时的局部自相关函数曲线是平滑的。例如，任何方向上 M 的变化量都很小，局部图像窗口内的图像灰度近似为常数。

（2）如果一个特征值较大而另一个较小，那么此时局部自相关函数曲线如山脊形状。局部图像沿山脊方向平移引起的 M 变化量很小，而在其正交方向平移引起的 M 变化量较大，表明该点位于图像的边缘。

（3）如果这两个特征值都较大，那么此时局部自相关函数曲线是尖锐的峰值。局部图像沿任何方向的平移都将引起 M 发生较大的变化，表明该点为特征点。

为了避免求对称矩阵 M 的特征值，可以采用 $\text{Trace}(M)$ 和 $\text{Det}(M)$ 间接代替 λ_1 和 λ_2。根据式（8-10），得

$$\text{Trace}(M) = \lambda_1 + \lambda_1 = A + B \tag{8-11a}$$

$$\text{Det}(M) = \lambda_1 \lambda_2 = AB - C^2 \tag{8-11b}$$

角点响应函数可以写成

$$R = \text{Det}(M) - k\text{Trace}^2(M) \tag{8-12}$$

式中，k 为常数因子，其值一般为 0.04～0.06。

只有当图像中的像素的 R 值大于一定的阈值且其在周围的 8 个方向上是局部极大值时，才认为该点是角点。最后通过寻找角点响应函数的局部极大值获得图像中角点的位置。

8.2　纹理特征的描述

谈到纹理（texture），人们自然会想到木制家具上的木纹以及花布上的花纹，木纹为自然纹理，花纹为人工纹理。人工纹理是由自然背景上的符号排列组成的，这些符号可以是线条、点、字母、数字等，人工纹理往往是有规则的。自然纹理是具有重复排列现象的自然景象，如森林、碎石、草地等。自然纹理往往是无规则的，它反映物体表面颜色或灰度的某种变化，而这些变化又与物体本身的属性相关。纹理图像示例如图 8-5 所示。

| （a）布纹 | （b）木纹 | （c）景物纹理 | （d）碎石纹理 | （e）砖墙纹理 |

图 8-5　纹理图像示例

图像纹理分析广泛应用。例如，气象云图多是纹理型的，在红外云图上，几种不同纹理特征的云类（如卷云、积雨云、积云和层云）的识别就可以用纹理特征；在卫星遥感图像中，地表的山脉、草地、沙漠、森林、城市建筑群等均表现出不同的纹理特征，因此通过分析卫星遥感图像的纹理特征，可以进行区域识别、国土整治、森林利用、城市发展、土地荒漠化等方面的宏观研究；显微图像如细胞图像、金相图像、催化剂表面图像等，均具有明显的纹理特征，对它们进行纹理分析可以得到相关物理信息。

图像的纹理特征常具有周期性，这些纹理特征反映物品的质地，如粗糙度、颗粒度、随机性和规范性等。图像纹理分析是指通过一定的图像处理技术抽取出纹理特征，从而获得纹理的定量或定性描述的处理过程。

下面介绍几种常用的纹理特征提取方法。

8.2.1 灰度差分统计

灰度差分统计又称一阶统计，它通过计算图像中的一对像素之间的灰度差值直方图反映图像的纹理特征。设给定的图像函数为 $f(x,y)$，点 $(\Delta x, \Delta y)$ 表示一个微小距离，则图像中像素 (x,y) 与像素 $(x+\Delta x, y+\Delta y)$ 的灰度差绝对值计算公式为

$$g(x,y) = \left| f(x,y) - f(x+\Delta x, y+\Delta y) \right| \tag{8-13}$$

设灰度差值的所有可能取值共 L 级，使点 (x,y) 在整幅图像上移动，统计出各个灰度差值的出现次数，由此计算出灰度差值概率 $h_g(k)$。其中，k 表示灰度差值。当选取较小灰度差值 k 的概率 $h_g(k)$ 较大时，说明纹理比较粗糙；当选取较大灰度差值的概率较大时或直方图较平坦时，说明纹理较细致。可见，纹理特征与概率 $h_g(k)$ 有密切的关系。可以通过计算以下 4 个参数描述纹理特征。

（1）平均值（Mean）。

$$\text{Mean} = \frac{1}{L} \sum_k k h_g(k) \tag{8-14}$$

粗纹理对应的 $h_g(k)$ 在零点附近比较集中，因此其平均值比细纹理的平均值小。

（2）对比度（Contrast）。

$$\text{Con} = \sum_k k^2 h_g(k) \tag{8-15}$$

（3）能量（Energy）。能量是图像灰度分布均匀性的度量，从图像整体来看，若纹理较粗，则能量较大，因为粗纹理含的能量较多；反之，能量较小。

$$\text{Ene} = \sum_k \left[h_g(k) \right]^2 \tag{8-16}$$

（4）熵（Entropy）。熵是图像所具有的信息量的度量。若图像没有纹理信息，则熵为 0。

$$\text{Ent} = -\sum_k h_g(k) \log_2 h_g(k) \tag{8-17}$$

基于灰度级的直方图（灰度直方图）并不能建立特征与纹理基元的一一对应关系，相同的灰度直方图可能对应不同的纹理特征。因此，在运用灰度直方图进行纹理分析和比较时，还需要加上其他特征。

8.2.2 自相关函数

常用粗糙度描述纹理结构，其粗糙度与局部结构的空间重复周期有关。若该周期大，则纹理粗；若该周期小，则纹理细。自相关函数可以用来估计规则量，以及平滑纹理粗糙度，图像函数 $f(x,y)$ 的自相关函数定义如下：

$$C(\Delta x, \Delta y; k, l) = \frac{\displaystyle\sum_{x=k-m}^{k+m} \sum_{y=l-m}^{l+m} f(x,y) f(x-\Delta x, y-\Delta y)}{\displaystyle\sum_{x=k-m}^{k+m} \sum_{y=l-m}^{l+m} \left[f(x,y) \right]^2} \tag{8-18}$$

上式实质是对 $(2m+1) \times (2m+1)$ 窗口内每个像素 (k,l) 与偏离值为 $\Delta x, \Delta y = 0, \pm 1, \cdots,$

±T 的像素之间相关值的计算。对于具有重复纹理模式的图像，自相关函数表现出一定的周期性，其周期等于相邻纹理基元的距离。对于粗纹理图像，由于其纹理基元尺寸较大，随着偏离值的增大自相关函数下降速度较慢；对于细纹理图像，随着偏离值的增大自相关函数下降速度较快。随着偏离值的继续增大，自相关函数会呈现某种周期性变化，这种变化可以用来测量纹理的周期性和纹理基元的大小。

自相关函数的一种扩展形式表示为

$$C\left(k,l\right) = \sum_{\Delta x=-T}^{T} \sum_{\Delta y=-T}^{T} \left(\Delta x\right)^2 \left(\Delta y\right)^2 \rho\left(\Delta x, \Delta y; k, l\right) \tag{8-19}$$

上式表明，纹理粗糙度越大，$C\left(k,l\right)$ 值越大。因此，可以方便地使用 $C\left(k,l\right)$ 作为度量纹理结构粗糙度的一种参数。

8.2.3　灰度共生矩阵

纹理是由图像灰度值在空间位置按照某种规律（如周期性、方向性或随机性）分布而形成的，因此在图像空间相隔某一距离的两个像素存在一定的灰度关系，即图像灰度的空间相关特性。灰度共生矩阵就是一种通过研究图像灰度的空间相关特性描述纹理的常用方法。一幅图像的灰度共生矩阵能反映图像灰度关于方向、相邻间隔和变化幅度的综合信息，灰度共生矩阵是分析图像的局部模式及其排列规则的基础。

灰度共生矩阵是一个二维相关矩阵，用 $P_d\left(a,b\right)$ 表示，它是指图像中灰度值为 a 的像素与灰度值为 b 的像素，在满足位移矢量 $d=(d_x,d_y)$ 的条件下同时出现的频率，即像素对的数量。当灰度级为 n 时，灰度共生矩阵是一个行列大小为 $n×n$ 的矩阵。位移矢量包含距离和方向，例如，d=(1,1)表示像素向右和向下各移动一步。

灰度共生矩阵的计算示例如图 8-6 所示。图 8-6（a）所示图像是一个包含 3 个灰度级（0～2）的 5 像素×5 像素图像，$P_d\left(a,b\right)$ 是一个行列大小为 3×3 的矩阵。在 5 像素×5 像素图像中，若距离值 1 像素，则共 16 个像素对满足空间分离性。下面计算满足位移矢量 d 的所有像素对数值，然后，把这个数值填入灰度共生矩阵 $P_d\left(a,b\right)$ 的第 a 行和第 b 列。例如，当位移矢量 d=(1,1)时，a=0 和 b=1 的组合（在 0 值的右下方为 1 的频率）次数为 2，即 $P_{(1,1)}(0,1)=2$。位移矢量 d=(1,1)时的灰度共生矩阵见图 8-6（b）。

位移矢量 d=(-1,-1)时，a=2 和 b=1 的组合次数为 2，即 $P_{(-1,-1)}(2,1)=2$。位移矢量 d=(-1,-1) 时的灰度共生矩阵见图 8-6（c）。

由此可知，选取不同的距离和角度，可以得到不同的灰度共生矩阵。实际求解时，常选取固定距离，并且一般只需计算 4 个方向的灰度共生矩阵，即 0°、45°、90°、135° 4 个方向，因为 $P_{(1,0)} = P_{(-1,0)}^{T}$，$P_{(0,1)} = P_{(0,-1)}^{T}$，$P_{(1,1)} = P_{(-1,-1)}^{T}$，$P_{(1,-1)} = P_{(-1,1)}^{T}$。经常采用两种方向相差 180° 的共生矩阵之和表示灰度共生矩阵，图 8-6（d）即表示位移矢量 d=(1,1)和 d=(-1,-1)对应的灰度共生矩阵之和，这种情况下的灰度共生矩阵都是对称矩阵。图 8-7 为 4 个方向的灰度共生矩阵，该示例是用对称矩阵形式表示灰度共生矩阵。

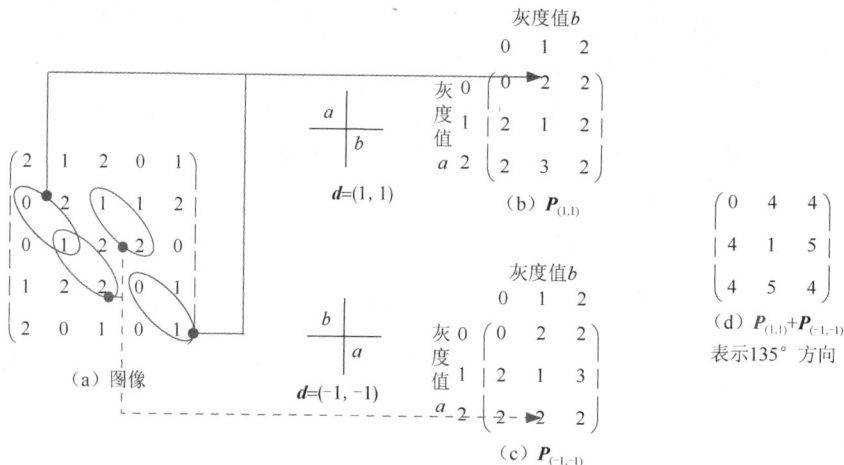

图 8-6　灰度共生矩阵的计算示例

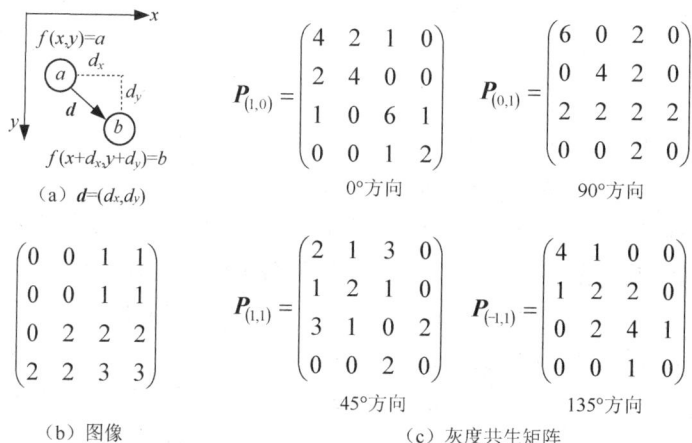

图 8-7　4 个方向的灰度共生矩阵示例

灰度共生矩阵反映图像灰度关于方向、相邻间距、变化频率、变化幅度的综合信息，在此基础上，生成二次统计量，将其作为纹理特征参数。假设灰度共生矩阵 $P_d(a,b)$ 已经过归一化处理，即 $\sum_{a=0}^{n-1}\sum_{b=0}^{n-1}P_d(a,b)=1$。Haralick 等人（1973）定义了 14 个用于纹理分析的灰度共生矩阵特征参数，其中典型的参数有以下 4 种。

（1）能量。能量又称角二阶矩（Angular Second Moment，ASM），它是灰度共生矩阵各元素的平方和，它反映图像灰度分布均匀程度和纹理粗糙度。

$$\text{ASM} = \sum_a\sum_b\left[P_d(a,b)\right]^2 \tag{8-20}$$

如果灰度共生矩阵的元素值相近，能量值就小；如果其中一些元素值大而其他元素值小，能量值就大。能量值大，表明一种较均匀和规则变化的纹理模式。

（2）对比度。对比度是灰度共生矩阵中关于主对角线的惯性矩，它度量元素值分布情况和图像的局部变化。从数学角度看，灰度共生矩阵远离对角线的元素值越大，对比度越

大。对比度反映纹理的清晰度和纹理沟纹深浅的程度，对比度越大，纹理沟纹越深，纹理效果越明显。

$$\mathrm{Con} = \sum_a \sum_b (a-b)^2 \, \boldsymbol{P}_d(a,b) \tag{8-21}$$

（3）熵。熵代表图像的信息量，它是图像内容随机性的度量，能表征纹理的复杂程度。

$$\mathrm{Ent} = -\sum_a \sum_b \boldsymbol{P}_d(a,b) \log_2 \boldsymbol{P}_d(a,b) \tag{8-22}$$

当图像无纹理时，熵接近零。若图像充满细纹理，则灰度共生矩阵的元素值近似相等，此时熵最大。

（4）逆差矩（Inverse Difference Moment，IDM）。逆差矩又称局部平稳、均匀度，它是纹理局部变化的度量，反映纹理的规则程度。纹理越规则，逆差矩越大。

$$\mathrm{IDM} = \sum_a \sum_b \frac{\boldsymbol{P}_d(a,b)}{1+(a-b)^2} \tag{8-23}$$

若一幅灰度图像的灰度级为 256 级，则会导致计算出来的灰度共生矩阵太大。为了解决特征计算耗时或消除图像照明的影响，在求灰度共生矩阵之前，根据直方图均衡化等灰度分布的标准化技术，可将图像灰度级进行压缩。例如，压缩为 16 级。

灰度共生矩阵特别适用于描述微小纹理，而不适用于描述含有大面积基元的纹理，因为矩阵没有包含形状信息。

在 MATLAB 中使用 graycomatrix()函数求灰度共生矩阵，使用 graycoprops()函数求纹理特征统计值。

8.2.4　傅里叶变换法

傅里叶变换法是指借助傅里叶频谱的频率特性，描述具有周期性或近似周期性的图像纹理的方向性。通常，全局纹理模式对应傅里叶频谱中能量十分集中的区域。频谱峰的位置对应全局纹理模式的基本周期，如果通过滤波把周期性成分去除，那么对剩下的非周期性成分可用统计方法描述。

在实际应用中，利用傅里叶-极坐标变换将频谱转化到极坐标系。为简化表达，用二元函数 $P(r,\theta)$ 描述。通过固定其中一个变量将这个二元函数转化成一元函数，以此描述纹理特征。傅里叶频谱的划分如图 8-8 所示，从频谱原点出发，计算不同半径的环形区域的能量，或者计算楔形区域的能量，即

$$S(r) = \sum_{\theta=0}^{2\pi} P(r,\theta) \tag{8-24}$$

$$S(\theta) = \sum_{r=0}^{R_0} P(r,\theta) \tag{8-25}$$

在上式中，$S(r)$ 表示频谱空间以原点为中心的微小环形区域[见图 8-8（a）中阴影所示的环形区域]总能量与半径 r 的关系；$S(\theta)$ 表示微小楔形区域[见图 8-8（b）中阴影所示的楔形区域]总能量随 θ 变化的关系。经常使用 $S(r)$ 和 $S(\theta)$ 图形的峰位置和大小，以及 $S(r)$ 和 $S(\theta)$ 的平均值或方差等分析纹理特征。从微小环形区域计算出的特征反映了纹理的粗糙度，

在大半径环上的高能量体现精细纹理的特征（高频），而在小半径环上的高能量体现粗糙纹理的特征。从微小楔形区域计算出的特征反映纹理的方向属性，$S(\theta)$ 的峰表示纹理在与该方向垂直的方向上存在很多边缘和直线，具有明确的方向性。

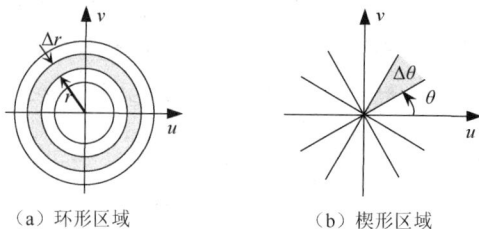

（a）环形区域　　　　　　　　　　　（b）楔形区域

图 8-8　傅里叶频谱的划分

8.2.5　Gabor 变换法

经典傅里叶变换法只能反映信号的整体特性，同时要求信号满足平稳条件。如果信号在某个时刻的一个小的邻域发生变化，那么信号的整个频谱都受到影响，而频谱的变化从根本上来说无法标定发生变化的时间和发生变化的剧烈程度。然而，在实际应用中，诸如图像边缘、轮廓等位置之类的信息极为重要。

D.Gabor 于 1946 年提出了一种新的变换方法——Gabor 变换法。Gabor 变换法属于加窗傅里叶变换，二维 Gabor 函数可以在频域不同尺度、不同方向上提取相关的特征。此外，二维 Gabor 函数与人眼的生物作用相仿，所以经常用于纹理识别并取得了较好的效果。二维 Gabor 函数可以表示为

$$g(x,y) = \frac{f^2}{\pi \sigma_x \sigma_y} e^{-\left(\frac{f^2}{\sigma_x^2} x_\varphi^2 + \frac{f^2}{\sigma_y^2} y_\varphi^2\right)} e^{j2\pi f x_\varphi} \tag{8-26}$$

$$\begin{cases} x_\varphi = x\cos\varphi + y\sin\varphi \\ y_\varphi = -x\sin\varphi + y\cos\varphi \end{cases} \tag{8-27}$$

式中，f 为二维 Gabor 函数的中心频率；φ 为二维 Gabor 函数方向，即该函数正弦平面波方向与 x 轴的夹角；σ_x 和 σ_y 分别为高斯包络函数沿 x 轴和 y 轴的标准差，有时也将它们称作平滑因子。σ_x / σ_y 为空间纵横比，当 $\sigma_x = \sigma_y$ 时，高斯包络函数为圆对称高斯函数。

上述公式已经假设二维 Gabor 函数中正弦平面波的方向与高斯包络函数的方向相同，即二者夹角为 0°。由式（8-26）可以看出，二维 Gabor 函数图形是由一个沿着 φ 方向以频率 f 传播的正弦平面波被高斯曲面包络后形成的，如图 8-9 所示。图 8-10 为二维 Gabor 函数的 16 个方向示意。

设归一化的二维 Gabor 函数为

$$G(u,v) = e^{-\frac{\pi^2}{f^2}\left[\sigma_x^2\left(u_\varphi - f\right)^2 + \sigma_y^2 v_\varphi^2\right]} \tag{8-28}$$

$$\begin{cases} u_\varphi = u\cos\varphi + v\sin\varphi \\ v_\varphi = -u\sin\varphi + v\cos\varphi \end{cases} \tag{8-29}$$

（a）正弦平面波　　　　　（b）高斯曲面（$\sigma_x = \sigma_y$）　　　　　（c）二维Gabor函数

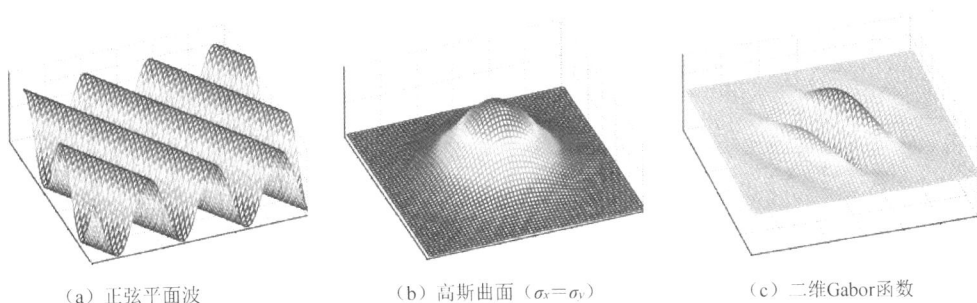

图 8-9　二维 Gabor 函数示意

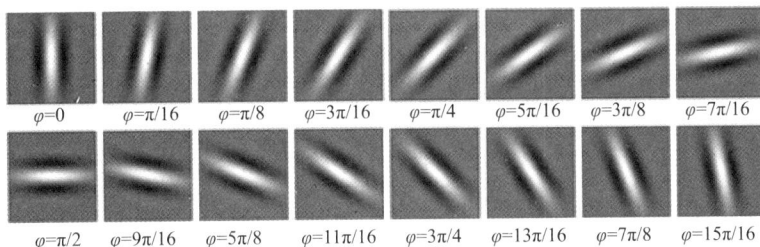

$\varphi=0$　$\varphi=\pi/16$　$\varphi=\pi/8$　$\varphi=3\pi/16$　$\varphi=\pi/4$　$\varphi=5\pi/16$　$\varphi=3\pi/8$　$\varphi=7\pi/16$

$\varphi=\pi/2$　$\varphi=9\pi/16$　$\varphi=5\pi/8$　$\varphi=11\pi/16$　$\varphi=3\pi/4$　$\varphi=13\pi/16$　$\varphi=7\pi/8$　$\varphi=15\pi/16$

图 8-10　二维 Gabor 函数的 16 个方向示意

从频域的观点看，该二维 Gabor 函数在 u_φ 方向是带通的，其中心频率在 f 处，带宽由 σ_x 决定；在 v_φ 方向是低通的，带宽由 σ_y 决定。将二者结合起来可知，二维 Gabor 函数 $g(x,y)$ 是一种沿 φ 方向带通、沿垂直于 φ 方向平滑的滤波算法。通过选择合适的滤波算法参数，二维 Gabor 函数还可以用于图像平滑和增强。

对于单幅条纹图像，当选择 φ 作为条纹梯度方向角、f 为条纹频率时，二维 Gabor 函数沿条纹梯度方向限带通过中心频率为 f 的条纹结构信息，而沿条纹方向对条纹进行平滑。

一幅图像的 Gabor 特征是通过图像 $I(x,y)$ 与二维 Gabor 函数 $g(x,y)$ 的卷积得到的，卷积输出结果为复数形式，该复数的幅值就是所提取的 Gabor 特征值，它反映图像在特定尺度和方向上的纹理强度。为了进一步描述图像纹理特征，可以计算 Gabor 特征值的统计量，如均值和方差等。

【程序】采用 Gabor 变换法分析图像纹理。

```
%Gabor 函数的定义
function [g]=gaborfilter(Sx,Sy,f,theta)
%Sx、Sy 是变量在 x 轴和 y 轴变化的范围，f 为平面正弦波的频率
%theta 为 Gabor 滤波器的方向
for x=-Sx:Sx   %选定窗口大小
  for y=-Sy:Sy
    xp=x*cos(theta)+y*sin(theta);
    yp=y*cos(theta)-x*sin(theta);
```

```
        g(Sx+x+1,Sy+y+1)=exp(-.5*((xp/Sx)^2+(yp/Sy)^2))*exp(i*2*pi*f*xp);
    end
end
end
```

```
%调用garborfilter()函数对图像进行分析
close all; clear all; clc;
I = imread('wenli.jpg');
I=rgb2gray(I);
[g_R, g_I]=gaborfilter(2,4,16,pi/10);      %调用garborfilter()函数
g_Real = conv2(I,real(G),'same');          %与Gabor函数虚部卷积
g_Img = conv2(I,imag(G),'same');           %与Gabor函数实部卷积
gabout = sqrt(g_Img.^2+ g_Real.^2);        %Gabor变换后的输出图像

J=fft2(gabout);                            %对Gabor滤波后的图像做fft变换
A=double(J);
[m,n]=size(A);
B=A;
C=zeros(m,n);
for i=1:m-1
    for j=1:n-1
        B(i,j)=A(i+1,j+1);
        C(i,j)=abs(round(A(i,j)-B(i,j)));
    end
end
h=imhist(mat2gray(C))/(m*n);               %求归一化的直方图
mean=0;con=0;ent=0;
for i=1:256                                %求图像的均值、对比度和熵
    mean = mean+(i*h(i))/256;
    con = con+i*i*h(i);
    if(h(i)>0)
        ent=ent-h(i)*log2(h(i));
    end
end
figure;subplot(121);imshow(I);  subplot(122);imshow(uint8(gabout));
```

原始纹理及其 Gabor 滤波结果如图 8-11 所示。其中二维 Gabor 函数的方向分别为 $\pi/10$ 和 $\pi/4$。纹理特征计算结果表 8-1。

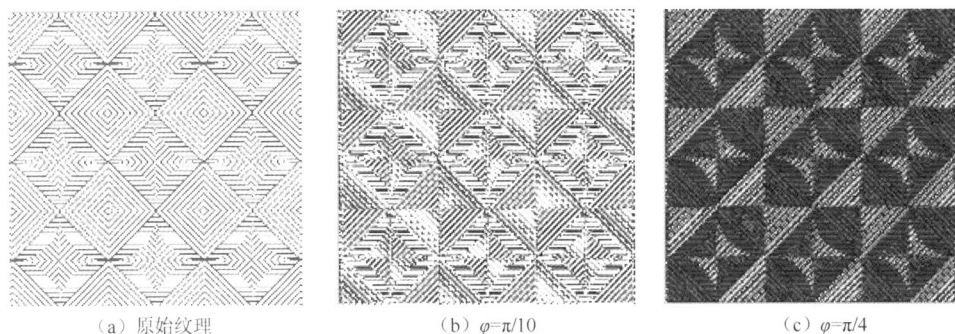

（a）原始纹理　　　　　　　　（b）$\varphi=\pi/10$　　　　　　　　（c）$\varphi=\pi/4$

图 8-11　原始纹理及其 Gabor 滤波结果

表 8-1　纹理特征计算结果

特征 二维 Gabor 函数的方向	平均值	对比度	熵
$\varphi=\pi/10$	0.0043	1.6111	0.4046
$\varphi=\pi/4$	0.0042	1.5869	0.3623

8.3　形状特征的描述

形状是用来描述图像的重要特征之一，通常情况下，人类很容易通过一个物体的轮廓或形状认识这个物体。同类物体因光照、纹理和颜色等信息而呈现出不同的面貌，但是，它们的形状基本相似。形状识别对于计算机视觉来说，却是一件难事。一方面，图像分割受到背景与物体之间的反差影响，以及光源、遮挡等影响，不容易实现；另一方面，摄像机从不同的视角和距离获取的同一场景的图像是不同的，这两方面因素给物体形状的提取和识别造成很大困难。

通常在物体从图像中分割出来后进行形状特征分析，形状特征描述与尺寸测量相结合可以方便地区分不同物体，该结合方法在图像检索、图形识别和分类、图形配准、图形近似和简化等应用中起重要作用。

通常，有效的形状特征应尽可能满足以下条件：

（1）独特性。每幅图像应具有独特性。人眼视觉系统认为相似目标具有相似的特征，区别于其他图形的特征。

（2）平移、旋转、尺度不变性。提取的特征应对图像的位置、旋转和尺度变化保持不变，确保在不同视角和尺度下仍能准确地描述形状。

（3）仿射不变性。提取的特征尽量对仿射变换具有不变性，以适应更广泛的几何变换。

（4）灵敏性。形状描述应能有效地反映相似目标之间的差异，确保在细微变化下仍能区分不同形状。

（5）抽象性。形状描述应能从细节中抽象出形状的基本特征，同时忽略不必要的细节和噪声。

在通常情况下，形状特征的描述方法有两类，一类是表达形状的目标区域轮廓的像素集合，称为图像的轮廓特征描述，轮廓特征主要针对物体的外轮廓，因而无法获得形状的内部信息；另一类是表达形状的目标区域所有的像素集合，称为图像的区域特征描述，区域特征关系到整个形状区域，这类特征是根据形状所围区域所有像素的信息得到的。部分形状特征描述如图 8-12 所示。

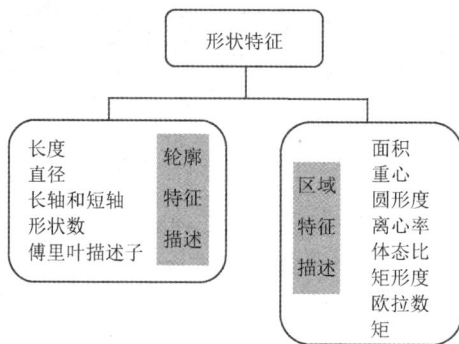

图 8-12   部分形状特征描述

8.3.1   轮廓表示方法

轮廓在图像中所占的比例较小，是图像的一个重要特征。轮廓特征描述方法是指通过对物体轮廓特征的描述获取图像的形状参数。通常先选定某种预定的方案对轮廓进行表达，如链码、多边形近似、距离-角度标记等，然后对轮廓特征进行描述。

1. 链码

链码用于描述目标轮廓，通过规定链的起始点坐标和斜率，用一个具有单位长度和方向的线段序列表示轮廓。按照标准方向的斜率，链码分为 4-方向链码和 8-方向链码，如图 8-13 所示。

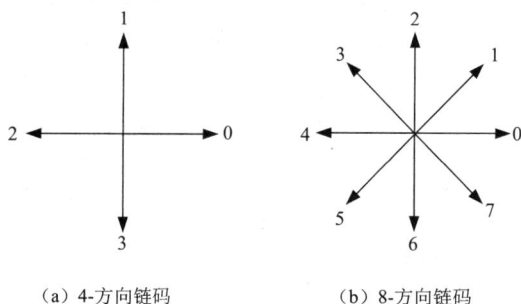

（a）4-方向链码   （b）8-方向链码

图 8-13   4-方向链码和 8-方向链码

通过给每个方向分配一个数字编码，就可以对线段序列中的每个线段进行编码，从目标轮廓上某个点（起始点）开始，按顺时针（或逆时针）方向遍历整个轮廓，就可以得到对该目标区域的链码描述。用链码表示图像轮廓时，只需标记起始点坐标，对其余点，用线段的方向数表示，这种表示方法节省了大量的存储空间。

轮廓的链码与所选择的起始点有关，起始点不同，链码的表示也不同。起始点不同的链码如图 8-14 所示，其中的链码是一个图像的 8-方向链码。为了实现链码与起始点无关，需要将链码规格化。简单的规格化是指将链码看成一个自然数，选取不同的起始点，得到不同的链码；比较由这些自然数表示的链码，找到其中最小的自然数，这个最小的自然数表示的链码就是规格化的结果，图 8-14 中的链码规格化的结果为07107655533321。

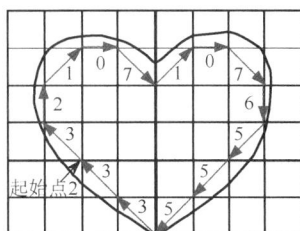

起始点1的链码：33321071076555
起始点2的链码：32107107655533

图 8-14　起始点不同的链码

2．多边形近似

轮廓也可以用多边形近似得到。对于多边形的边，可以用线性关系表示，因此关于多边形的计算比较简单，有利于得到一个区域的近似值。多边形近似能更好地抗噪声。对封闭曲线而言，当多边形的线段数与轮廓上的点数相等时，多边形可以完全准确地表达轮廓。但在实际应用中，多边形近似的目的是用最少的线段数表示轮廓，并且能够表达原始轮廓的形状。常用的多边形表达方法有三种：基于最小周长多边形法、基于聚合的最小均方误差线段逼近法和基于分裂的最小均方误差线段逼近法。

基于最小周长多边形法是指将轮廓看成有弹性的线，将组成轮廓像素序列的内外边各看成一堵墙。如果将线拉紧，就可以得到最小周长多边形。图 8-15 所示为允许轮廓收缩时得到的最小周长多边形，该图中多边形的顶点是由灰色区域内壁和外壁的角生成的。

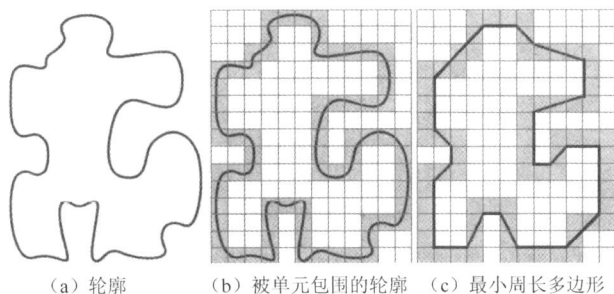

（a）轮廓　　　（b）被单元包围的轮廓　　（c）最小周长多边形

图 8-15　允许轮廓收缩时得到的最小周长多边形

3．距离-角度标记

距离-角度标记图是二维轮廓的一维函数表示，它可以由各种方式生成。最简单的生成方式之一是把质心到轮廓的距离化成角度的函数，记为 $r(\theta)$。轮廓及其距离-角度标记示例如图 8-16 所示，这种距离-角度标记类似于轮廓的极坐标表示。

在 MATLAB 中使用 cart2pol 函数将笛卡儿坐标系变换为极坐标系，调用语句如下：

```
[Theta, Rho]=cart2pol(X,Y);
```

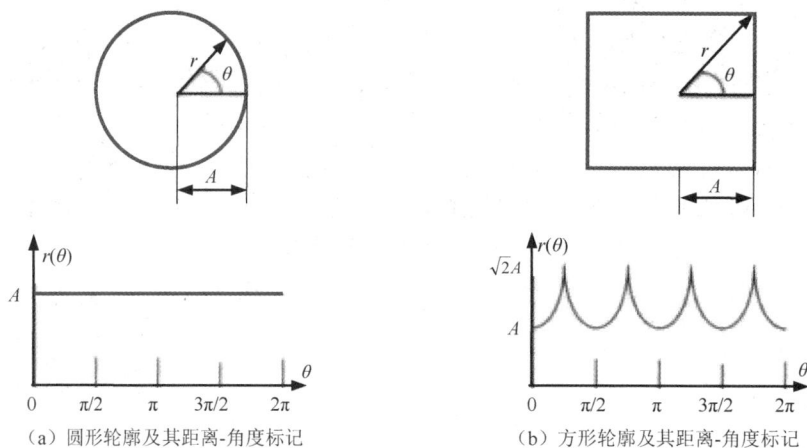

（a）圆形轮廓及其距离-角度标记　　　　　　　（b）方形轮廓及其距离-角度标记

图 8-16　轮廓及其距离-角度标记示例

该语句的含义：若输入量 X 和 Y 是列向量，则输出极坐标 Theta 和 Rho 也是列向量。由于形状大小的变化会导致对应标记图的幅值发生变化，因此可以将该函数归一化。

8.3.2　轮廓特征的描述

1．简单轮廓特征的描述

（1）轮廓长度。轮廓长度是指轮廓的周长，可以通过统计图形轮廓上的像素数求该周长。对于 4 连通轮廓，其长度等于轮廓上像素数；对于 8 连通轮廓，其长度等于对角码个数乘以 $\sqrt{2}$ 再加上水平和垂直方向上的像素数。

（2）轮廓直径。轮廓直径是指轮廓上任意两点距离的最大值。某一轮廓的直径 D 由以下公式计算：

$$D = \max_{i,j}\left[d\left(p_i, p_j \right) \right] \tag{8-30}$$

式中，d 为轮廓上 p_i 和 p_j 两点之间的距离。

（3）长轴和短轴。连接轮廓直径两个端点的线段称为轮廓的长轴（也称主轴），它是轮廓上两点间距离最长的线段。短轴是指与长轴垂直、穿过区域中心且与区域轮廓相交于两点的线段。它们可以用于计算目标的方向角、长宽比等参数，以便进一步描述目标的形状和姿态。

人们在确定目标轮廓时往往需要得到其轮廓的坐标，进而计算其他特征信息。目标轮廓包含目标形状特征，对于识别该目标具有重要作用。在图像识别领域，相关的轮廓提取算法有很多。在 MATLAB 中使用 bwboundaries() 函数和 edge() 函数提取目标轮廓，以下程序用来提取二值图像中物体的轮廓和孔洞的轮廓，并分别显示为不同颜色，如图 8-17 所示。

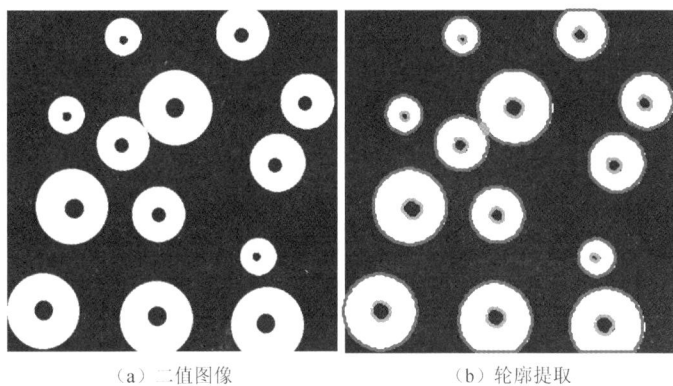

(a) 二值图像　　　　　　　　　　(b) 轮廓提取

图 8-17　提取二值图像中物体的轮廓和孔洞的轮廓

【程序】目标轮廓的提取。

```
BW = imread('blobs.png');
[B,L,N] = bwboundaries(BW);
figure; imshow(BW); hold on;
for k=1:length(B),
    boundary = B{k};
    if(k > N)
        plot(boundary(:,2),boundary(:,1),'g','LineWidth',2);%孔洞的轮廓
    else
        plot(boundary(:,2),boundary(:,1),'r','LineWidth',2);%物体轮廓
    end
end
```

2. 形状数

形状数是基于链码的一种轮廓形状的度量。形状数定义为最小数量级的差分链码，形状数的阶数即链码数。例如，6 位链码对应的形状数阶数为 6 阶。形状数提供了一种有用的形状度量方法，它对每阶都是唯一的，不随轮廓的旋转和尺度变化而改变。通常在求解一阶差分链码的基础上，选取其中最小循环数作为形状数。形状数生成步骤如图 8-18 所示，其中的轮廓的链码为 000033222121，差分链码为 000303003133，其形状数为 000303003133；若轮廓的差分链码为 303003133000，则其形状数为 030031330003。在实际应用中，对已给轮廓，由给定阶数计算轮廓形状数的步骤如下：

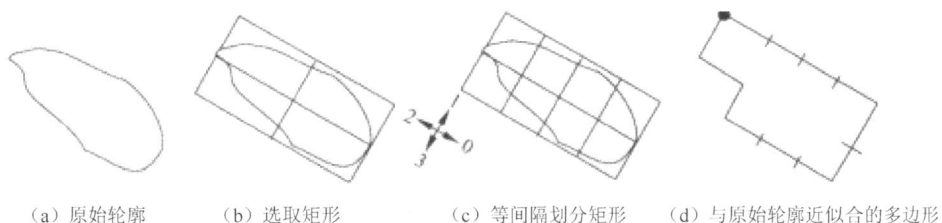

(a) 原始轮廓　　　(b) 选取矩形　　　(c) 等间隔划分矩形　　(d) 与原始轮廓近似合的多边形

图 8-18　形状数生成步骤

（1）选取长短比最接近原始轮廓的矩形以及相应坐标。

（2）将矩形进行等间隔划分。

（3）得到与原始轮廓近似的多边形。

3. 傅里叶形状描述子

傅里叶形状描述子的基本思想是用物体轮廓的傅里叶变换作为形状描述，利用区域轮廓的封闭性和周期性，将二维问题转化为一维问题。

对于直角坐标系中的每个轮廓点，将其坐标用复数表示，即

$$s(k) = x(k) + jy(k), \quad k = 0,1,\cdots,N-1 \tag{8-31}$$

对复数坐标序列进行离散傅里叶变换。选取整数 $M \leqslant N-1$，进行傅里叶逆变换（重构）。逆变换后，对应于轮廓点数没有变，但在重构每点所需要的计算项大大减少。如果轮廓点数很大，那么对 M 一般选取 2 的指数次方的整数。由于傅里叶变换中高频部分对应于图像的细节部分，因此 M 取得越小，细节部分丢失越多。

8.3.3　区域特征的描述

1. 简单区域特征的描述

（1）面积。面积用于描述区域的大小，通过统计区域像素数得到区域大小，即面积。

（2）重心。区域重心的坐标是根据区域所有像素坐标计算出来的。对于数字图像函数 $f(x,y)$，其重心坐标定义式如下：

$$x_c = \frac{\sum_x \sum_y xf(x,y)}{\sum_x \sum_y f(x,y)}, \quad y_c = \frac{\sum_x \sum_y yf(x,y)}{\sum_x \sum_y f(x,y)} \tag{8-32}$$

在 MATLAB 中使用 regionprops()函数度量图像区域属性，常用该函数统计被标记区域的面积分布情况，显示区域总数。调用语句如下：

```
STATS=regionprops(L, properties);
```

该语句的含义：测量并标注矩阵 L 中每个标注区域的一系列属性。L 中不同的正整数元素对应不同的区域，例如，整数 1 的元素对应区域 1，整数 2 的元素对应区域 2，以此类推。

返回值 STATS 是一个长度为 max(L(:))的结构数组，结构数组的相应域定义每个区域相应属性下的度量。对 properties，若选择′Area′，则计算面积；若选择′Centroid′，则计算重心；若选择′BoundingBox′，则计算包含相应区域的最小矩形面积。此外，该调用语句还可以计算离心率、最小凸多边形面积等区域特征。

（3）圆形度。圆形度是一种用于描述目标形状接近圆形程度的度量，它是基于面积 A 和周长 L 计算得到的，即

$$C = 4\pi A/L^2 \tag{8-33}$$

理想圆的圆形度为 1，严格地说，由于面积和周长是数字化计算出来的，所以圆形度并不为 1，形状越细长，C 值越小，或者形状越复杂，C 值越小。例如，在对香蕉和苹果进行

分类时，圆形度就成为重要的分类尺度。

圆形度的另一含义是在周长给定后，圆形度越大，所围面积越大。

（4）离心率。区域的离心率是区域形状的重要参数，常用其最长弦与垂直方向上的最长弦之比度量，也可以用重心到轮廓的最大距离和最小距离之比表示。若将一个区域和一个等效椭圆对应起来，则等效椭圆的长半轴和短半轴之比即离心率。

对于灰度均匀的区域，离心率越接近 1，说明该区域形状越接近圆形。

（5）体态比。

体态比定义为区域的最小外接矩形的长宽比。利用该参数，可以把细长目标与圆形或方形目标区分开来。正方形和圆形的体态比等于 1，细长物体的体态比大于 1。图 8-19 所示为几种不同图形的体态比示例。

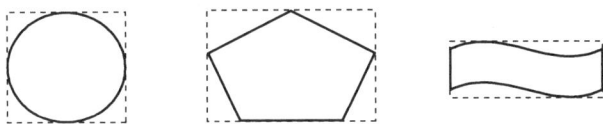

图 8-19　不同图形的体态比示例

（6）矩形度。矩形度体现物体对其最小外接矩形的充满程度，反映一个物体与矩形相似程度的一个参数，定义为区域面积与其最小外接矩形面积之比。

矩形度的值为 0～1，对于矩形物体，矩形度取最大值 1；对于纤细、弯曲的物体，矩形度值较小。

（7）方向角。方向角是描述细长区域形状特征的重要参数，定义为最小外接矩形的最长边的方位角度。如果已知区域的矩，那么方向角 θ 的计算公式为

$$\theta = \frac{1}{2}\arctan\frac{2m_{11}}{m_{20}-m_{02}} \qquad (8\text{-}34)$$

式中，m_{11}，m_{20} 和 m_{02} 为 3 个二阶矩。方向特征示意如图 8-20 所示。

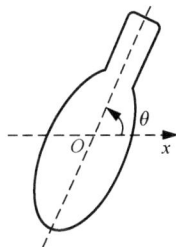

图 8-20　方向特征示意

2. 拓扑描述子

区域的拓扑描述子用于描述物体平面区结构形状的整体特性。换言之，只要图形不撕裂或不折叠，在其他任何变形下都不发生改变的图形性质称为拓扑性质。

拓扑描述子示例如图 8-21 所示。图 8-21（a）显示一个内部有两个孔洞（holes）的区域。显然，将拓扑描述子定义为这个区域的孔洞数量不会受到拉伸或旋转的影响。区域的连通分量数也是拓扑描述子，图 8-21（b）显示一个内部有 3 个连通分量的区域。

需要注意的是，孔洞和连通分量的数量与连通性定义有关。因此，采用 4 连通或 8 连通计算出的孔洞数和连通分量数是不一样的。

还有一个拓扑描述子是欧拉数(Euler Number)，它定义为连通分量数减去孔洞的个数的差值，在 MATLAB 中用 bweuler()函数计算二值图像的欧拉数，调用语句如下：

```
eul＝bweuler（I，n）；%I 为二值图像；n 为连通类型，可以取 4 和 8，默认值为 8。
```

图 8-21（c）和图 8-21（d）给出两个欧拉数计算示例。

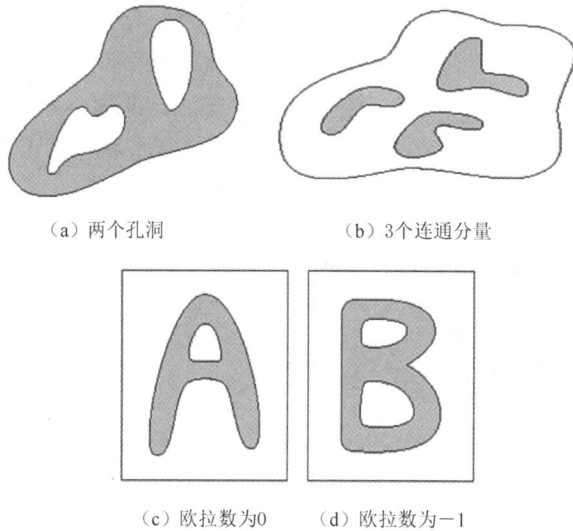

（a）两个孔洞　　　　　　　　（b）3个连通分量

（c）欧拉数为0　　（d）欧拉数为－1

图 8-21　拓扑描述子示例

3. 矩

若图像中物体所在区域是以其内部点的形式给出的，则可以用矩描述图像的特征。根据力学中矩的概念，将区域内部的像素作为质点，将像素坐标作为力臂，利用不同的矩表示区域的形状特征。

二值图像函数 $f(x,y)$ 的 $p+q$ 阶矩定义式为

$$m_{pq} = \sum_x \sum_y x^p y^q f(x,y) \tag{8-35}$$

相应的 $p+q$ 阶中心矩定义式为

$$\mu_{pq} = \sum_x \sum_y (x-x_c)^p (y-y_c)^q f(x,y) \tag{8-36}$$

其中，$x_c = m_{10}/m_{00}$，$y_c = m_{10}/m_{00}$，表示区域重心/质心坐标；p，$q=0,1,2,\ldots$。当 p 和 q 取不同值时，可以得到阶数不同的矩。

零阶矩表示面积，一阶矩表示重心，而 3 个二阶矩可以用来定义图形的方向。中心矩 μ_{pq} 反映区域灰度相对于灰度重心是如何分布的度量。例如，μ_{20} 和 μ_{02} 分别表示区域围绕通过重心的垂直轴线和水平轴线的惯性矩。若 $\mu_{20} > \mu_{02}$，则目标区域可能是一个水平方向拉长的物体。μ_{30} 和 μ_{03} 的幅值可以度量物体对于垂直轴线和水平轴线的不对称性。如果形状完全对称，那么其值应为零。

为了得到矩的不变特征，定义 $(p+q)$ 阶归一化中心矩为

$$\eta_{pq} = \mu_{pq}/\mu_{00}^r, \quad \gamma = \frac{p+q}{2}+1, \quad p+q=2,3,\cdots \tag{8-37}$$

利用归一化的中心矩，Hu 在 1962 年推导出 7 个具有平移、旋转和尺度不变的矩不变

量，它们的计算公式如下：

$$\phi_1 = \eta_{20} + \eta_{02}$$

$$\phi_2 = (\eta_{20} - \eta_{02})^2 + 4\eta_{11}^2$$

$$\phi_3 = (\eta_{30} - 3\eta_{12})^2 + (3\eta_{21} - \eta_{03})$$

$$\phi_4 = (\eta_{30} + \eta_{12})^2 + (\eta_{21} + \eta_{03})$$

$$\phi_5 = (\eta_{30} - 3\eta_{12})(\eta_{30} + \eta_{12})[(\eta_{30} + \eta_{12})^2 - 3(\eta_{21} + \eta_{03})^2]$$

$$\quad (3\eta_{21} - \eta_{03})(\eta_{21} + \eta_{03})[3(\eta_{30} + \eta_{12})^2 - (\eta_{21} + \eta_{03})^2] + \qquad (8\text{-}38)$$

$$\phi_6 = (\eta_{20} - \eta_{02})[(\eta_{30} + \eta_{12})^2 - (\eta_{21} + \eta_{03})^2] + 4\eta_{11}(\eta_{30} + \eta_{12})(\eta_{21} + \eta_{03})$$

$$\phi_7 = (3\eta_{21} - \eta_{03})(\eta_{30} + \eta_{12})[(\eta_{30} + \eta_{12})^2 - 3(\eta_{21} + \eta_{03})^2] +$$

$$\quad (3\eta_{12} - \eta_{30})(\eta_{21} + \eta_{03})[3(\eta_{30} + \eta_{12})^2 - (\eta_{21} + \eta_{03})^2]$$

用式（8-38）计算的矩不变量分布范围为 $10^0 \sim 10^{-12}$。显然，矩不变量越小，对识别结果的贡献也越小。为此，可以对上述矩不变量进行如下修正：

$$t_1 = \phi_1, \quad t_2 = \phi_2, \quad t_3 = \sqrt[5]{\phi_3^2}, \quad t_4 = \sqrt[5]{\phi_4^2}, \quad t_5 = \sqrt[5]{\phi_5^2}, \quad t_6 = \sqrt[5]{\phi_6^2}, \quad t_7 = \sqrt[5]{\phi_7^2} \qquad (8\text{-}39)$$

用上述公式得到的矩不变量分布范围为 $10^0 \sim 10^{-4}$。需要指出的是，利用这些矩不变量并不能区别所有的形状，而且它们对噪声十分敏感。

在使用矩不变量时，还要注意以下几个问题。

（1）二维矩不变量是指二维平移、旋转和比例变换下的矩不变量。因此，对于其他类型的变换，如仿射变换、投影变换，上述的矩不变量是不成立的，或只能把它们作为近似的矩不变量。

（2）对于二值图像，区域与其轮廓是完全等价的，因此可以使用轮廓的数据计算矩不变量，这样可以大大提高矩不变量的计算效率。

（3）矩不变量是关于区域的全局特征，若物体的一部分被遮挡，则无法计算矩不变量。在这种情况下，可以使用区域的其他特征完成识别任务。

思考与练习

8-1　图 8-22 为纹理图像的矩阵表示，求其在 0°、45°、90° 和 135° 这 4 个方向上的灰度共生矩阵。

8-2　请计算数字 0，4，8 和文字"串"和"茴"的欧拉数。

8-3　针对图 8-23 所示的图像，利用所学知识，给出目标倾斜角度测量方案。

8-4　对图 8-24 所示的二值图像，

（1）分别使用 4 连通和 8 连通，求黑色像素集合中包含多少个区域。

（2）分别使用 4 连通和 8 连通，求白像素集合中包含有多少个区域？

$$\begin{bmatrix} 1 & 1 & 1 & 0 & 0 & 0 \\ 1 & 1 & 1 & 0 & 0 & 0 \\ 1 & 1 & 1 & 0 & 0 & 0 \\ 0 & 0 & 0 & 2 & 2 & 2 \\ 0 & 0 & 0 & 2 & 2 & 2 \\ 0 & 0 & 0 & 2 & 2 & 2 \end{bmatrix}$$

图 8-22　题 8-1

图 8-23　题 8-3

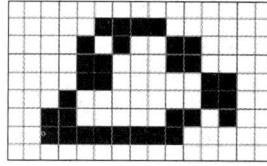

图 8-24　题 8-4

8-5　计算图 8-24 中的二值图像的面积和重心坐标，其中黑色像素为 1-像素。

8-6　试说明傅里叶描述子与傅里叶变换的关系。

8-7　图像的纹理特征描述方法有哪些？

8-8　试建立一个机器视觉系统，以识别场景中的三类目标物体，包括长方形、正方形和圆形物体，请根据本章介绍的形状特征制定物体识别方案。

第9章 »»»»»»

摄像机标定

教学要求

掌握摄像机成像模型，能够利用经典的摄像机标定法并应用相关软件的摄像机标定工具箱对单目摄像机进行实验标定，进而开展图像变形校正以及二维视觉测量。

引例

在图像采集过程中，摄像机镜头的光学特性、安装误差以及成像几何关系等因素可能导致图像中物体的形状、比例或位置发生变化，从而产生图像（几何）变形。常见的图像变形包括镜头畸变以及透视变形。其中，镜头畸变主要由镜头形状不完美或镜头与CCD靶面的安装误差引起；透视变形是指因摄像机光轴与目标平面不垂直而导致成像中出现近大远小的透视效果。为了校正图像变形，为后续图像分析和处理任务（如目标检测、尺寸测量等）奠定基础，必须事先获取摄像机成像模型参数。图9-1为图像变形及其校正效果示例。

为了适应不同的视觉测量与检测任务需求，国内外学者提出了多种摄像机标定法。通过其中的一些方法，能够估计出完整的摄像机成像模型参数，另一些方法通过简化摄像机成像模型，仅可估计部分关键参数。本章介绍摄像机标定的典型方法以及相关基础理论，如坐标系变换、摄像机成像模型等。

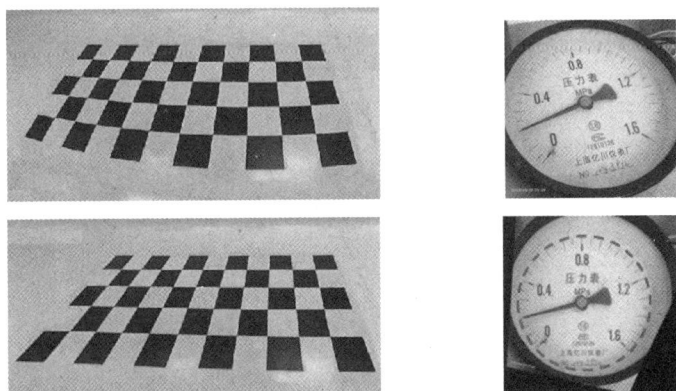

（a）镜头畸变（上图）及其校正效果（下图）　　（b）透视变形（上图）及其校正效果（下图）

图9-1　图像变形及其校正效果示例

9.1 空间几何变换

空间几何变换是描述图像或物体在不同坐标系之间映射关系的重要工具。空间几何变换可分为简单变换、刚体变换、仿射变换、射影变换和非线性变换，它们的区别在于其自由度、几何特性的不同，以及对图像形状的影响程度。空间几何变换示意如图 9-2 所示，图 9-2（a）～图 9-2（d）为简单变换。

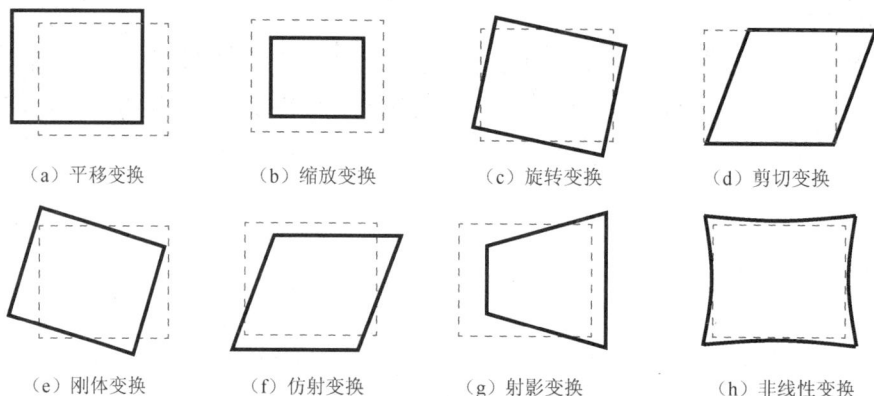

（a）平移变换	（b）缩放变换	（c）旋转变换	（d）剪切变换
（e）刚体变换	（f）仿射变换	（g）射影变换	（h）非线性变换

图 9-2　空间几何变换示意

9.1.1　简单变换

简单变换由一系列基本的几何变换组成，包括平移变换、缩放变换、旋转变换和剪切变换基本几何变换。可以通过简单的矩阵运算实现这些基本变换，通过组合不同的简单变换，还可以实现刚体变换和仿射变换。

1. 平移变换

平移变换（translation transformation）是指将图像沿某一方向移动一定的距离，平移变换不会改变图像的形状和大小。例如，按向量 (t_x, t_y) 对图像进行平移变换。平移变换数学模型表达式为

$$\begin{bmatrix} x' \\ y' \\ 1 \end{bmatrix} = \begin{bmatrix} 1 & 0 & t_x \\ 0 & 1 & t_y \\ 0 & 0 & 1 \end{bmatrix} \begin{bmatrix} x \\ y \\ 1 \end{bmatrix} \tag{9-1}$$

式中，(x, y) 是原始坐标，(x', y') 是变换后的坐标。

2. 缩放变换

缩放变换（scaling transformation）是指对图像进行放大或缩小，可以沿 x 轴和 y 轴方向设置不同的缩放比例（如 s_x 和 s_y）。缩放变换不会改变图像的基本形状，例如，长方形经

缩放变换后仍然是长方形，只是大小发生了变化。缩放变换数学模型表达式为

$$
\begin{bmatrix} x' \\ y' \\ 1 \end{bmatrix} = \begin{bmatrix} s_x & 0 & 0 \\ 0 & s_y & 0 \\ 0 & 0 & 1 \end{bmatrix} \begin{bmatrix} x \\ y \\ 1 \end{bmatrix}
\tag{9-2}
$$

3. 旋转变换

旋转变换（rotation transformation）是指将图像绕某一固定点旋转一定角度 α，旋转变换不会改变图像的形状和大小。旋转变换数学模型表达式为

$$
\begin{bmatrix} x' \\ y' \\ 1 \end{bmatrix} = \begin{bmatrix} \cos\alpha & -\sin\alpha & 0 \\ \sin\alpha & \cos\alpha & 0 \\ 0 & 0 & 1 \end{bmatrix} \begin{bmatrix} x \\ y \\ 1 \end{bmatrix}
\tag{9-3}
$$

上式表示的旋转变换是绕图像原点进行的。如果需要绕图像中的某一指定点进行旋转，就需要先利用平移变换将图像坐标系平移到该指定点，在新的坐标系下进行旋转变换，然后将旋转后的图像坐标系平移回原始坐标系。

4. 剪切变换

剪切变换（shearing transformation）是指将某一坐标轴的缩放分量叠加到另一坐标轴上。剪切变换使图像在某一方向上发生倾斜变形，例如，长方形经过剪切变换后可能变为平行四边形或其他四边形，但图像的面积不会改变。剪切变换数学模型表达式为

$$
\begin{bmatrix} x' \\ y' \\ 1 \end{bmatrix} = \begin{bmatrix} 1 & b_x & 0 \\ b_y & 1 & 0 \\ 0 & 0 & 1 \end{bmatrix} \begin{bmatrix} x \\ y \\ 1 \end{bmatrix}
\tag{9-4}
$$

式中，b_x 和 b_y 分别为水平剪切和垂直剪切的比例系数。

由式（9-1）～式（9-4）可知，以上 4 种简单变换都只涉及一类变换参数，所以只需要由两幅图像之间对应的一对坐标就可以其数学模型参数。

在 MATLAB 中，可以直接使用单个函数实现简单变换，例如，图像的缩放、旋转和剪切分别使用 imresize()函数、imrotate()函数和 imcrop()函数实现。

9.1.2　刚体变换

刚体变换（rigid transformation）是平移变换和旋转变换的组合，刚体变换不改变图像的形状和面积。其数学模型表达式为

$$
\begin{bmatrix} x' \\ y' \\ 1 \end{bmatrix} = \begin{bmatrix} \cos\alpha & -\sin\alpha & t_x \\ \sin\alpha & \cos\alpha & t_y \\ 0 & 0 & 1 \end{bmatrix} \begin{bmatrix} x \\ y \\ 1 \end{bmatrix}
\tag{9-5}
$$

式中，α 为旋转角度；(t_x, t_y) 为平移参数。

如果将平移变换、旋转变换以及等比例缩放变换组合，可得到相似性变换（similarity transformation）。相似性变换不改变图像的形状，其数学模型表达式为

$$\begin{bmatrix} x' \\ y' \\ 1 \end{bmatrix} = \begin{bmatrix} s\cos\alpha & -\sin\alpha & t_x \\ \sin\alpha & s\cos\alpha & t_y \\ 0 & 0 & 1 \end{bmatrix} \begin{bmatrix} x \\ y \\ 1 \end{bmatrix} \tag{9-6}$$

式中，s 为缩放因子；其他参数的含义同式（9-5）。

由式（9-5）与式（9-6）可知，进行刚体变换与相似性变换时，需要两对坐标确定其数学模型参数。

9.1.3　仿射变换

仿射变换（affine transformation）是一种比刚体变换更具一般性的几何变换类型，可以用于描述更复杂的图像变形。可以通过一系列基本变换的组合实现仿射变换，包括平移变换、缩放变换、翻转变换、旋转变换和剪切变换的组合。

仿射变换的主要特点如下：

（1）保持点的共线性。若多个点在变换前共线，则变换后这些点仍然共线。

（2）保持直线的平行性。若两条直线在变换前平行，则变换后这两条直线仍然平行。

通过仿射变换，直线在变换后仍然是直线，三角形在变换后仍然为三角形，平行四边形在变换后变为平行四边形，平行线在变换后仍然保持平行。图 9-3 为三角形的仿射变换示意。

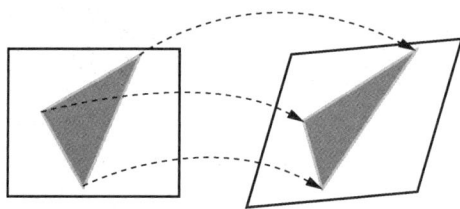

图 9-3　三角形的仿射变换示意

仿射变换数学模型表达式为

$$\begin{bmatrix} x' \\ y' \\ 1 \end{bmatrix} = \begin{bmatrix} a_{11} & a_{12} & t_x \\ a_{21} & a_{22} & t_y \\ 0 & 0 & 1 \end{bmatrix} \begin{bmatrix} x \\ y \\ 1 \end{bmatrix} \tag{9-7}$$

式中，$a_{ij}(i=1,2;j=1,2)$ 以及 t_x 和 t_y 表示仿射变换数学模型参数。仿射变换可以分解为线性（矩阵）变换和平移变换，于是式（9-7）还可以表示为

$$\begin{bmatrix} x' \\ y' \end{bmatrix} = \begin{bmatrix} a_{11} & a_{12} \\ a_{21} & a_{22} \end{bmatrix} \begin{bmatrix} x \\ y \end{bmatrix} + \begin{bmatrix} t_x \\ t_y \end{bmatrix} \tag{9-8}$$

由以上两式可知，仿射变换数学模型含有 6 个参数，因此需要 3 对非共线的坐标（6 个独立方程）才能确定其数学模型参数。在 MATLAB 中，使用 imtransform 函数实现图像二维仿射变换。图 9-4 所示的棋盘格图像仿射变换结果是通过以下程序获得的。

【程序】仿射变换。

```
f=checkerboard(50);
```

```
T=[0.8 0.2 0; 0.1 0.8 0; 0 0 1];
tform = maketform('affine', T);
g=imtransform(f, tform);
figure,imshow(f);
figure,imshow(g);
```

图 9-4 棋盘格图像（左图）及其仿射变换结果（右图）

9.1.4 射影变换

如果一幅图像中的一条直线经过变换后映射到另一幅图像上仍是一条直线，但其他性质（如平行性、等比例性和角度）无法保持不变，那么这样的变换称为射影变换（projective transformation）。因此，经过射影变换后，矩形可能会被变换为一般的四边形（见图 9-5）。射影变换特别适用于被拍摄场景是平面或近似平面的情况，如航拍图像、文档扫描等场景。在这些情况下，射影变换能够准确描述由于透视效应引起的几何变形。

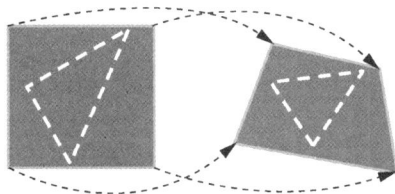

图 9-5 矩形（左图）及其射影变换结果（右图）

从数学角度来看，射影变换可以看作仿射变换的推广，仿射变换是射影变换的一个特例。射影变换数学模型表达式为

$$x' = \frac{a_{11}x + a_{12}y + a_{13}}{a_{31}x + a_{32}y + 1}$$

$$y' = \frac{a_{21}x + a_{22}y + a_{23}}{a_{31}x + a_{32}y + 1}$$

(9-9)

式中，$a_{ij}(i=1,2,3; j=1,2,3)$ 为射影变换数学模型参数；当 $a_{31}=a_{32}=0$ 时，射影变换退化为仿射变换。射影变换数学模型含有 8 个参数，所以需要 4 对坐标求解其数学模型参数。

射影变换常用于图像拼接、透视校正，通过射影变换可以有效地校正由视角变化引起的图像变形。

9.1.5　非线性变换

如果一幅图像上的直线经过变换后映射到另一幅图像上不是直线，而是曲线，那么这样的变换称为非线性变换（nonlinear transformation）。典型的非线性变换包括多项式变换和径向基函数变换等。在二维空间的多项式变换可以写成如下形式：

$$x' = a_{00} + a_{10}x + a_{01}y + a_{20}x^2 + a_{11}xy + a_{02}y^2 + \cdots$$
$$y' = b_{00} + b_{10}x + b_{01}y + b_{20}x^2 + b_{11}xy + b_{02}y^2 + \cdots$$

(9-10)

式中，a_{ij} 和 $b_{ij}(i = 0,1,2; j = 0,1,2)$ 都是多项式系数。非线性变换常用于镜头畸变校正、复杂变形图像配准。

空间几何变换是摄像机标定的必要理论基础。例如，通过空间几何变换，可以建立图像坐标系与世界坐标系之间的映射关系，从而为摄像机标定提供数学基础。此外，图像配准也涉及空间几何变换。在实际应用中，根据图像之间的几何变形特性，可以选择不同的空间几何变换，如仿射变换、射影变换以及非线性变换。

9.2　视觉测量常用坐标系

为了准确地描述成像过程，通常需要建立 4 个基本坐标系，如图 9-6 所示。空间点 P 通过 4 个基本坐标系变换为像点 p 的变换过程如图 9-7 所示。

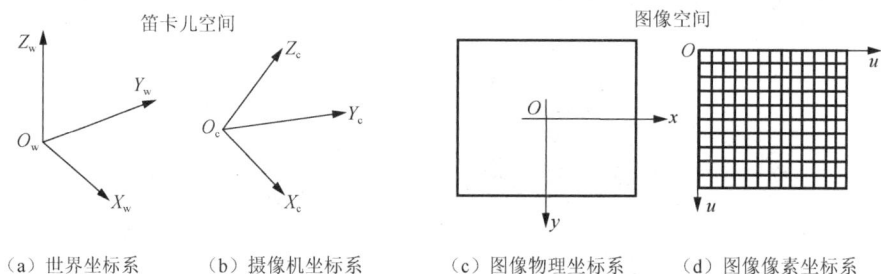

（a）世界坐标系　　（b）摄像机坐标系　　（c）图像物理坐标系　　（d）图像像素坐标系

图 9-6　4 个基本坐标系

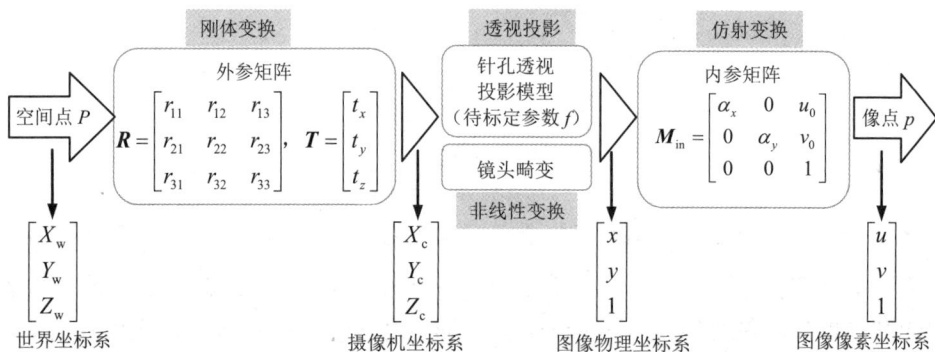

图 9-7　空间点 P 通过 4 个基本坐标系变换为像点 p 的变换过程

1．世界坐标系 O_w-$X_wY_wZ_w$

世界坐标系也称绝对坐标系，它是一个独立于摄像机坐标系的全局参考坐标系。它是根据环境场景和对象条件自行定义的，用于描述空间中物体位置的基准坐标系。

2．摄像机坐标系 O_c-$X_cY_cZ_c$

摄像机坐标系是一个固定在摄像机实体上的三维坐标系，用于描述物体相对于摄像机的位置和方向。该坐标系的原点 O_c 位于摄像机的透视中心（摄像机光轴中心）；Z_c 轴与摄像机光轴重合，指向摄像机的拍摄方向（场景方向）；X_c 轴和 Y_c 轴分别与图像传感器的两个轴向（通常是水平方向和垂直方向）平行。摄像机坐标系示例如图 9-8 所示，该图中线段 O_cO 的长度表示摄像机的有效焦距。

3．图像物理坐标系 O-xy

图像物理坐标系与图像像素坐标系一起建立在图像平面上，二者统称图像坐标系，如图 9-9 所示。图像物理坐标系的原点 O 位于图像主点（光轴与像平面的交点。注意：像平面表示摄像机未采集图像时的物像关系，图像平面指摄像采集的图像所在平面），坐标单位为物理长度单位（一般为 mm）；x 轴和 y 轴分别与图像像素坐标系的 u 轴和 v 轴平行。

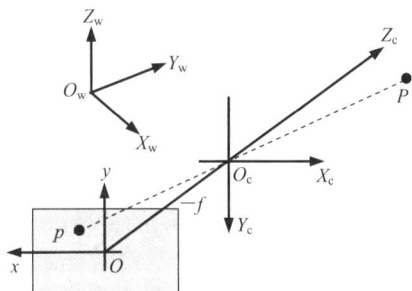

图 9-8　摄像机坐标系示例　　　　　　图 9-9　图像坐标系

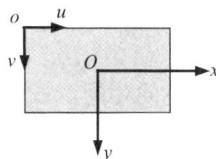

4．图像像素坐标系 o-uv

图像像素坐标系的原点位于图像矩阵的左上角，坐标单位为像素，每一像素坐标 (u,v) 表示该像素在图像上的列和行；图像像素坐标系用来描述投影图像，并且同名坐标轴对应平行。图像物理坐标系是连续的物理坐标系，其原点 O 的像素坐标为 (u_0,v_0)。

9.3　摄像机成像模型

摄像机通过成像透镜将三维场景投影到摄像机二维图像平面上，这个投影过程可用摄像机成像模型描述。在实际应用中，小孔成像模型是视觉成像中广泛采用的投影成像模型。它忽略成像光路中各种误差的影响，是线性成像关系。相对于薄透镜成像，小孔成像模型是最常用的理想中心透视投影模型，是分析复杂模型的基础。

9.3.1　中心透视投影模型

由小孔成像原理可知，空间点、像点和光轴中心三点共线，空间点与光轴中心的连线和图像平面的交点即像点。空间点 P 经透视投影中心 O_c 投影在图像平面上 p 点；实际成像为倒实像，为方便分析、避免反向，通常选取实际图像平面（$Z_c = -f$ 平面）关于 O_c 的对称平面（$Z_c = f$ 平面）作为图像平面进行分析。中心透视投影模型如图 9-10 所示。

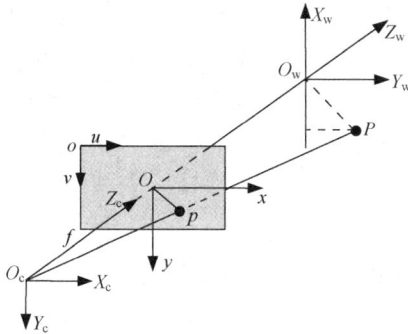

图 9-10　中心透视投影模型

在摄像机光轴中心位置建立摄像机坐标系，将 X_c 轴方向作为图像坐标沿水平增加的方向。空间点 P 在摄像机坐标系中的坐标为 (X_c, Y_c, Z_c)，像点 p 的图像物理坐标为 (x, y)。通过如下透视投影几何关系确定 P 点在图像平面上的像点 p：

$$x = f\frac{X_c}{Z_c}, \quad y = f\frac{Y_c}{Z_c} \tag{9-11}$$

式中，f 为摄像机的焦距。式（9-11）描述的是笛卡儿空间点与像点之间的关系。

9.3.2　摄像机内参模型

摄像机内参模型（内部参数模型的简称）用于描述空间点与图像平面像点的像素坐标之间的关系。图像平面上形成的图像经过数字化后变为数字图像，像点 p 的物理坐标 (x, y) 与像素坐标 (u, v) 之间的关系为

$$\begin{cases} u - u_0 = x/d_x \\ v - v_0 = y/d_y \end{cases}, \quad 即 \begin{bmatrix} u \\ v \\ 1 \end{bmatrix} = \begin{bmatrix} 1/d_x & 0 & u_0 \\ 0 & 1/d_y & v_0 \\ 0 & 0 & 1 \end{bmatrix} \begin{bmatrix} x \\ y \\ 1 \end{bmatrix} \tag{9-12}$$

式中，(u_0, v_0) 为图像主点，即光轴与图像平面的交点 O 的像素坐标；d_x 和 d_y 分别为摄像机单个像元在 u 轴与 v 轴方向上的物理尺寸。

将式（9-12）代入式（9-11），得

$$\begin{cases} u - u_0 = \dfrac{f}{d_x}\dfrac{X_c}{Z_c} \\ \\ v - v_0 = \dfrac{f}{d_y}\dfrac{Y_c}{Z_c} \end{cases} \tag{9-13}$$

定义 $\alpha_x = f/d_x$ 与 $\alpha_y = f/d_y$ 为等效焦距。将式（9-13）改写成矩阵形式，即

$$\begin{bmatrix} u \\ v \\ 1 \end{bmatrix} = \begin{bmatrix} \alpha_x & 0 & u_0 \\ 0 & \alpha_y & v_0 \\ 0 & 0 & 1 \end{bmatrix} \begin{bmatrix} X_c/Z_c \\ Y_c/Z_c \\ 1 \end{bmatrix} = \boldsymbol{M}_{in} \begin{bmatrix} X_c/Z_c \\ Y_c/Z_c \\ 1 \end{bmatrix} \tag{9-14}$$

式中，$\boldsymbol{M}_{in} = \begin{bmatrix} \alpha_x & 0 & u_0 \\ 0 & \alpha_y & v_0 \\ 0 & 0 & 1 \end{bmatrix}$，该矩阵称为内参矩阵。

上式中的内参矩阵 $\boldsymbol{M}_{in}$ 含有 4 个参数，因此式（9-14）代表的模型称为摄像机的四参数模型。若不考虑像元横纵向尺寸的差异，则 $\alpha_x = \alpha_y$，构成的摄像机内参模型有 3 个参数，该模型称为摄像机的三参数模型。

由于摄像机制造及工艺等原因，像元的排列可能不垂直，因此产生倾斜畸变（图 9-11）。该图中，γ 为像元的倾斜角。设 $\mu = (\tan\gamma)\alpha_y$，表示 u 轴和 v 轴不垂直因子。在考虑 u 轴和 v 轴耦合作用的情况下，构成的摄像机内参模型有 5 个参数，该模型称为摄像机的五参数模型，表示如下：

$$\begin{bmatrix} u \\ v \\ 1 \end{bmatrix} = \begin{bmatrix} \alpha_x & \mu & u_0 \\ 0 & \alpha_y & v_0 \\ 0 & 0 & 1 \end{bmatrix} \begin{bmatrix} X_c/Z_c \\ Y_c/Z_c \\ 1 \end{bmatrix} \tag{9-15}$$

在上述 3 种内参模型中，四参数模型较为常用。

由射影几何原理可知，图像平面上同一个像点可能对应若干不同的空间点。像点对应的空间坐标如图 9-12 所示，其中直线 O_cP 上的所有点具有相同的图像坐标。当 $Z_c=f$ 时，点 (X_{cf}, Y_{cf}, Z_{cf}) 为像点在图像平面上的坐标；当 $Z_c=1$ 时，点 $(X_{c1}, Y_{c1}, 1)$ 为像点在焦距归一化像平面上的坐标。利用摄像机内参模型，可以求出像点在焦距归一化像平面上的坐标，即

$$\begin{bmatrix} X_{c1} \\ Y_{c1} \\ 1 \end{bmatrix} = \begin{bmatrix} \alpha_x & 0 & u_0 \\ 0 & \alpha_y & v_0 \\ 0 & 0 & 1 \end{bmatrix}^{-1} \begin{bmatrix} u \\ v \\ 1 \end{bmatrix} \tag{9-16}$$

利用焦距归一化像平面上的像点坐标和光轴中心，可以确定空间点所在的直线。

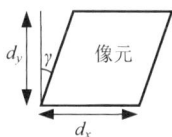

图 9-11　像元倾斜角

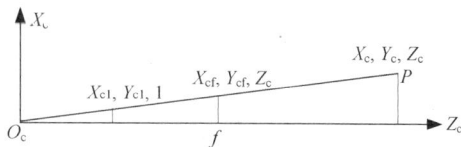

图 9-12　像点对应的空间坐标

9.3.3　镜头畸变模型

由于镜头设计的复杂性和工艺水平等因素的影响，因此实际成像系统不可能严格满足中心透视投影关系，会产生镜头畸变，使光线发生细微偏移。镜头畸变使实际成像点与理想像点之间存在不同程度的非线性变形。镜头畸变主要有三类：径向畸变、切向畸变和薄

棱镜畸变。其中，径向畸变只产生径向位移偏差，而切向畸变和薄棱镜畸变既产生径向位移偏差，又产生切向位移偏差。理想像点位置与发生畸变的实际像点位置关系如图9-13所示。

径向畸变就是矢量端点沿长度方向发生的变化 Δ_r，也就是矢径的变化，如图9-14所示。光学镜头径向曲率的变化是引起径向畸变的主要原因，这种变形会使像点沿径向移动，离中心越远，其变形的位移量越大。正的径向变形量会使像点沿着远离图像中心的方向移动，其比例系数增大，称为枕形畸变；负的径向变形量会使像点沿着靠近图像中心的方向移动，其比例系数减小，称为桶形畸变。只考虑二阶透镜变形的径向畸变模型为

$$\Delta_{rx} = u - u_0 = \left(u' - u_0\right)\left(1 + k'_u r^2\right)$$
$$\Delta_{ry} = v - v_0 = \left(v' - v_0\right)\left(1 + k'_v r^2\right)$$
（9-17）

式中，$\left(u', v'\right)$ 为无畸变的理想图像坐标；$(u,\ v)$ 为实际图像坐标；r 为像点到图像主点之间的距离，$r^2 = \left(u' - u_0\right)^2 + \left(v' - v_0\right)^2$；$k'_u$ 和 k'_v 分别为 u 轴和 v 轴方向二阶畸变系数。

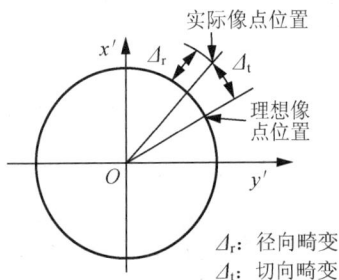

图9-13　理想像点与发生畸变的实际像点位置关系

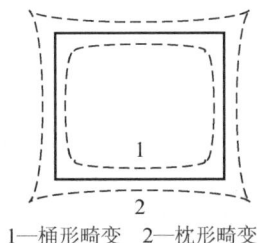

图9-14　径向畸变

此外，Brown 畸变模型考虑了径向畸变和切向畸变。在图像空间的 Brown 畸变模型表达式为

$$u'_d = u_d\left(1 + k_1 r^2 + k_2 r^4 + k_3 r^6\right) + 2p_1 u_d v_d + p_2\left(r^2 + 2u_d^2\right)$$
$$v'_d = v_d\left(1 + k_1 r^2 + k_2 r^4 + k_3 r^6\right) + p_1\left(r^2 + 2v_d^2\right) + 2p_2 u_d v_d$$
（9-18）

式中，$\left(u_d, v_d\right) = (u, v) - \left(u_0, v_0\right)$，表示未消除畸变的像点相对于图像主点的坐标；$\left(u'_d, v'_d\right) = (u', v') - \left(u_0 - v_0\right)$，表示消除畸变后的像点相对于图像主点的坐标；$(u', v')$ 为消除畸变后的图像坐标；$r^2 = \left(u' - u_0\right)^2 + \left(v' - v_0\right)^2$；$k_1 \sim k_3$ 为径向畸变系数；p_1 和 p_2 都为切向畸变系数。

MATLAB 摄像机标定工具箱采用基于笛卡儿空间的 Brown 畸变模型，Open CV 采用基于图像空间的 Brown 畸变模型。

在工业视觉应用中，通常只考虑径向畸变，这是因为径向畸变是影响图像几何精度的主要因素，切向畸变的影响通常远小于径向畸变。此外，如果同时考虑径向畸变和切向畸变，需要使用非线性优化算法求解更多的畸变参数，增加计算复杂度，并且可能会引起求解的不稳定性。

9.3.4 摄像机外参模型

摄像机外参模型（外部参数模型的简称）是世界坐标系在摄像机坐标系中的描述。两个坐标系之间的相对关系可以分解成一次绕坐标原点的旋转和一次平移。旋转可以有多种表达方式，如欧拉角、旋转向量、四元数等。这里主要采用欧拉角表示坐标系的旋转。设空间点 $P(X_w, Y_w, Z_w)$ 在摄像机坐标系中的坐标为 (X_c, Y_c, Z_c)，则

$$\begin{bmatrix} X_c \\ Y_c \\ Z_c \end{bmatrix} = \boldsymbol{R} \begin{bmatrix} X_w \\ Y_w \\ Z_w \end{bmatrix} + \boldsymbol{T} = \begin{bmatrix} r_{11} & r_{12} & r_{13} \\ r_{21} & r_{22} & r_{23} \\ r_{31} & r_{32} & r_{33} \end{bmatrix} \begin{bmatrix} X_w \\ Y_w \\ Z_w \end{bmatrix} + \begin{bmatrix} t_x \\ t_y \\ t_z \end{bmatrix} \tag{9-19}$$

式中，$\boldsymbol{R}$ 为旋转矩阵，是一个行列大小为 3×3 的正交单位矩阵，它的元素是旋转角的三角函数组合；旋转角（θ, ψ, φ）定义为将世界坐标系变换到与摄像机坐标系姿态一致时分别绕 3 个坐标轴（X_w 轴、Y_w 轴和 Z_w 轴）旋转过的欧拉角；$\begin{bmatrix} r_{11} & r_{21} & r_{31} \end{bmatrix}^T$、$\begin{bmatrix} r_{12} & r_{22} & r_{32} \end{bmatrix}^T$ 和 $\begin{bmatrix} r_{13} & r_{23} & r_{33} \end{bmatrix}^T$ 分别表示 X_w 轴、Y_w 轴和 Z_w 轴在摄像机坐标系中的方向向量；$\boldsymbol{T} = \begin{bmatrix} t_x & t_y & t_z \end{bmatrix}^T$，为世界坐标系原点在摄像机坐标系中的位置。经过旋转和平移，使得世界坐标系与摄像机坐标系重合。像点对应的空间坐标如图 9-15 所示。

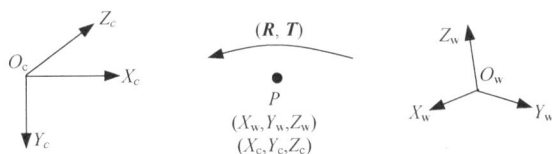

图 9-15 像点对应的空间坐标

设世界坐标系绕 X_w 轴旋转 θ 角度得到旋转矩阵为 $\boldsymbol{R}_X$，绕 Y_w 轴旋转 ψ 角度得到的旋转矩阵为 $\boldsymbol{R}_Y$，绕 Z_w 轴旋转 φ 角度得到的旋转矩阵为 $\boldsymbol{R}_Z$。根据坐标变换关系，可得

$$\boldsymbol{R}_X = \begin{bmatrix} 1 & 0 & 0 \\ 0 & \cos\theta & -\sin\theta \\ 0 & \sin\theta & \cos\theta \end{bmatrix}, \boldsymbol{R}_Y = \begin{bmatrix} \cos\psi & 0 & \sin\psi \\ 0 & 1 & 0 \\ -\sin\psi & 0 & \cos\psi \end{bmatrix}, \boldsymbol{R}_Z = \begin{bmatrix} \cos\varphi & -\sin\varphi & 0 \\ \sin\varphi & \cos\varphi & 0 \\ 0 & 0 & 1 \end{bmatrix} \tag{9-20}$$

若选取世界坐标系作为飞机等运动目标的目标体坐标系，则旋转角 θ, ψ, φ 分别对应飞机的滚动角、俯仰角和偏航角。

对于相对关系确定的两个坐标系，它们之间的旋转矩阵和平移向量各元素的数值也是确定的。但是，如果规定世界坐标系按不同的旋转次序依次绕各坐标轴旋转，就会得到不同的旋转角数值和旋转矩阵表达式。例如，先使世界坐标系先绕 Z_w 轴旋转 φ 角度，再使其绕当前的 Y_w 轴旋转 ψ 角度，最后使其绕当前的 X_w 轴旋转 θ 角度，则旋转矩阵表达式为

$$\boldsymbol{R} = \boldsymbol{R}_X \boldsymbol{R}_Y \boldsymbol{R}_Z = \begin{bmatrix} \cos\psi\cos\varphi & -\cos\psi\sin\varphi & \sin\psi \\ \sin\theta\sin\psi\cos\varphi + \cos\theta\sin\varphi & -\sin\theta\sin\psi\sin\varphi + \cos\theta\cos\varphi & -\sin\theta\cos\psi \\ -\cos\theta\sin\psi\cos\varphi + \sin\theta\sin\varphi & \cos\theta\sin\psi\sin\varphi + \sin\theta\cos\varphi & \cos\theta\cos\psi \end{bmatrix}$$

$$\tag{9-21}$$

交换式（9-21）中的 $\boldsymbol{R}_X$、$\boldsymbol{R}_Y$ 和 $\boldsymbol{R}_Z$ 的次序，可以得到不同旋转次序下旋转矩阵的表达式。若用齐次坐标表示式（9-19），则该式可写成

$$
\begin{bmatrix} X_c \\ Y_c \\ Z_c \\ 1 \end{bmatrix} = \begin{bmatrix} \boldsymbol{R} & \boldsymbol{T} \\ \boldsymbol{0} & 1 \end{bmatrix} \begin{bmatrix} X_w \\ Y_w \\ Z_w \\ 1 \end{bmatrix} = \boldsymbol{M}_{ex} \begin{bmatrix} X_w \\ Y_w \\ Z_w \\ 1 \end{bmatrix} \tag{9-22}
$$

式中，$\boldsymbol{M}_{ex} = \begin{bmatrix} \boldsymbol{R} & \boldsymbol{T} \\ \boldsymbol{0} & 1 \end{bmatrix}$ 为外参矩阵。

9.4 摄像机标定法概述

摄像机标定是指根据摄像机成像模型，由图像平面上的像点的像素坐标和对应空间点的世界坐标求解摄像机成像模型参数，包括内参、外参和畸变系数。在计算机视觉研究中，通常使用标定靶标（如棋盘格或圆点阵列）获取图像，并通过分析这些图像求解摄像机成像模型参数。

当摄像机成像模型的内外参数已知时，对于任何空间点，只要知道其世界坐标，就可以根据摄像机成像模型求出其在图像平面上所成像点的像素坐标。但是，如果已知像素坐标和摄像机成像模型参数，也无法唯一确定空间点的三维坐标，只能确定空间对应的一条射线。

摄像机标定法主要分为三类：传统标定法、基于主动视觉的标定法和自标定法。

9.4.1 传统标定法

传统标定法依赖于空间位置已知的控制点或控制线，通过分析这些参照物在图像中的投影求解摄像机成像模型参数。传统标定法主要包括直接非线性优化法、直接线性变换法、两步标定法、张正友法和双平面法。

（1）直接非线性优化法。直接非线性优化法是指通过建立控制点的三维坐标与其对应的二维图像的像点坐标之间的非线性关系，基于某些代价函数最小化直接求解摄像机成像模型参数。这类方法的优点在于能够全面考虑各种类型的像差，并且可以获得较高精度的标定结果。然而，采用完全非线性迭代算法的计算代价较高，对初始值的精度要求高。此外，由于参数个数较多，因此算法的稳定性差。

（2）直接线性变换法。最早的直接线性变换法只考虑线性摄像机成像模型，忽略镜头畸变，先通过线性解法得到一组中间参数，再从中分解出摄像机成像模型内外参数。该方法计算简单、快速，但是未考虑镜头畸变以及参数间的约束关系，因此标定结果的精度较低。为了能够修正非线性畸变，有学者提出了在线性求解的基础上进行非线性优化，以提高标定结果的精度。虽然这不完全是线性求解，但仍称其为直接线性变换法。

（3）两步标定法。Tsai 于 1987 年提出了一种基于径向约束的两步标定法，该方法考虑了径向畸变补偿，进一步针对三维立体靶标上的特征点，采用线性模型计算摄像机成像模

型的部分参数，并且将其作为初始值；然后考虑畸变因素，利用非线性优化算法进行迭代求解。两步标定法克服了直接线性变换法和直接非线性优化法的缺点，提高了标定结果的可靠性和精度。使用两步标定法时，对于大部分参数可通过直接线性变换法求解得到，需要迭代求解的参数个数很少，因此对初始值的依赖性较低，算法稳定较好。

（4）张正友法。张正友法是一种介于传统标定法和自标定法之间的一种基于二维平面棋盘格靶标的摄像机标定法。首先通过采集不同位姿靶标图像，提取图像中的角点像素坐标，利用单应性矩阵计算摄像机成像模型内外参数初始值，然后利用非线性最小二乘法估计畸变系数，最后使用极大似然估计法对参数进行优化。该方法操作简单，精度较高，适用于大多数应用场景。

（5）双平面法。双平面法是指通过利用两个平面靶标之间的几何关系，采用线性方法求解摄像机成像模型参数。双平面法存在未知参数数量过多的问题，影响标定结果的稳定性和精度。此外，该方法对靶标的摆放位置和精度要求较高，在实际应用中受到一定限制。

9.4.2　基于主动视觉的标定法和自标定法

基于主动视觉的标定法是指通过控制摄像机使之进行特定的运动（如绕光轴中心旋转或平移等）并拍摄多组图像，利用图像信息和已知的运动变化求解摄像机成像模型内外参数。这种标定法需要配备高精度的控制平台，常用于机器人手眼标定、头眼标定场合。

自标定法是一种无需已知参考物或场景三维信息的标定法，仅利用多次成像之间的约束关系计算摄像机成像模型参数。其优点在于灵活性强，适用于动态场景和未知环境。然而，在缺少尺度信息的情况下，只能得到摄像机成像模型参数和目标结构尺寸的相对比例关系，而无法确定其绝对数值。此外，该方法标定结果精度低、算法复杂和计算成本高，并且对镜头畸变处理能力有限，因此在高精度或复杂场景中的应用有限。

9.5　线性模型摄像机标定法

Faugeras 等在 1986 年提出的线性模型摄像机标定法是比较经典的一种方法，其后产生的许多标定法以此为基础。因此有必要对 Faugeras 提出的线性模型摄像机标定法予以介绍。

1. 线性求解投影矩阵

由摄像机内参模型、镜头畸变模型和摄像机外参模型的介绍可以看出，描述三维空间坐标与二维图像坐标的关系一般是摄像机成像模型内外参数和畸变系数的非线性方程。忽略镜头畸变，采用摄像机四参数内参模型。假设空间点的世界坐标已知，由式（9-14）和式（9-22）可得

$$Z_c \begin{bmatrix} u \\ v \\ 1 \end{bmatrix} = \begin{bmatrix} \alpha_x & 0 & u_0 \\ 0 & \alpha_y & v_0 \\ 0 & 0 & 1 \end{bmatrix} \begin{bmatrix} \bm{R} & \bm{T} \\ \bm{0} & 1 \end{bmatrix} \begin{bmatrix} X_w \\ Y_w \\ Z_w \\ 1 \end{bmatrix} = \bm{M}_{in}\bm{M}_{ex} \begin{bmatrix} X_w \\ Y_w \\ Z_w \\ 1 \end{bmatrix} = \bm{M} \begin{bmatrix} X_w \\ Y_w \\ Z_w \\ 1 \end{bmatrix} \tag{9-23}$$

式中，$(X_w,\ Y_w,\ Z_w)$ 为空间点的世界坐标；$(u,\ v)$ 为相应的图像坐标；$\boldsymbol{M}$ 为行列大小为 3×4 的矩阵，称为透视变换矩阵，写为

$$\boldsymbol{M} = \begin{bmatrix} m_{11} & m_{12} & m_{13} & m_{14} \\ m_{21} & m_{22} & m_{23} & m_{24} \\ m_{31} & m_{32} & m_{33} & m_{34} \end{bmatrix}$$

式（9-23）为不考虑镜头畸变时的通用摄像机成像模型。

式（9-23）展开后包含三个线性方程，前两个线性方程分别除以第三个线性方程，以便消去 Z_c，得

$$\begin{aligned} m_{11}X_w + m_{12}Y_w + m_{13}Z_w + m_{14} - m_{31}uX_w - m_{32}uY - m_{33}uZ_w = um_{34} \\ m_{21}X_w + m_{22}Y_w + m_{23}Z_w + m_{24} - m_{31}vX_w - m_{32}vY_w - m_{33}vZ = vm_{34} \end{aligned} \tag{9-24}$$

对于 n 个世界坐标已知的空间点，每个点都符合式（9-24）所示的两个方程。于是，可以得到 $2n$ 个方程构成的方程组，表示成矩阵形式，即

$$\boldsymbol{Km} = m_{34}\boldsymbol{B} \tag{9-25}$$

其中，

$$\boldsymbol{K} = \begin{bmatrix} X_{w1} & Y_{w1} & Z_{w1} & 1 & 0 & 0 & 0 & 0 & -u_1X_{w1} & -u_1Y_{w1} & -u_1Z_{w1} \\ 0 & 0 & 0 & 0 & X_{w1} & Y_{w1} & Z_{w1} & 1 & -v_1X_{w1} & -v_1Y_{w1} & -v_1Z_{w1} \\ \vdots & \vdots & \vdots & \vdots & \vdots & \vdots & \vdots & \vdots & \vdots & \vdots & \vdots \\ X_{wn} & Y_{wn} & Z_{wn} & 1 & 0 & 0 & 0 & 0 & -u_nX_{wn} & -u_nY_{wn} & -u_nZ_{wn} \\ 0 & 0 & 0 & 0 & X_{wn} & Y_{wn} & Z_{wn} & 1 & -v_nX_{wn} & -v_nY_{wn} & -v_nZ_{wn} \end{bmatrix}$$，是行列大小为

$2n\times11$ 的矩阵；$\boldsymbol{m} = \begin{bmatrix} m_{11} & m_{12} & m_{13} & m_{14} & m_{21} & m_{22} & m_{23} & m_{24} & m_{31} & m_{32} & m_{33} \end{bmatrix}^{\mathrm{T}}$，$\boldsymbol{B} = \begin{bmatrix} u_1 & v_1 & \cdots & u_n & v_n \end{bmatrix}^{\mathrm{T}}$，是行列大小为 $2n\times1$ 的矩阵。

由于 $m_{34} = t_z$，所以 $m_{34} \neq 0$。式（9-25）等号两边同除以 m_{34}，得

$$\boldsymbol{Km}' = \boldsymbol{B} \tag{9-26}$$

其中，$\boldsymbol{m}' = \boldsymbol{m}/m_{34}$。

利用最小二乘法可以求解 $\boldsymbol{m}'$，得

$$\boldsymbol{m}' = \left(\boldsymbol{K}^{\mathrm{T}}\boldsymbol{K}\right)^{-1}\boldsymbol{K}^{\mathrm{T}}\boldsymbol{B} \tag{9-27}$$

选取 $n \geqslant 6$ 个异面控制点能够求解所有未知参数。将外参矩阵 $\boldsymbol{M}_{\mathrm{ex}}$ 和 $\boldsymbol{M}$ 矩阵改写成如下形式，即

$$\boldsymbol{M}_{\mathrm{ex}} = \begin{bmatrix} \boldsymbol{R} & \boldsymbol{T} \\ \boldsymbol{0} & 1 \end{bmatrix} = \begin{bmatrix} \boldsymbol{r}_1^{\mathrm{T}} & T_x \\ \boldsymbol{r}_2^{\mathrm{T}} & T_y \\ \boldsymbol{r}_3^{\mathrm{T}} & T_z \\ \boldsymbol{0} & 1 \end{bmatrix}, \quad \boldsymbol{M} = \begin{bmatrix} \boldsymbol{m}_1^{\mathrm{T}} & m_{14} \\ \boldsymbol{m}_2^{\mathrm{T}} & m_{24} \\ \boldsymbol{m}_3^{\mathrm{T}} & m_{34} \end{bmatrix} \tag{9-28}$$

式中，$\boldsymbol{r}_i^{\mathrm{T}}$（$i=1,2,3$）为旋转矩阵 $\boldsymbol{R}$ 的第 i 行；$\boldsymbol{M}_i^{\mathrm{T}}$（$i=1,2,3$）为矩阵 $\boldsymbol{M}$ 的第 i 行的前 3 个元素组成的行向量。容易获得下式：

$$\begin{bmatrix} \boldsymbol{m}_1^{\mathrm{T}} & m_{14} \\ \boldsymbol{m}_2^{\mathrm{T}} & m_{24} \\ \boldsymbol{m}_3^{\mathrm{T}} & m_{34} \end{bmatrix} = \begin{bmatrix} \alpha_x & 0 & u_0 & 0 \\ 0 & \alpha_y & v_0 & 0 \\ 0 & 0 & 1 & 0 \end{bmatrix} \begin{bmatrix} \boldsymbol{r}_1^{\mathrm{T}} & t_x \\ \boldsymbol{r}_2^{\mathrm{T}} & t_y \\ \boldsymbol{r}_3^{\mathrm{T}} & t_z \\ 0 & 1 \end{bmatrix} = \begin{bmatrix} \alpha_x \boldsymbol{r}_1^{\mathrm{T}} + u_0 \boldsymbol{r}_3^{\mathrm{T}} & \alpha_x T_x + u_0 t_z \\ \alpha_y \boldsymbol{r}_2^{\mathrm{T}} + v_0 \boldsymbol{r}_3^{\mathrm{T}} & \alpha_y T_y + v_0 t_z \\ \boldsymbol{r}_3^{\mathrm{T}} & t_z \end{bmatrix} \tag{9-29}$$

比较上式等号两边可知，$\boldsymbol{m}_3^{\mathrm{T}} = \boldsymbol{r}_3^{\mathrm{T}}$，由于 $\boldsymbol{r}_3^{\mathrm{T}}$ 是正交单位矩阵的第 3 行元素组成的向量，且 $\|\boldsymbol{r}_3^{\mathrm{T}}\| = 1$（矢量的模），于是 $\|\boldsymbol{m}_3^{\mathrm{T}}\| = 1$。因此

$$m_{34} = t_z = 1/\|\boldsymbol{m}_3'\| = \sqrt{1/\left(m_{31}^2 + m_{32}^2 + m_{33}^2\right)} \tag{9-30}$$

由 m_{34} 和 $\boldsymbol{m}'$ 可以求得 $\boldsymbol{m}$。

2. 从投影矩阵分解摄像机的内外参数

利用 $\boldsymbol{R}$ 是单位正交矩阵的性质，可以从矩阵 $\boldsymbol{M}$ 中分解出摄像机的内外参数。首先

$$\begin{aligned} \alpha_x &= \|\boldsymbol{m}_1 \times \boldsymbol{m}_3\| \\ \alpha_y &= \|\boldsymbol{m}_2 \times \boldsymbol{m}_3\| \\ u_0 &= \boldsymbol{m}_1^{\mathrm{T}} \boldsymbol{m}_3 \\ v_0 &= \boldsymbol{m}_2^{\mathrm{T}} \boldsymbol{m}_3 \end{aligned} \tag{9-31}$$

式中，符号"×"表示矢量积运算符。由以上参数计算得

$$\begin{cases} \boldsymbol{r}_1 = \left(\boldsymbol{m}_1 - u_0 \boldsymbol{m}_3\right)/\alpha_x \\ \boldsymbol{r}_2 = \left(\boldsymbol{m}_2 - u_0 \boldsymbol{m}_3\right)/\alpha_y \\ \boldsymbol{r}_3 = \boldsymbol{m}_3 \end{cases} \tag{9-32}$$

$$\begin{cases} t_x = \left(m_{14} - u_0 m_{34}\right)/\alpha_x \\ t_y = \left(m_{24} - v_0 m_{34}\right)/\alpha_y \\ t_z = m_{34} \end{cases} \tag{9-33}$$

然后根据 $\boldsymbol{R}$ 的组成形式可分解出 3 个旋转角。若 $\boldsymbol{R}$ 的组成形式为式（9-21），则可按如下公式分解出 3 个旋转角，即

$$\varphi = \arctan\left(\frac{-r_{12}}{r_{11}}\right), \quad \theta = \arctan\left(\frac{-r_{23}}{r_{33}}\right), \quad \psi = \arctan\left(\frac{r_{13}}{-r_{23}\sin\theta + r_{33}\cos\theta}\right) \tag{9-34}$$

在实际标定实验中需要注意以下事项：

（1）$\boldsymbol{M}$ 确定了空间点世界坐标和图像坐标的关系。在立体视觉等许多应用场合，计算出 $\boldsymbol{M}$ 后不必再分解出摄像机内外参数。而 $\boldsymbol{M}$ 本身代表了摄像机参数，但这些参数没有具体的物理意义，在有些文献中称这些参数为隐参数。有些应用场合（如运动分析），则需要从 $\boldsymbol{M}$ 中分解出摄像机的内外参数。

（2）外参中的 $\boldsymbol{R}$ 是正交单位矩阵，$\boldsymbol{R}$ 和 $\boldsymbol{T}$ 的独立变量数为 6 个。若内参矩阵使用四参数模型，那么 $\boldsymbol{M}$ 有 10 个独立变量。这说明 $\boldsymbol{M}$（行列大小为 3×4 的矩阵）中的 12 个参数并非互相独立，而是存在变量间的约束关系。上述求解过程并未考虑变量间的约束关系。由于空间点世界坐标误差的影响，不能保证 $\boldsymbol{R}$ 是单位正交矩阵，利用式（9-31）～式（9-33）获

得的摄像机参数存在较大误差。为降低标定误差，Faugeras 等给出了带有约束条件 $\|r_3\|=1$ 的改进标定法，但是仍不能保证 $\boldsymbol{R}$ 为单位正交矩阵。

9.6 Tsai 两步标定法

1. 径向约束

Tsai 两步标定法所用的坐标系即如图 9-16 所示的摄像机坐标系和世界坐标系。在该图中，点 O 为图像平面原点，即光轴中心在图像平面上的投影；$\boldsymbol{L}_1$ 为点 O 到不考虑畸变的像点 p 的向量；点 P 是标定平面上位置已知的特征点；点 p' 为径向畸变后产生的实际像点；$\boldsymbol{L}_2$ 是点 P_Z 到点 P 的向量。

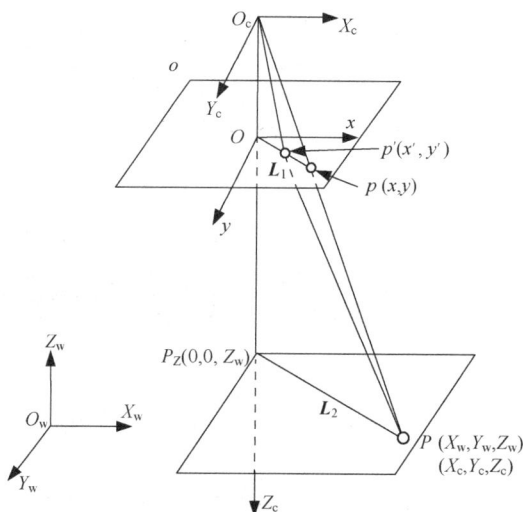

图 9-16 Tsai 两步标定法所用的坐标系

由摄像机成像模型可知，无论有无径向畸变，线段 Op' 的方向总是与线段 Op 和线段 P_ZP 的方向一致，该条件称为径向约束。另外，有效焦距 f 的变化只会改变线段 Op' 的长度但不会改变其方向。这意味着由径向约束推导出的任何关系式都与有效焦距 f 和畸变系数 k 无关。

假设不考虑等效焦距 α_x 与 α_y 的差异，二阶畸变系数 k_u' 与 k_v' 相同，并统一用畸变系数 k 表示。另外，假设如下两个前提条件：

（1）世界坐标系的原点不在视场内。

（2）世界坐标系的原点不会投影到图像平面 y 轴附近。

条件（1）消除了镜头畸变对摄像机常数和标定平面到摄像机距离的影响，条件（2）保证了刚体平移分量 $t_y\neq0$。这两个条件在实际成像场合通常很容易满足。例如，假设摄像机位于桌子的正上方，镜头朝下，正好拍摄到桌子中间区域。可以把世界坐标系定义在桌面，其中，$Z_w=0$，X_w 轴和 Y_w 轴分别对应于桌子两个垂直边缘，X_w 轴和 Y_w 轴的交点（桌角位置）是世界坐标系的原点，位于视场之外。

2．标定过程

由摄像机外参模型可得

$$X_c = r_{11} X_w + r_{12} Y_w + r_{13} Z_w + t_x$$
$$Y_c = r_{21} X_w + r_{22} Y_w + r_{23} Z_w + t_y \qquad (9\text{-}35)$$
$$Z_c = r_{31} X_w + r_{32} Y_w + r_{33} Z_w + t_z$$

设 (u,v) 为无畸变理想图像坐标，(u',v') 为实际图像坐标，(u_0,v_0) 为图像主点坐标，不考虑等效焦距的差异，由径向约束条件可得

$$\frac{X_c}{Y_c} = \frac{u_d}{v_d} = \frac{r_{11} X_w + r_{12} Y_w + r_{13} Z_w + t_x}{r_{21} X_w + r_{22} Y_w + r_{23} Z_w + t_y} \qquad (9\text{-}36)$$

其中，$u_d = u' - u_0$，$v_d = v' - v_0$。将上式移项，整理后得

$$X_w v_d r_{11} + Y_w v_d r_{12} + Z_w v_d r_{13} + v_d t_x = X_w u_d r_{21} + Y_w u_d r_{22} + Z_w u_d r_{23} + u_d t_y \qquad (9\text{-}37)$$

将式（9-37）等号两边同除以 t_y，并写成矩阵形式，即

$$\begin{bmatrix} X_w v_d & Y_w v_d & Z_w v_d & v_d & -X_w u_d & -Y_w u_d & -Z_w u_d \end{bmatrix} \begin{bmatrix} r_{11}/t_y \\ r_{12}/t_y \\ r_{13}/t_y \\ t_x/t_y \\ r_{21}/t_y \\ r_{22}/t_y \\ r_{23}/t_y \end{bmatrix} = u_d \qquad (9\text{-}38)$$

其中，等号左边两个矩阵中的行向量是已知的，列向量为待求参数。

基于式（9-38），Tsai 给出了基于共面标定点和异面标定点的求解方法。这里介绍基于异面标定点的求解方法。

（1）求解 $\boldsymbol{R}$，t_x 与 t_y。根据式（9-38），对于 n 个异面标定点（$Z_w \neq 0$）可以建立由 n 个方程构成的方程组，利用最小二乘法求解出式（9-38）中的列向量，并记为 $\begin{bmatrix} a_1 & a_2 & \cdots & a_7 \end{bmatrix}^{\mathrm{T}}$。

由于 $\left(a_5^2 + a_6^2 + a_7^2\right)^{-1/2} = \left|t_y\right| \left(r_{21}^2 + r_{22}^2 + r_{23}^2\right)^{-1/2}$，根据旋转矩阵 $\boldsymbol{R}$ 的正交性，即 $\left(r_{21}^2 + r_{22}^2 + r_{23}^2\right)^{-1/2} = 1$，则

$$\left|t_y\right| = \left(a_5^2 + a_6^2 + a_7^2\right)^{-1/2} \qquad (9\text{-}39)$$

根据以下方法确定 t_y 的符号，并同时得到 $\boldsymbol{R}$ 中所有元素及 t_x。由于 x' 与 X_w 同号，y' 与 Y_w 也同号，因此先假设 t_y 为正，在标定中任意选取一个点计算：

$r_{11} = a_1 t_y$，$r_{12} = a_2 t_y$，$r_{13} = a_3 t_y$，$t_x = a_4 t_y$，$r_{21} = a_5 t_y$，$r_{22} = a_6 t_y$，$r_{23} = a_7 t_y$；

$X_c = r_{12} X_w + r_{12} Y_w + r_{13} Z_w + t_x$，$Y_c = r_{21} X_w + r_{22} Y_w + r_{23} Z_w + t_y$。

若 X_c 与 x' 同号，Y_c 与 y' 也同号，则 t_y 为正；否则，t_y 为负。

根据旋转矩阵 $\boldsymbol{R}$ 的正交性，可得

$$\begin{bmatrix} r_{31} \\ r_{32} \\ r_{33} \end{bmatrix} = \begin{bmatrix} r_{11} \\ r_{12} \\ r_{13} \end{bmatrix} \times \begin{bmatrix} r_{21} \\ r_{22} \\ r_{23} \end{bmatrix} \qquad (9\text{-}40)$$

计算出 r_{31}、r_{32} 和 r_{33}。上式等号右边表示两个矢量的叉乘，即

$$\begin{aligned} r_{31} &= r_{12}r_{23} - r_{22}r_{13} \\ r_{32} &= r_{13}r_{21} - r_{11}r_{23} \\ r_{33} &= r_{11}r_{22} - r_{21}r_{12} \end{aligned} \qquad (9\text{-}41)$$

（2）求解有效焦距 f，t_z 和畸变系数 k。

$$\begin{aligned} x &= \frac{fX_w}{Z_w} = x' + x'k\left(x'^2 + y'^2\right) \\ y &= \frac{fY_w}{Z_w} = y' + y'k\left(x'^2 + y'^2\right) \end{aligned} \qquad (9\text{-}42)$$

待求变量为 f，t_z 和 k，假设

$$\begin{aligned} H_x &= r_{11}X_w + r_{12}Y_w + t_x \\ H_y &= r_{21}X_w + r_{22}Y_w + t_y \\ W &= r_{31}X_w + r_{32}Y_w \\ f' &= kf \end{aligned} \qquad (9\text{-}43)$$

可得

$$\begin{aligned} H_x f + H_x\left(x'^2 + y'^2\right)f' - x't_z &= x'W \\ H_y f + H_y\left(x'^2 + y'^2\right)f' - y't_z &= y'W \end{aligned} \qquad (9\text{-}44)$$

对 n 个标定点，利用最小二乘法对上述方程进行联合最优参数估计，求得 f、k 和 t_z。

9.7 基于平面靶标的非线性模型标定法

张正友提出的非线性模型标定法采用 2D 平面靶标，通过拍摄若干幅不同视角下的靶标图像实现摄像机标定。该方法既改善了传统标定法需要高精度三维靶标的缺点，又避免了自标定法标定精度不高、稳定性差的问题，因此在视觉测量领域应用广泛。

该方法采用摄像机五参数模型，考虑 4 阶镜头径向畸变。首先，在不考虑镜头畸变情况下标定出摄像机内参模型中的 5 个线性参数；然后利用线性参数初值对畸变系数进行标定。为提高标定精度，需要利用标定出的畸变系数，重新计算线性参数；然后利用新的线性参数重新计算畸变系数。经过反复计算，直到线性参数和畸变系数收敛为止。

1．求解单应性矩阵

将世界坐标系定义在平面靶标上，靶标上特征点的物理坐标为 $(X_w, Y_w, 0)$，其像素坐标为 (u,v)。不考虑镜头畸变时的摄像机成像模型可以写成

$$s\begin{bmatrix} u \\ v \\ 1 \end{bmatrix} = M_{\text{in}}[r_1 \quad r_2 \quad T]\begin{bmatrix} X_{\text{w}} \\ Y_{\text{w}} \\ 1 \end{bmatrix} \tag{9-45}$$

其中，s 为尺度因子，M_{in} 为五参数模型内参矩阵，r_1 和 r_2 为旋转矩阵 R 的前两列向量，即 $r_1 = \begin{bmatrix} r_{11} & r_{21} & r_{31} \end{bmatrix}^{\text{T}}$，$r_2 = \begin{bmatrix} r_{12} & r_{22} & r_{32} \end{bmatrix}^{\text{T}}$。

将上式改写为

$$s\begin{bmatrix} u \\ v \\ 1 \end{bmatrix} = H\begin{bmatrix} X_{\text{w}} \\ Y_{\text{w}} \\ 1 \end{bmatrix} = \begin{bmatrix} h_{11} & h_{12} & h_{13} \\ h_{21} & h_{22} & h_{23} \\ h_{31} & h_{32} & h_{33} \end{bmatrix}\begin{bmatrix} X_{\text{w}} \\ Y_{\text{w}} \\ 1 \end{bmatrix} \tag{9-46}$$

式中，H 为从笛卡儿空间到图像空间的单应性矩阵。

将上式矩阵展开后将第三个方程代入前两个方程，消除 s 后可得

$$u = \frac{h_{11}X_{\text{w}} + h_{12}Y_{\text{w}} + h_{13}}{h_{31}X_{\text{w}} + h_{32}Y_{\text{w}} + h_{33}}$$
$$v = \frac{h_{21}X_{\text{w}} + h_{22}Y_{\text{w}} + h_{23}}{h_{31}X_{\text{w}} + h_{32}Y_{\text{w}} + h_{33}} \tag{9-47}$$

对于同一平面靶标上的所有点均满足以上公式。

这里 H 也是齐次矩阵，包含 8 个独立未知数。也就是说，h_{ij} 乘以任意一个非零常数并不改变等式结果。因此，可以通过设置 $h_{33}=1$ 或添加约束条件 $\|H\|=1$ 进行计算。

一个特征点可以提供两个约束方程。因此，从一幅靶标图像上获取 4 个以上特征点，即可求得该靶标图像对应的单应性矩阵 H。

2．求解内参矩阵

在标定过程中，平面靶标可以在一定范围内自由移动，但是对于所有靶标图像而言，内参矩阵是不变的，而外参矩阵是变化的。通过计算内参矩阵，就可以求解出某一靶标图像对应的外参矩阵。

为了利用旋转向量的约束关系，将单应性矩阵 H 转化为列向量形式，即 $H = [h_1 \quad h_2 \quad h_3] = \lambda M_{\text{in}}[r_1 \quad r_2 \quad T]$。其中，$\lambda$ 是一个常数因子，得到

$$r_1 = \lambda^{-1}M_{\text{in}}^{-1}h_1，\quad r_2 = \lambda^{-1}M_{\text{in}}^{-1}h_2 \tag{9-48}$$

由于旋转矩阵 R 为单位正交矩阵，因此 $r_1^{\text{T}}r_2 = 0$，$\|r_1\| = \|r_2\| = 1$。单应性矩阵 H 与摄像机内参存在两个基本约束条件，即

$$\begin{cases} h_1^{\text{T}}M_{\text{in}}^{-\text{T}}M_{\text{in}}^{-1}h_2 = 0 \\ h_1^{\text{T}}M_{\text{in}}^{-\text{T}}M_{\text{in}}^{-1}h_1 = h_2^{\text{T}}M_{\text{in}}^{-\text{T}}M_{\text{in}}^{-1}h_2 = 1 \end{cases} \tag{9-49}$$

为了便于计算，令 $B = M_{\text{in}}^{-\text{T}}M_{\text{in}}^{-1}$。于是式（9-49）改写为

$$\begin{cases} h_1^{\text{T}}Bh_2 = 0 \\ h_1^{\text{T}}Bh_1 = h_2^{\text{T}}Bh_2 = 1 \end{cases} \tag{9-50}$$

根据摄像机五参数模型，即式（9-15），进一步将 B 展开，得

$$B = \begin{bmatrix} b_{11} & b_{12} & b_{13} \\ b_{12} & b_{22} & b_{23} \\ b_{13} & b_{23} & b_{33} \end{bmatrix} = \begin{bmatrix} \dfrac{1}{\alpha_x^2} & -\dfrac{\mu}{\alpha_x^2 \alpha_y} & \dfrac{\mu v_0 - \alpha_y u_0}{\alpha_x^2 \alpha_y} \\[3mm] -\dfrac{\mu}{\alpha_x^2 \alpha_y} & \dfrac{1}{\alpha_y^2} + \dfrac{\mu^2}{\alpha_x^2 \alpha_y^2} & \dfrac{\mu(\alpha_y u_0 - \mu v_0)}{\alpha_x^2 \alpha_y^2} - \dfrac{v_0}{\alpha_y^2} \\[3mm] \dfrac{\mu v_0 - \alpha_y u_0}{\alpha_x^2 \alpha_y} & \dfrac{\mu(\alpha_y u_0 - \mu v_0)}{\alpha_x^2 \alpha_y^2} - \dfrac{v_0}{\alpha_y^2} & \dfrac{(\alpha_y u_0 - \mu v_0)^2}{\alpha_x^2 \alpha_y^2} + \dfrac{v_0^2}{\alpha_y^2} + 1 \end{bmatrix} \tag{9-51}$$

注意：B 为对称矩阵，可以表示为六维向量 $b = \begin{pmatrix} b_{11} & b_{12} & b_{22} & b_{13} & b_{23} & b_{33} \end{pmatrix}^T$。

定义 H 的第 i 列向量：$h_i = \begin{pmatrix} h_{i1} & h_{i2} & h_{i3} \end{pmatrix}^T$，可得

$$h_i^T B h_j = \begin{bmatrix} h_{i1} h_{j1} \\ h_{i1} h_{j2} + h_{i2} h_{j1} \\ h_{i2} h_{j2} \\ h_{i3} h_{j1} + h_{i1} h_{j3} \\ h_{i3} h_{j2} + h_{i2} h_{j3} \\ h_{i3} h_{j3} \end{bmatrix}^T \begin{bmatrix} b_{11} \\ b_{12} \\ b_{22} \\ b_{13} \\ b_{23} \\ b_{33} \end{bmatrix} = v_{ij}^T b \tag{9-52}$$

由此，两个约束条件式（9-50）转化为

$$\begin{bmatrix} v_{12}^T \\ v_{11}^T - v_{22}^T \end{bmatrix} b = 0 \tag{9-53}$$

每幅靶标图像可提供上述两个约束方程。其中 v_{ij} 通过 H 得到，而六维向量 b 有六个待求未知数。因此选取三幅以上靶标图像，即可解出 b，并得到 B，相关求解方法有最小二乘法、奇异值分解等。

根据式（9-51），计算出内参：

$$v_0 = \frac{b_{12} b_{13} - b_{11} b_{23}}{b_{11} b_{22} - b_{12}^2}$$

$$c = b_{33} - \frac{b_{13}^2 + v_0 (b_{12} b_{13} - b_{11} b_{23})}{b_{11}}$$

$$\alpha_x = \sqrt{c / b_{11}} \tag{9-54}$$

$$\alpha_y = \sqrt{\frac{c b_{11}}{b_{11} b_{22} - b_{12}^2}}$$

$$\mu = -b_{12} \alpha_x^2 \alpha_y / c$$

$$u_0 = \frac{\mu v_0}{\alpha_y} - \frac{b_{13} \alpha_x^2}{c}$$

3. 求解外参矩阵

外参矩阵反映靶标图像与摄像机之间的位置关系，因此每幅靶标图像对应一个外参矩

阵。获得上述内参后，由 $\boldsymbol{H} = \lambda \boldsymbol{M}_{\text{in}} \begin{bmatrix} \boldsymbol{r}_1 & \boldsymbol{r}_2 & \boldsymbol{T} \end{bmatrix} = \begin{bmatrix} \boldsymbol{h}_1 & \boldsymbol{h}_2 & \boldsymbol{h}_3 \end{bmatrix}$ 得

$$\lambda = 1 / \left\| \boldsymbol{M}_{\text{in}}^{-1} \boldsymbol{h}_1 \right\| = 1 / \left\| \boldsymbol{M}_{\text{in}}^{-1} \boldsymbol{h}_2 \right\|$$

$$\boldsymbol{r}_1 = \lambda \boldsymbol{M}_{\text{in}}^{-1} \boldsymbol{h}_1$$

$$\boldsymbol{r}_2 = \lambda \boldsymbol{M}_{\text{in}}^{-1} \boldsymbol{h}_2 \qquad (9\text{-}55)$$

$$\boldsymbol{r}_3 = \boldsymbol{r}_1 \times \boldsymbol{r}_2$$

$$\boldsymbol{T} = \lambda \boldsymbol{M}_{\text{in}}^{-1} \boldsymbol{h}_3$$

注意：旋转矩阵 $\boldsymbol{R}$ 中的第三列向量 $\boldsymbol{r}_3$ 在坐标系转化中没有起作用，但根据旋转矩阵的性质，即列与列之间单位正交，因此可由前两个列向量的叉乘计算 $\boldsymbol{r}_3$。

4．求解畸变系数

对镜头畸变，采用四阶径向畸变模型（并假设 x 和 y 方向畸变相同），即

$$x = x' + x' k_1 \left(x'^2 + y'^2 \right) + x' k_2 \left(x'^2 + y'^2 \right)^2$$

$$y = y' + y' k_1 \left(x'^2 + y'^2 \right) + y' k_2 \left(x'^2 + y'^2 \right)^2 \qquad (9\text{-}56)$$

式中，(x', y') 为像点在归一化像平面上的无畸变理想图像坐标；(x, y) 为归一化像平面上的实际坐标；k_1 和 k_2 分别为二阶径向畸变系数和四阶径向畸变系数。

由式（9-15）代表的内参模型得

$$u = u_0 + \alpha_x x + \mu y$$

$$v = v_0 + \alpha_y y \qquad (9\text{-}57)$$

忽略式中的 μ，将式（9-57）代入式（9-56），得

$$u = u' + \left(u' - u_0 \right) \left(k_1 \left(x'^2 + y'^2 \right) + k_2 \left(x'^2 + y'^2 \right)^2 \right)$$

$$v = v' + \left(v' - v_0 \right) \left(k_1 \left(x'^2 + y'^2 \right) + k_2 \left(x'^2 + y'^2 \right)^2 \right) \qquad (9\text{-}58)$$

式中，(u', v') 为像点在归一化像平面上的无畸变理想坐标；(u, v) 为归一化像平面上的实际坐标；(u_0, v_0) 为图像主点。

将上式改写成矩阵形式，即

$$\begin{bmatrix} \left(u' - u_0 \right) \left(x'^2 + y'^2 \right) & \left(u' - u_0 \right) \left(x'^2 + y'^2 \right)^2 \\ \left(v' - v_0 \right) \left(x'^2 + y'^2 \right) & \left(v' - v_0 \right) \left(x'^2 + y'^2 \right)^2 \end{bmatrix} \begin{bmatrix} k_1 \\ k_2 \end{bmatrix} = \begin{bmatrix} u - u' \\ v - v' \end{bmatrix} \qquad (9\text{-}59)$$

在实际标定过程中，通过将特征点空间坐标和线性参数标定结果代入式（9-45）对特征点进行重投影得到无畸变理想图像坐标 (u', v')；然后根据外参矩阵求取图像平面上理想坐标 (x', y')。对于 n 幅靶标图像，对每幅选取 m 个标定点，多点联立求解 $m \times n$ 个如式（9-59）所示的方程组，便可得到畸变系数。

5．优化摄像机内外参数

式（9-46）改写为

$$sp = \boldsymbol{H} \boldsymbol{W} \qquad (9\text{-}60)$$

式中，$\boldsymbol{p}=(u,v,1)$，为靶标特征点的图像齐次坐标；$\boldsymbol{W}=(X_{\mathrm{w}},Y_{\mathrm{w}},1)$，为特征点在世界坐标系的齐次坐标。

在理想情况下，各特征点的世界坐标和图像坐标满足式（9-60），但是由于噪声影响，往往不能满足该式。

获得摄像机内外参数和畸变系数的初始值后，利用 Levenberg-Marquardt（L-M）算法，将式（9-61）中的 F 最小化，优化摄像机内外参数。反复迭代畸变系数和摄像机内外参数，直到它们收敛为止。

$$F=\sum_{i=1}^{n}\sum_{j=1}^{m}\left\| \boldsymbol{p}_{ij}-\hat{\boldsymbol{p}}_{ij}\left(\boldsymbol{M}_{\mathrm{in}},k_1,k_2,\boldsymbol{R}_i,\boldsymbol{T}_i,\boldsymbol{W}_j\right)\right\|^2 \tag{9-61}$$

9.8 摄像机标定与二维视觉测量实验

9.8.1 摄像机标定步骤

这里介绍 MATLAB 摄像机标定工具箱（camera calibrator）中的单目摄像机标定过程。

（1）制作棋盘格靶标。制作一个棋盘格图案的平面靶标（简称棋盘格靶标），棋盘格图案需为长方形，它的长边方向的方格个数为偶数，宽边方向的方格个数奇数。定义棋盘靶标位于世界坐标系 $Z_{\mathrm{w}}=0$ 的平面上，世界坐标系的原点位于棋盘格靶标的一个固定角点，将棋盘格长边定义为 X_{w} 轴（见图9-17）。

（2）通过移动摄像机或移动靶标拍摄一组不同位姿下的靶标图像。图像像素坐标系原点位于靶标图像左上角（见图9-18）。

拍摄时注意以下三点：

① 二维靶标比三维靶标少一维信息，所以需要多次改变靶标位姿，从不同视角拍摄靶标图像，但要求靶标与图像平面的夹角小于45°。对于图像数量，建议拍摄10～20幅为宜。

② 拍摄过程摄像机焦距不能变化，拍摄的棋盘格目标最好能够覆盖一半以上视野范围，对于畸变较小的镜头最好能占满视野的2/3。

③ 保存图像为未压缩或无损压缩格式，如 PNG、BMP 格式文件，不能对图像进行裁剪或修改。

（3）提取图像中所有棋盘格角点。其中一幅图像的角点检测结果如图9-19所示。

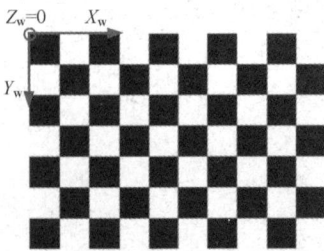

图9-17 棋盘格靶标	图9-18 图像平面	图9-19 角点检测结果

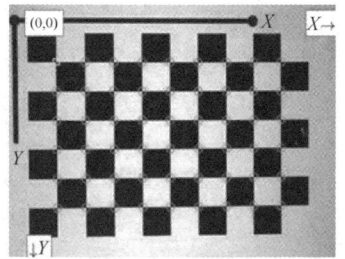

（4）根据棋盘格靶标中所有角点的空间坐标及其对应的像素坐标，计算内参矩阵、外参矩阵以及径向畸变系数。

（5）评估标定结果的精度，调整参数重新标定，以提高精度。

根据标定参数，将棋盘格角点重投影到图像像素坐标系，计算重投影误差（实际角点与重投影点之间的像素距离）。重投影误差越小，标定结果精度越高，一般要求平均重投影误差小于 0.5 像素。计算机视觉中经常使用重投影误差构造代价函数，优化单应性矩阵。

9.8.2　摄像机标定实验结果

标定实验中使用的棋盘格图案包含 10×7 个方格，每个方格边长为 21.38mm。在标定实验中共拍摄 22 幅不同位姿下的靶标图像，这些图像的大小为 1626 像素×1236 像素，其中的 8 幅见图 9-20，将第一幅图像作为基准图像。

摄像机标定结果见表 9-1，其中 MATLAB 标定的内参矩阵与前文介绍的内参矩阵存在转置关系。不同位姿靶标图像对应的外参矩阵是不同的，表 9-1 中也给出了基准图像对应的靶标平面的外参矩阵。

图 9-20　不同位姿的靶标图像

表 9-1　摄像机标定结果

参　　数	表　　示	标定结果
内参矩阵	$\begin{bmatrix} \alpha_x & 0 & 0 \\ \mu & \alpha_y & 0 \\ u_0 & v_0 & 1 \end{bmatrix}$	$\begin{bmatrix} 3566.5 & 0 & 0 \\ 11.0864 & 3577.5 & 0 \\ 751.5644 & 689.4052 & 1 \end{bmatrix}$
旋转矩阵	$\begin{bmatrix} r_{11} & r_{12} & r_{13} \\ r_{21} & r_{22} & r_{23} \\ r_{31} & r_{32} & r_{33} \end{bmatrix}$	$\begin{bmatrix} 0.9986 & -0.0052 & 0.0528 \\ 0.0036 & 0.9995 & 0.0322 \\ -0.0530 & -0.0319 & 0.9981 \end{bmatrix}$
平移向量	$[t_x\ t_y\ t_z]^T$	$[-88.0041\ -37.1290\ 699.0011]^T$
径向畸变参数	$[k_1\ k_2]$	$[0.0087\ 0.3069]$

9.8.3　二维视觉测量实验

二维视觉测量是指利用摄像机标定结果，实现平面物体的长度、宽度、面积和周长等二维几何参数的测量。二维视觉测量流程如图 9-21 所示。

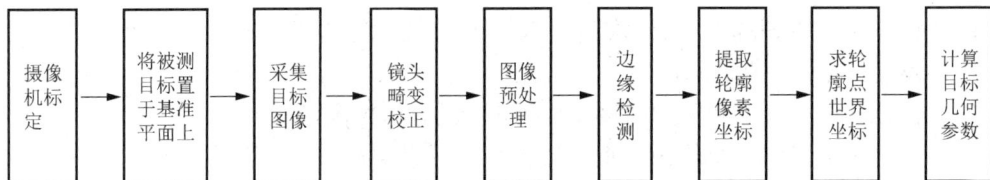

图 9-21　二维视觉测量流程

　　图像像素坐标系中的目标图像如图 9-22 所示，其中包括经图像分割后的目标图像及其目标轮廓。根据摄像机标定参数，将图像像素坐标系中目标轮廓点逐一映射到世界坐标系中，得到以 mm 为单位的轮廓点。计算轮廓图像的最小外接矩形，得到最小外接矩形的长和宽分别为 149.50mm 和 73.50mm。利用游标卡尺多次测量目标物体得到其长和宽的理论值分别为 149.53mm 和 73.90mm。世界坐标系中的目标轮廓及其最小外接矩形如图 9-23 所示。

（a）图像分割后的目标图像　　　　　　　　　（b）目标轮廓图像

图 9-22　图像像素坐标系中的目标图像

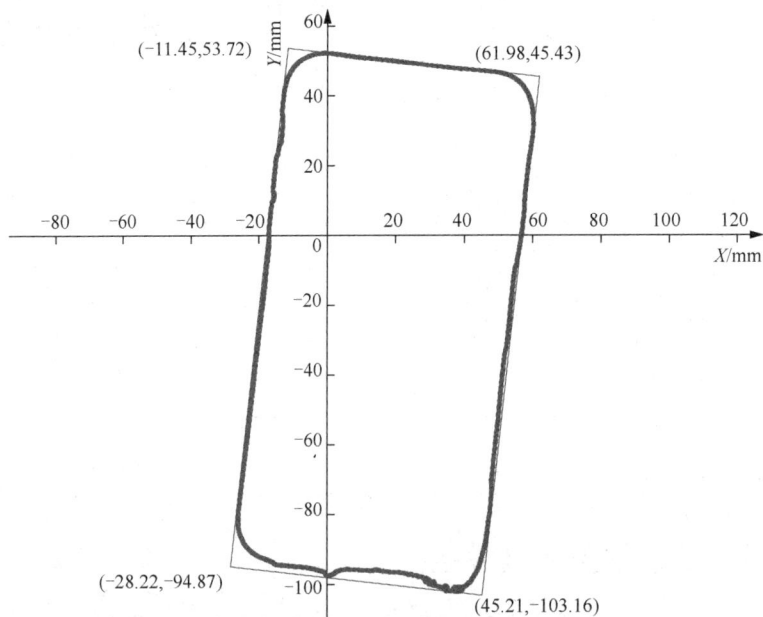

图 9-23　世界坐标系中的目标轮廓及其最小外接矩形

【程序】二维视觉测量中的图像处理 MATLAB 程序。

```
close all; clear all; clc;
I0=imread('object.bmp');                              %读入目标图像
figure(1),imshow(I0,'InitialMagnification', 25);      %缩小显示原始图像
load('bd.mat');                                       %加载标定参数，bd.mat 经摄像机标定后导出
[p]=undistortImage(I0, cameraParams);                 %图像畸变校正
figure(2); imshow(p,'InitialMagnification', 25);      %显示畸变校正图像
bw=im2bw(p, graythresh(p));                            %Otsu 阈值分割
bw=imcomplement(bw);                                   %反色变换
imLabel=bwlabel(bw);                                   %连通分量标记
stats=regionprops(imLabel,'Area');                     %求各连通分量的大小
area=cat(1,stats.Area);
index=find(area==max(area));                           %寻找最大连通分量的索引
J=ismember(imLabel,index);                             %提取最大连通分量
It=imfill(J,8,'holes');                                %填充二值图像内部
figure(3);imshow(It,'InitialMagnification', 25);
Ie=edge(It,'canny');                                   %检测目标轮廓
figure(4);imshow(Ie,'InitialMagnification', 25);       %显示轮廓图像
[px,py]=find(Ie==1);                                   %提取轮廓点的像素坐标
zb=[px,py];

%提取基准平面的外参矩阵（本实验中选择第 1 幅靶标图像位置作为基准平面）
R=cameraParams.RotationMatrices(:,:,1);                %旋转矩阵
t=cameraParams.TranslationVectors(1,:);                %平移矩阵
Wxy=pointsToWorld(cameraParams,R,t,zb);                %计算轮廓点世界坐标
figure(5);plot(Wxy(:,2),- Wxy(:,1),'.');axis equal;hold on;
%计算最小外接矩形
[rectx,recty,area,perimeter]=minboundrect(Wxy(:,2),-Wxy(:,1),'p');
jiaodian =[rectx recty];                               %外接矩形 4 个角点坐标
line(rectx,recty);                                     %给世界坐标系中目标轮廓图像画出最小外接矩形

d1=Wxy(2, :) - Wxy(1, :);                              %计算目标宽度，单位为 mm
widthInmm = hypot(d1(1), d1(2));
fprintf('Measured width of the phone= %0.2f mm\n', widthInmm);
d2=Wxy(2, :) - Wxy(3, :);                              %计算目标长度，单位为 mm
lengthInmm = hypot(d2(1), d2(2));
fprintf('Measured length of the phone= %0.2f mm\n',lengthInmm);
```

思考与练习

9-1 摄像机成像中常用的坐标系有哪些？

9-2 试编程实现图像的旋转和缩放。

9-3 简述镜头畸变产生的原因和消除方法。

9-4 说明摄像机内参和外参分别包含哪些参数？

9-5 摄像机标定是视觉测量的关键步骤，请说明标定结果如何用于实际测量。

9-6 立体靶标（三维靶标）和平面靶标（二维靶标）都能用于摄像机标定，请说明这两种靶标的区别。张正友标定法采用哪种靶标？

第10章 »»»»»»
双目立体视觉测量

教学要求

掌握双目立体视觉测量原理、三维重建方法、图像配准技术。

引 例

  双目立体视觉测量是指利用左右摄像机从不同视角拍摄同一场景的图像，进而通过计算图像之间的视差获取场景的三维信息。这一过程与人眼视觉立体感知过程类似。双目立体视觉测量的核心在于特征匹配和视差计算，能够实现对目标物体的深度感知和空间定位，在工业检测、三维重建、机器人导航等领域得到广泛应用。

  在图 10-1 所示的双目立体视觉应用示例中，基于图 10-1（a）所示的沥青路面三维点云，可进一步评价路面抗滑性能、路面缺陷如裂缝等；图 10-1（b）所示的空间场景三维点云可以为机器人导航、虚拟现实等应用提供重要的空间信息。由此可见，双目立体视觉不仅能够重建目标的三维信息（简称三维重建），还能为缺陷识别、环境感知、工业检测等任务提供可靠的三维信息支持，极大地提升机器对复杂场景的理解能力。

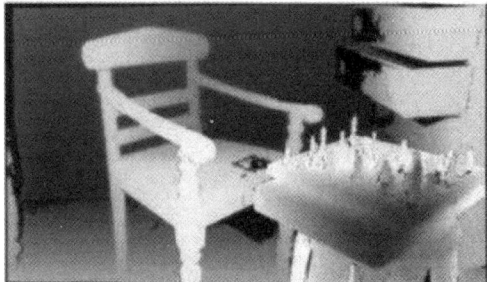

（a）沥青路面三维点云   （b）空间场景三维点云

图 10-1 双目立体视觉应用示例

10.1 双目立体视觉测量原理

双目立体视觉测量技术是一种基于视差原理并通过三角法获取三维信息的技术。其核心原理是利用左右摄像机（或单摄像机在不同位置）拍摄同一场景的两幅图像，通过这两幅图像中对应点的视差值计算空间点的三维坐标。具体来说，左右摄像机所采集的图像平面与被测物体构成一个三角形，已知左右摄像机的位置关系，可以通过三角法计算公共视场内物体特征点的三维坐标。

图 10-2 所示为平行双目立体视觉系统成像原理示意，在该图中左右摄像机的光轴平行，它们的光轴中心的连线长度为基线长度 B。将世界坐标系定义在左摄像机坐标系上，空间点 P 的坐标为 (X, Y, Z)，空间点 P 在左右摄像机中的成像点分别为 $p_1(x_1, y_1)$ 和 $p_2(x_2, y_2)$。假设左右摄像机所采集的图像平面位于同一平面上，则空间点 P 的在左右两个图像平面中的对应像点的 y 坐标相同，即 $y_1 = y_2 = y$。

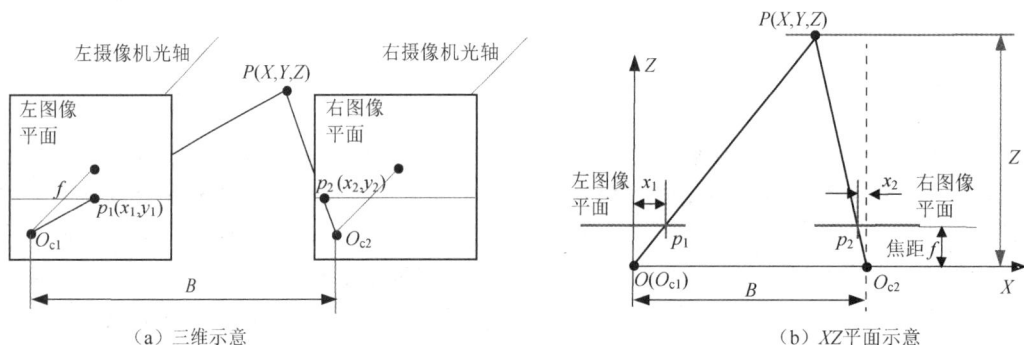

（a）三维示意　　　　　　　　　　　（b）XZ 平面示意

图 10-2　平行双目立体视觉系统成像原理示意

设左右摄像机的焦距均为 f，根据相似三角形关系可得

$$\begin{cases} \dfrac{x_1}{f} = \dfrac{X}{Z} \\[2mm] \dfrac{-x_2}{f} = \dfrac{B-X}{Z} \\[2mm] \dfrac{y_1}{f} = \dfrac{y_2}{f} = \dfrac{Y}{Z} \end{cases} \tag{10-1}$$

其中，基线长度 B 总为正值。将式（10-1）中的前两式相减，消去 X 后，得

$$\frac{B}{Z} = \frac{x_1 - x_2}{f} \tag{10-2}$$

式中，$d = x_1 - x_2$ 表示视差值（disparity）。由下面公式计算空间点 P 的三维坐标：

$$Z = \frac{Bf}{d}, \quad X = Z\frac{x_1}{f} = \frac{Bx_1}{d}, \quad Y = Z\frac{y}{f} = \frac{By}{d} \tag{10-3}$$

上面公式把三维空间中的深度信息 Z 与视差值 d 相互联系起来，并且当 f 与 B 固定时，

Z 与 d 成反比。设视差值的误差为 Δd ，由此导致深度信息产生的误差表示为 ΔZ ，将二者关系式写为

$$\Delta Z = \frac{Bf}{d^2} \Delta d = \frac{Z^2}{Bf} \cdot \Delta d \qquad (10\text{-}4)$$

由此可见，双目立体视觉系统的测量精度与焦距和基线长度成正比，而与深度信息（物距）成反比。为了得到更高的测量精度，应在一定范围内增大焦距和基线长度，同时使被测物体尽可能靠近双目立体视觉系统。但是，若 B/Z 过大，左右摄像机图像之间的重叠区域将显著减小，导致无法获取足够的物体表面信息，从而影响立体匹配的准确性和稳定性。一般情况下，如果物体高度变化不明显，那么 B/Z 的值可以大些；则 B/Z 的值应小些。

以上关于三维坐标的表达式是通过立体成像的几何关系推导得出的，常用于定性分析的场合。然而，在实际的三维重建中，考虑摄像机标定误差、图像噪声以及匹配误差等因素的影响，仅通过几何关系计算深度信息可能会导致精度不足。因此，在实际应用中，通常采用最小二乘法进行定量分析。使用最小二乘法优化重投影误差，能够更精确地估计空间点的三维坐标，从而提高三维重建的精度和稳定性。

10.2　数学模型与三维重建

10.2.1　汇聚式光轴双目立体视觉测量的数学模型

前文介绍最简单的平行式光轴双目立体视觉测量原理，现在考虑一般情况，即对左右摄像机的摆放位姿不做特别要求。在这种情况下，左右摄像机的光轴可能不平行，甚至存在一定的夹角，这使得双目立体视觉系统的几何关系更加复杂，但也更具灵活性。

图 10-3 所示为汇聚式光轴双目立体视觉系统成像原理示意，设左摄像机坐标系 O_{c1}-$X_{c1}Y_{c1}Z_{c1}$ 与世界坐标系 O_w-$X_wY_wZ_w$ 重合，其像平面坐标系为 O_1-x_1y_1，有效焦距为 f_1；右摄像机坐标系为 O_{c2}-$X_{c2}Y_{c2}Z_{c2}$，其像平面坐标系为 O_2-x_2y_2，有效焦距为 f_2。

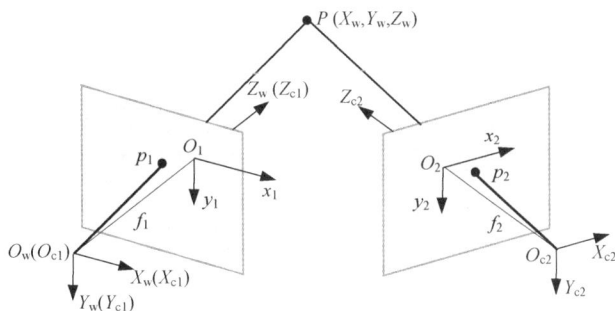

图 10-3　汇聚式光轴双目立体视觉系统成像原理示意

左右摄像机之间的空间位置关系表达式为

$$\begin{bmatrix} X_{c2} \\ Y_{c2} \\ Z_{c2} \end{bmatrix} = \begin{bmatrix} r_{11} & r_{12} & r_{13} & t_x \\ r_{21} & r_{22} & r_{23} & t_y \\ r_{31} & r_{32} & r_{33} & t_z \end{bmatrix} \begin{bmatrix} X_{c1} \\ Y_{c1} \\ Z_{c1} \\ 1 \end{bmatrix} \tag{10-5}$$

式中，$\boldsymbol{R} = \begin{bmatrix} r_{11} & r_{12} & r_{13} \\ r_{21} & r_{22} & r_{23} \\ r_{31} & r_{32} & r_{33} \end{bmatrix}$，表示从右摄像机坐标系变换到左摄像机坐标系的旋转矩阵；

$\boldsymbol{T} = \begin{bmatrix} t_x \\ t_y \\ t_z \end{bmatrix}$，表示从右摄像机坐标系原点到左摄像机坐标系原点的平移向量。

根据摄像机透视投影原理，世界坐标系中的空间点坐标与左右摄像机像平面中的像点坐标的变换关系式为

$$s_1 \begin{bmatrix} x_1 \\ y_1 \\ 1 \end{bmatrix} = \begin{bmatrix} f_1 & 0 & 0 \\ 0 & f_1 & 0 \\ 0 & 0 & 1 \end{bmatrix} \begin{bmatrix} X_w \\ Y_w \\ Z_w \end{bmatrix} \tag{10-6}$$

$$s_2 \begin{bmatrix} x_2 \\ y_2 \\ 1 \end{bmatrix} = \begin{bmatrix} f_2 r_{11} & f_2 r_{12} & f_2 r_{13} & f_2 t_x \\ f_2 r_{21} & f_2 r_{22} & f_2 r_{23} & f_2 t_y \\ r_{31} & r_{32} & r_{33} & t_z \end{bmatrix} \begin{bmatrix} X_w \\ Y_w \\ Z_w \\ 1 \end{bmatrix} \tag{10-7}$$

解得

$$\begin{cases} X_w = \dfrac{Z_w x_1}{f_1} \\[2mm] Y_w = \dfrac{Z_w y_1}{f_1} \\[2mm] Z_w = \dfrac{f_1 \left(f_2 t_x - x_2 t_z \right)}{x_2 \left(r_{31} x_1 + r_{32} y_1 + f_1 r_{33} \right) - f_2 \left(r_{11} x_1 + r_{12} y_1 + f_1 r_{13} \right)} \\[4mm] \qquad = \dfrac{f_1 \left(f_2 t_y - y_2 t_z \right)}{y_2 \left(r_{31} x_1 + r_{32} y_1 + f_1 r_{33} \right) - f_2 \left(r_{21} x_1 + r_{22} y_1 + f_1 r_{23} \right)} \end{cases} \tag{10-8}$$

由此可知，如果已知焦距 f_1 和 f_2 且求出旋转矩阵 $\boldsymbol{R}$ 和平移向量 $\boldsymbol{T}$，那么通过左右摄像机的像平面对应点坐标 (x_1, y_1) 和 (x_2, y_2)，即可求解空间点的三维坐标 (X_w, Y_w, Z_w)。

10.2.2 最小二乘法三维重建

空间点 P 的齐次坐标为 $(X_w, Y_w, Z_w, 1)$，它在左右摄像机所成像点的图像齐次坐标分别为 $(u_1, v_1, 1)$ 和 $(u_2, v_2, 1)$。如果已知左右摄像机的透视变换矩阵分别为 $\boldsymbol{M}_1$ 和 $\boldsymbol{M}_2$，根据摄像机成像模型，则

$$Z_{ck}\begin{bmatrix} u_k \\ v_k \\ 1 \end{bmatrix} = \boldsymbol{M}_k \begin{bmatrix} X_w \\ Y_w \\ Z_w \\ 1 \end{bmatrix} = \begin{bmatrix} m_{11}^k & m_{12}^k & m_{13}^k & m_{14}^k \\ m_{21}^k & m_{22}^k & m_{23}^k & m_{24}^k \\ m_{31}^k & m_{32}^k & m_{33}^k & m_{34}^k \end{bmatrix} \begin{bmatrix} X_w \\ Y_w \\ Z_w \\ 1 \end{bmatrix} \tag{10-9}$$

式中，$k=1,2$，分别对应于左右摄像机。

以上矩阵包含 6 个方程，消去 Z_{c1} 和 Z_{c2} 后可得到关于 X_w、Y_w、Z_w 的 4 个线性方程，即

$$\left(u_1 m_{31}^1 - m_{11}^1\right)X_w + \left(u_1 m_{32}^1 - m_{12}^1\right)Y_w + \left(u_1 m_{33}^1 - m_{13}^1\right)Z_w = m_{14}^1 - u_1 m_{34}^1 \tag{10-10}$$

$$\left(v_1 m_{31}^1 - m_{21}^1\right)X_w + \left(v_1 m_{32}^1 - m_{22}^1\right)Y_w + \left(v_1 m_{33}^1 - m_{23}^1\right)Z_w = m_{24}^1 - v_1 m_{34}^1$$

$$\left(u_2 m_{31}^2 - m_{11}^2\right)X_w + \left(u_2 m_{32}^2 - m_{12}^2\right)Y_w + \left(u_2 m_{33}^2 - m_{13}^2\right)Z_w = m_{14}^2 - u_2 m_{34}^2 \tag{10-11}$$

$$\left(v_2 m_{31}^2 - m_{21}^2\right)X_w + \left(v_2 m_{32}^2 - m_{22}^2\right)Y_w + \left(v_2 m_{33}^2 - m_{23}^2\right)Z_w = m_{24}^2 - v_2 m_{34}^2$$

根据以上 4 个方程，求解 3 个未知数。将式（10-10）和式（10-11）写成矩阵形式：

$$\begin{bmatrix} u_1 m_{31}^1 - m_{11}^1 & u_1 m_{32}^1 - m_{12}^1 & u_1 m_{33}^1 - m_{13}^1 \\ v_1 m_{31}^1 - m_{21}^1 & v_1 m_{32}^1 - m_{22}^1 & v_1 m_{33}^1 - m_{23}^1 \\ u_2 m_{31}^2 - m_{11}^2 & u_2 m_{32}^2 - m_{12}^2 & u_2 m_{33}^2 - m_{13}^2 \\ v_2 m_{31}^2 - m_{21}^2 & v_2 m_{32}^2 - m_{22}^2 & v_2 m_{33}^2 - m_{23}^2 \end{bmatrix} \begin{bmatrix} X_w \\ Y_w \\ Z_w \end{bmatrix} = \begin{bmatrix} m_{14}^1 - u_1 m_{34}^1 \\ m_{24}^1 - v_1 m_{34}^1 \\ m_{14}^2 - u_2 m_{34}^2 \\ m_{24}^2 - v_2 m_{34}^2 \end{bmatrix} \tag{10-12}$$

将式（10-12）简写为

$$\boldsymbol{KX} = \boldsymbol{U} \tag{10-13}$$

式中，$\boldsymbol{K}$ 为式（10-12）等号左边的行列大小为 4×3 的矩阵，$\boldsymbol{U}$ 为是式（10-12）等号右边的行列大小为 4×1 的向量；$\boldsymbol{X} = \left(X_w \quad Y_w \quad Z_w\right)^T$ 为待求解的三维向量。则式（10-13）的最小二乘解为

$$\boldsymbol{X} = \left(\boldsymbol{K}^T \boldsymbol{K}\right)^{-1} \boldsymbol{K}^T \boldsymbol{U} \tag{10-14}$$

基于上述分析结果，对双目立体视觉测量原理，也可以这样理解：通过在左右摄像机图像中寻找对应点，生成共轭点对的集合 $\left\{(u_{k,i}, \ v_{k,i})\right\}$，$(i=1,2,\cdots,n)$；每一对对应点定义了从左右摄像机坐标系原点出发的两条射线 $O_{c1}p_1$ 和 $O_{c2}p_2$ 在空间相交于某一点，计算这两条射线交点的三维空间坐标。

10.3　极线几何与基本矩阵

使用极线几何研究左右摄像机所采集的图像平面之间的内在射影关系，这种关系由摄像机内部参数以及两幅图像之间的相对位姿决定，而与外部场景的具体内容无关。极线几何在立体图像对应点匹配、三维重建和运动分析等领域具有广泛应用。

10.3.1　极线几何关系

为了便于理解极线约束，这里先介绍双目立体视觉系统的极线几何关系，如图 10-4 所示。在该图中，点 O_{c1} 和点 O_{c2} 分别为左右摄像机的光轴中心；点 p_1 和点 p_2 为空间点 P 在

左右图像平面上所成像点，点 p_1 和点 p_2 为匹配的对应点。基线与左右图像平面的交点 e_1 和 e_2 称为极点，空间点 P 与基线组成的平面称为极平面，极平面与左右图像平面的交线 $e_1 p_1$ 和 $e_2 p_2$ 称为极线。

其他不在 $PO_{c1}O_{c2}$ 极平面上的空间点会产生一个新的极平面。所有的极平面都相交于基线。同一图像平面上所有的极线都交于极点。极点可能在图像内部也可能在图像外，但一定在图像平面上。对于两个完全平行的图像平面，图像平面与基线平行，此时极点位于无穷远处。

极线决定了图像平面上对应点的位置，左图像中的像点 p_1 在右图像中的对应点必定在极线 l_2 上。这是双目立体视觉系统的一个重要特点，称之为极线约束，如图 10-5 所示。极线约束是点与直线的对应，而不是点与点的对应，它将左图像中的一个像点的对应点搜索范围从整幅图像缩小到极线。只需在右图像中极线 l_2 上搜索对应点，而不用遍历右图像整个区域，极大地缩小了搜索范围。

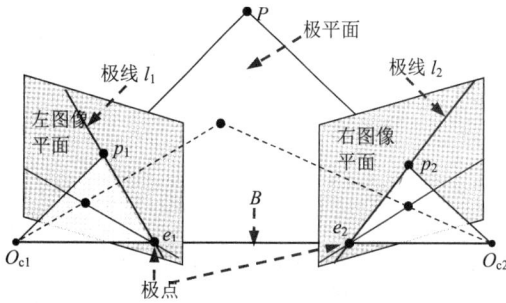

图 10-4 双目立体视觉系统的极线几何关系　　　　图 10-5 极线约束

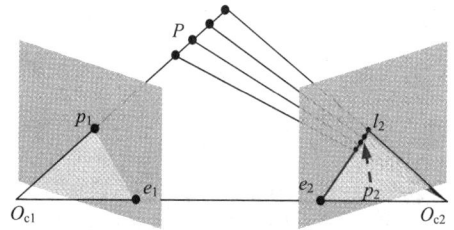

在 10.3.2 节介绍一种在已知左右摄像机透视变换矩阵条件下的极线计算方法。

10.3.2 极线约束方程与基本矩阵

根据第 9 章中的式（9-23）将左右摄像机的透视投影方程写成

$$\begin{cases} s_1 \boldsymbol{p}_1 = \boldsymbol{M}_1 \boldsymbol{X}_w = (\boldsymbol{M}_{11} \quad \boldsymbol{m}_1) \boldsymbol{X}_w \\ s_2 \boldsymbol{p}_2 = \boldsymbol{M}_2 \boldsymbol{X}_w = (\boldsymbol{M}_{21} \quad \boldsymbol{m}_2) \boldsymbol{X}_w \end{cases} \tag{10-15}$$

式中，$\boldsymbol{X}_w = (X_w, Y_w, Z_w, 1)$ 为空间点 P 在世界坐标系中的齐次坐标；$\boldsymbol{p}_1 = (u_1, v_1, 1)$ 和 $\boldsymbol{p}_2 = (u_2, v_2, 1)$ 为左右图像平面上对应点 p_1 和 p_2 的图像齐次坐标；$\boldsymbol{M}_1$ 和 $\boldsymbol{M}_2$ 为左右摄像机的透视变换矩阵，矩阵 $\boldsymbol{M}_1$ 和 $\boldsymbol{M}_2$ 中左边的行列大小为 3×3 部分分别记作 $\boldsymbol{M}_{11}$ 和 $\boldsymbol{M}_{21}$，右边的行列为 3×1 部分分别记作 $\boldsymbol{m}_1$ 和 $\boldsymbol{m}_2$。将 $\boldsymbol{X}_w = (X_w, Y_w, Z_w, 1)$ 记作 $\boldsymbol{X}_w = (\boldsymbol{X}^T \quad 1)^T$，其中 $\boldsymbol{X} = [X_w \quad Y_w \quad Z_w]^T$，则式（10-15）可改写为

$$\begin{cases} s_1 \boldsymbol{p}_1 = \boldsymbol{M}_{11} \boldsymbol{X} + \boldsymbol{m}_1 \\ s_2 \boldsymbol{p}_2 = \boldsymbol{M}_{21} \boldsymbol{X} + \boldsymbol{m}_2 \end{cases} \tag{10-16}$$

消去 $\boldsymbol{X}$ 后，得

$$s_2 \boldsymbol{p}_2 - s_1 \boldsymbol{M}_{21} \boldsymbol{M}_{11}^{-1} \boldsymbol{p}_1 = \boldsymbol{m}_2 - \boldsymbol{M}_{21} \boldsymbol{M}_{11}^{-1} \boldsymbol{m}_1 \tag{10-17}$$

由于上式等号两边均为三维向量，因此该等式包含 3 个方程。通过消去参数 s_1 与 s_2，可以得到一个仅与 p_1 和 p_2 相关的约束关系，这就是极线约束。

为了更清晰地描述上述消去参数的过程，引入反对称矩阵。若 $\boldsymbol{T} = \left(t_x, t_y, t_z\right)^{\mathrm{T}}$，则由 $\boldsymbol{T}$ 定义的反对称矩阵记作

$$[\boldsymbol{T}]_\times = \begin{bmatrix} 0 & -t_z & t_y \\ t_z & 0 & -t_x \\ -t_y & t_x & 0 \end{bmatrix} \tag{10-18}$$

由定义可知，$[\boldsymbol{T}]_\times = -\left([\boldsymbol{T}]_\times\right)^{\mathrm{T}}$。反对称矩阵 $[\boldsymbol{T}]_\times$ 是一个不满秩的不可逆矩阵。$[\boldsymbol{T}]_\times$ 的部分性质如下：

（1）两个三维向量 $\boldsymbol{r}$ 与 $\boldsymbol{T}$ 的叉乘表示为 $\boldsymbol{T} \times \boldsymbol{r} = [\boldsymbol{T}]_\times \boldsymbol{r}$，它可写成一个行列大小为 3×3 的矩阵与另一个向量的点乘，结果与式（9-41）一致。

（2）任意满足 $[\boldsymbol{T}]_\times \boldsymbol{r} = 0$ 的向量 $\boldsymbol{r}$ 与 $\boldsymbol{T}$，只相差一个常数因子，即 $\boldsymbol{r} = k\boldsymbol{T}$，表明两个相同方向矢量的叉积为零向量。

将式（10-17）等号右边的向量记作 $\boldsymbol{m}$，即

$$\boldsymbol{m} = \boldsymbol{m}_2 - \boldsymbol{M}_{21}\boldsymbol{M}_{11}^{-1}\boldsymbol{m}_1 \tag{10-19}$$

将由 $\boldsymbol{m}$ 定义的反对称矩阵记作 $[\boldsymbol{m}]_\times$，将 $[\boldsymbol{m}]_\times$ 左乘式(10-17)等号的两边，则由 $[\boldsymbol{m}]_\times \boldsymbol{m} = 0$ 可知

$$[\boldsymbol{m}]_\times \left(s_2\boldsymbol{p}_2 - s_1\boldsymbol{M}_{21}\boldsymbol{M}_{11}^{-1}\boldsymbol{p}_1\right) = 0 \tag{10-20}$$

将上式等号两边除以 s_2，并记 $s = s_1/s_2$，得

$$[\boldsymbol{m}]_\times s\boldsymbol{M}_{21}\boldsymbol{M}_{11}^{-1}\boldsymbol{p}_1 = [\boldsymbol{m}]_\times \boldsymbol{p}_2 \tag{10-21}$$

上式等号右边向量 $[\boldsymbol{m}]_\times \boldsymbol{p}_2 = \boldsymbol{m} \times \boldsymbol{p}_2$，由此可知，该向量与 $\boldsymbol{p}_2$ 正交。将 $\boldsymbol{p}_2^{\mathrm{T}}$ 左乘式（10-21）等号两边，并将所得表达式等号两边除以 s，得到以下重要关系式：

$$\boldsymbol{p}_2^{\mathrm{T}} [\boldsymbol{m}]_\times \boldsymbol{M}_{21}\boldsymbol{M}_{11}^{-1}\boldsymbol{p}_1 = 0 \tag{10-22}$$

上式给出了 p_1 和 p_2 必须满足的关系。可以看出，在给定 p_1 的情况下，式（10-22）是一个关于 p_2 的线性方程，即右图像上的极线方程。反过来，在给定 p_2 的情况下，式（10-22）是一个关于 p_1 的线性方程，即左图像上的极线方程。

将式（10-22）改写为

$$\boldsymbol{p}_2^{\mathrm{T}} \boldsymbol{F} \boldsymbol{p}_1 = 0 \tag{10-23}$$

式中，$\boldsymbol{F}$ 称为基本矩阵（fundamental matrix），其表达式为

$$\boldsymbol{F} = [\boldsymbol{m}]_\times \boldsymbol{M}_{21}\boldsymbol{M}_{11}^{-1} \tag{10-24}$$

基本矩阵是极线几何的一种代数表示，采用基本矩阵将极线约束表示为解析形式，即

$$\begin{cases} \boldsymbol{l}_2 = \boldsymbol{F}\boldsymbol{p}_1 \\ \boldsymbol{l}_1 = \boldsymbol{F}^{\mathrm{T}}\boldsymbol{p}_2 \end{cases} \tag{10-25}$$

其中，l_2 为 p_1 在右图像中对应的极线方程，l_1 为 p_2 在左图像中对应的极线方程。

由式（10-23）和式（10-25）可知，$\boldsymbol{p}_2^{\mathrm{T}}\boldsymbol{l}_2 = 0$，$\boldsymbol{l}_1^{\mathrm{T}}\boldsymbol{p}_1 = 0$。这意味着，若一个点 p_1（或 p_2）是在直线 l_1（或 l_2）上，则它们的点乘等于 0。

如果已知左右摄像机的内参矩阵 $M_{\mathrm{in}1}$ 和 $M_{\mathrm{in}2}$ 以及双目立体视觉系统结构参数 R 与 T，那么式（10-22）所示的极平面方程式又可以表示为

$$p_2^{\mathrm{T}} M_{\mathrm{in}2}^{-\mathrm{T}} SR M_{\mathrm{in}1}^{-1} p_1 = 0 \tag{10-26}$$

其中，$S = [T]_{\times}$ 表示由平移向量定义的反对称矩阵。于是基本矩阵又可以表示为

$$F = M_{\mathrm{in}2}^{-\mathrm{T}} SR M_{\mathrm{in}1}^{-1} \tag{10-27}$$

从式（10-27）可以看出，基本矩阵实际上包括双目立体视觉系统的所有参数，即左右摄像机的内参矩阵 $M_{\mathrm{in}1}$ 和 $M_{\mathrm{in}2}$ 以及双目立体视觉系统结构参数 R 与 T。这表明基本矩阵只与双目立体视觉系统参数有关，与外部场景无关，体现双目立体视觉系统中的一种内在约束关系。

10.3.3 摄像机的相对运动——本质矩阵

在上述讨论中，p_1 和 p_2 表示图像像素坐标系中的两个像点。若已知左右摄像机的内参矩阵 $M_{\mathrm{in}1}$ 和 $M_{\mathrm{in}2}$，则可以将像点从图像像素坐标系变换到焦距归一化像平面中，即 $p_1' = M_{\mathrm{in}1}^{-1} p_1$，$p_2' = M_{\mathrm{in}2}^{-1} p_2$。通过不同坐标系变换得到的 p_1' 和 p_2' 为三维向量，它们在 z 轴的坐标为单位 1。由此可知，p_1' 和 p_2' 表示归一化的图像物理坐标系中的投影点，则根据式（10-26）可得

$$p_2'^{\mathrm{T}} RS p_1' = 0 \tag{10-28}$$

定义 $E=RS$ 为本质矩阵（essential matrix）。本质矩阵只与双目立体视觉系统结构参数 R 和 T 有关，与左右摄像机的内参矩阵无关。

10.3.4 从图像对应点估计基本矩阵

在大多数立体视觉测量中，都采用极线约束进行对应点匹配。在双目立体视觉系统标定后，左右摄像机的内参矩阵以及双目立体视觉系统结构参数都是已知的，可以直接计算出基本矩阵或本质矩阵。

然而，对于未标定的图像对（左右图像），左右摄像机的内外参数都是未知的。在二维空间中，唯一可用的信息是左右图像的对应点对。极线几何关系是从这些对应点对中获取的关键信息。基本矩阵作为对应点对相互关系的数学表达式，隐含左右摄像机内参外参信息。因此，极线几何问题就转化为基本矩阵的估计问题。一旦求出基本矩阵，就可以获得极线约束关系。在此约束关系的指导下，可以进行更多对应点的匹配。

对于基本矩阵，$p_2^{\mathrm{T}} F p_1 = 0$，左右图像中对应点的齐次坐标分别为 $p_2 = [u' \quad v' \quad 1]^{\mathrm{T}}$ 和 $p_1 = [u \quad v \quad 1]^{\mathrm{T}}$，则

$$[u' \quad v' \quad 1] \begin{bmatrix} F_{11} & F_{12} & F_{13} \\ F_{21} & F_{22} & F_{23} \\ F_{31} & F_{32} & F_{33} \end{bmatrix} \begin{bmatrix} u \\ v \\ 1 \end{bmatrix} = 0 \tag{10-29}$$

上式可改写成

$$u'u F_{11} + u'v F_{12} + u' F_{13} + v'u F_{21} + v'v F_{22} + v' F_{23} + u F_{31} + v F_{32} + F_{33} = 0 \tag{10-30}$$

对于 n 组对应点对，可产生 n 个上述方程，写成矩阵形式 $AF=0$。其中，

$$\boldsymbol{F} = [F_{11} \quad F_{12} \quad F_{13} \quad F_{21} \quad F_{22} \quad F_{23} \quad F_{31} \quad F_{32} \quad F_{33}]^{\mathrm{T}}；\boldsymbol{F} \text{为奇异矩阵，满足约束条件} \|\boldsymbol{F}\| = 1；$$

$$\boldsymbol{A} = \begin{bmatrix} u_1'u_1 & u_1'v_1 & u_1' & v_1'u_1 & v_1'v_1 & v_1' & u_1 & v_1 & 1 \\ \vdots & \vdots & \vdots & \vdots & \vdots & \vdots & \vdots & \vdots & \vdots \\ u_n'u_n & u_n'v_n & u_n' & v_n'u_n & v_n'v_n & v_n' & u_n & v_n & 1 \end{bmatrix} 。$$

对于上述线性方程组，至少需要 8 组对应点对才可求出带比例系数的基本矩阵。

Longuet-Higgins 最早给出了一种快速且容易实现的八点算法，用于估计基本矩阵。为了克服八点算法对噪声的敏感性，Hartley 通过引入二维数据归一化处理对原始八点算法进行改进，得到归一化八点算法。归一化八点算法成为最常用的基本矩阵求解方法之一，很多基本矩阵估计算法都是基于这一改进算法发展而来的。

10.4　双目立体视觉系统标定

双目立体视觉系统标定是指通过使用二维靶标或三维靶标，以及图像像素坐标与世界坐标的对应关系，求解左右摄像机内参矩阵以及双目立体视觉系统的结构参数（简称外参，主要包括旋转矩阵 $\boldsymbol{R}$ 和平移向量 $\boldsymbol{T}$）。

图 10-6 为双目立体视觉系统标定示意。假设左右摄像机的外参分别为 $\boldsymbol{R}_1$ 和 $\boldsymbol{T}_1$、$\boldsymbol{R}_2$ 和 $\boldsymbol{T}_2$，则 $\boldsymbol{R}_1$ 和 $\boldsymbol{T}_1$ 表示左摄像机相对于世界坐标系的旋转和平移关系，$\boldsymbol{R}_2$ 和 $\boldsymbol{T}_2$ 表示右摄像机相对于世界坐标系的旋转和平移关系。空间点 P 在世界坐标系、左摄像机坐标系和右摄像机坐标系中的非齐次坐标分别记为 $\boldsymbol{X}_{\mathrm{w}}$、$\boldsymbol{X}_{\mathrm{c1}}$ 和 $\boldsymbol{X}_{\mathrm{c2}}$，则将空间点 P 从世界坐标系分别变换到左摄像机坐标系和右摄像机坐标系的关系式为

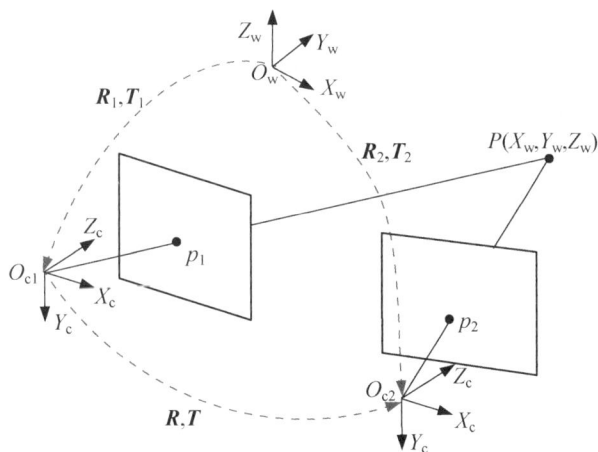

图 10-6　双目立体视觉系统标定示意

$$\boldsymbol{X}_{\mathrm{c1}} = \boldsymbol{R}_1\boldsymbol{X}_{\mathrm{w}} + \boldsymbol{T}_1$$
$$\boldsymbol{X}_{\mathrm{c2}} = \boldsymbol{R}_2\boldsymbol{X}_{\mathrm{w}} + \boldsymbol{T}_2$$

（10-31）

将上式消去 $\boldsymbol{X}_{\mathrm{w}}$，得到 $\boldsymbol{X}_{\mathrm{c2}} = \boldsymbol{R}_2\boldsymbol{R}_1^{-1}\boldsymbol{X}_{\mathrm{c1}} + \boldsymbol{T}_2 - \boldsymbol{R}_2\boldsymbol{R}_1^{-1}\boldsymbol{T}_1$。因此，左右摄像机的相对位置参数矩阵 $\boldsymbol{R}$ 和 $\boldsymbol{T}$ 可以表示为

$$R = R_2 R_1^{-1}, \quad T = T_2 - RT_1 \tag{10-32}$$

从左摄像机坐标系变换到右摄像机坐标系的关系式为

$$X_{c2} = RX_{c1} + T \tag{10-33}$$

对于双目立体视觉系统，经常将左摄像机坐标系定义为主坐标系，上式中的 R 和 T 是左摄像机到右摄像机坐标系的变换矩阵，所以 T 中的元素 t_x 为负数。

完成双目立体视觉系统标定后，可以进行极线校正。通过旋转和平移左右摄像机坐标系，将实际的双目立体视觉系统转化为平行式光轴双目立体视觉系统这一标准配置。

10.5 极线校正

极线约束能够显著缩小图像匹配的搜索范围。具体而言，对于左图像中某一像点 p_1，可以通过极线约束关系计算出其在右图像中对应的极线 l_2，从而将对应点的搜索范围缩小到极线 l_2 上。然而，这一过程需要对左图像中的每个待匹配点计算其对应的极线，当待匹配点较多时（如在稠密匹配场景中），计算量将显著增加。

为了降低图像匹配的复杂度，极线校正（也称立体校正）被广泛应用于双目立体视觉测量中。极线校正是指通过对左右图像分别进行一次射影变换，使得校正后的左右图像满足以下条件：

（1）对应极线位于同一条水平线上。

（2）对应极点被映射到无穷远处。

通过极线校正，左右图像之间的视差仅存在于水平方向上，从而将图像匹配问题从二维降到一维，大幅度提高匹配效率。

在实际的双目立体视觉系统中，即使光轴被设计为平行，但是摄像机自身原因和安装偏差，会导致左右摄像机的光轴无法达到严格意义上的平行，并且其采集的图像平面也难以严格共面。因此，采集到的左右图像之间通常存在较小的旋转量和平移量。为了满足理想的平行式光轴双目立体视觉系统的成像特点，极线校正是必不可少的步骤。

极线校正一直属于较为热门的研究方向。例如，Faugeras 提出了一种经典的校正算法，通过将两幅图像重投影到同一个平面上实现校正，该平面经过两个图像平面的交线且与基线平行。Fusiello 给出了一种简单的基于双摄像机透视变换矩阵的极线校正方法，并提供了相应的 MATLAB 程序，读者可查阅文献[63]。

由于双目立体视觉系统中存在大量的非标定图像对，摄像机参数未知，因此许多学者对非标定图像的校正方法进行研究。例如，Pollefeys 将极点看作极坐标系的原点，利用极坐标系变换的思想进行图像校正。Loop 等将图像校正过程分为射影变换和仿射变换两部分，其中射影变换需要非线性求解，其稳定性较差。Hartley 提出一种线性校正方法，以像点位置变化量最小为约束条件，优化图像的射影畸变问题。该算法仅依赖于图像对的基本矩阵，无须知道知摄像机的透视变换矩阵。

在极线校正的实现过程中，一旦通过双目立体视觉系统标定或其他方法计算出左右摄像机的旋转矩阵 R 和平移向量 T，或者基本矩阵 F，就可以利用这些结果对左右图像进行极线校正。图 10-7 显示了极线校正前后对比结果，极线校正后左右摄像机采集的图像共面且平行于基线，左右摄像机的光轴平行，极点被映射到无穷远处。此外，在极线校正后的图像中，对应点在左右图像上的纵坐标（高度）保持一致。

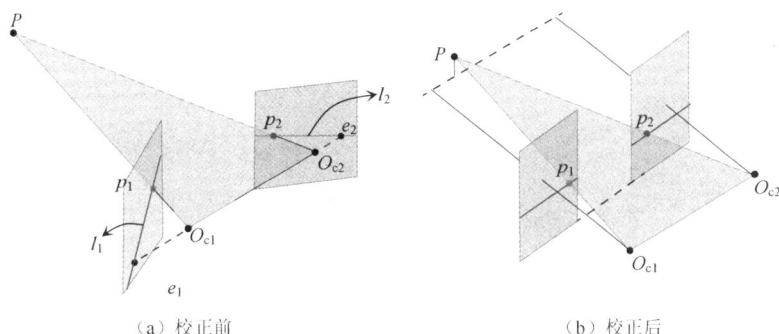

（a）校正前　　　　　　　　　　　　　　　（b）校正后

图 10-7　极线校正前后对比结果

下面介绍一种在双目立体视觉系统的旋转矩阵和平移向量已标定情况下的 Bouguet 校正算法。其基本原理如下：将双目立体视觉系统标定得到的旋转矩阵 $\boldsymbol{R}$ 分解为左右摄像机的合成矩阵 $\boldsymbol{r}_1$ 和 $\boldsymbol{r}_2$，以便实现左右图像平面平行，左右图像重投影误差畸变最小，同时使得观测面积最大（共同视角最大）。

$$\boldsymbol{r}_1 = \boldsymbol{R}^{\frac{1}{2}}, \quad \boldsymbol{r}_2 = \boldsymbol{R}^{-\frac{1}{2}} \tag{10-34}$$

这样可以让左右摄像机采集的图像共面，但是图像平面可能不与基线平行，极点没有映射到无穷远处，需要通过左右摄像机的平移向量 $\boldsymbol{T}$ 构造变换矩阵 $\boldsymbol{R}_{\text{rect}}$，使得基线与图像平面平行，从而使左右图像实现理想行对准。建立与平移向量 $\boldsymbol{T}$ 同方向的变换矩阵 $\boldsymbol{R}_{\text{rect}}$，即

$$\boldsymbol{R}_{\text{rect}} = \begin{bmatrix} \boldsymbol{e}_1 & \boldsymbol{e}_2 & \boldsymbol{e}_3 \end{bmatrix}^{\text{T}} \tag{10-35}$$

记 $\boldsymbol{T} = \begin{bmatrix} t_x & t_y & t_z \end{bmatrix}^{\text{T}}$，由于图像平面最终与基线平行，所以 $\boldsymbol{e}_1$ 与 $\boldsymbol{T}$ 同方向，即

$$\boldsymbol{e}_1 = \boldsymbol{T}/\|\boldsymbol{T}\| \tag{10-36}$$

摄像机主光轴（左摄像机光轴，用 $\begin{bmatrix} 0 & 0 & 1 \end{bmatrix}^{\text{T}}$ 表示）与 $\boldsymbol{e}_2$ 正交，在图像平面上 $\boldsymbol{e}_2$ 与 $\boldsymbol{e}_1$ 垂直，可通过 $\boldsymbol{e}_1$ 与主光轴的叉积运算并归一化后得到 $\boldsymbol{e}_2$，即

$$\boldsymbol{e}_2 = \frac{\begin{bmatrix} -t_y & t_x & 0 \end{bmatrix}^{\text{T}}}{\sqrt{t_x^2 + t_y^2}} \tag{10-37}$$

$\boldsymbol{e}_3$ 与 $\boldsymbol{e}_1$ 和 $\boldsymbol{e}_2$ 正交，即 $\boldsymbol{e}_3$ 为两个向量的叉积运算：

$$\boldsymbol{e}_3 = \boldsymbol{e}_1 \times \boldsymbol{e}_2 \tag{10-38}$$

将上述旋转矩阵和变换矩阵合成左右摄像机的整体旋转矩阵，即

$$\boldsymbol{R}_1 = \boldsymbol{R}_{\text{rect}} \boldsymbol{r}_1, \quad \boldsymbol{R}_2 = \boldsymbol{R}_{\text{rect}} \boldsymbol{r}_2 \tag{10-39}$$

将左右图像函数分别乘以左右摄像机的整体旋转矩阵，即可实现基线与图像平面平行。这一过程不仅包含旋转信息，还隐含平移信息的校正。对校正后的图像，通常需要进行适当修剪，确保左右视野重叠部分的面积最大化。

极线校正前后对比结果如图 10-8 所示，左右图像中的细实线表示极线对，左右图像中的极线一一对应。校正后，极线沿水平方向排列，并且极线对的纵坐标相等，实现了行对准。

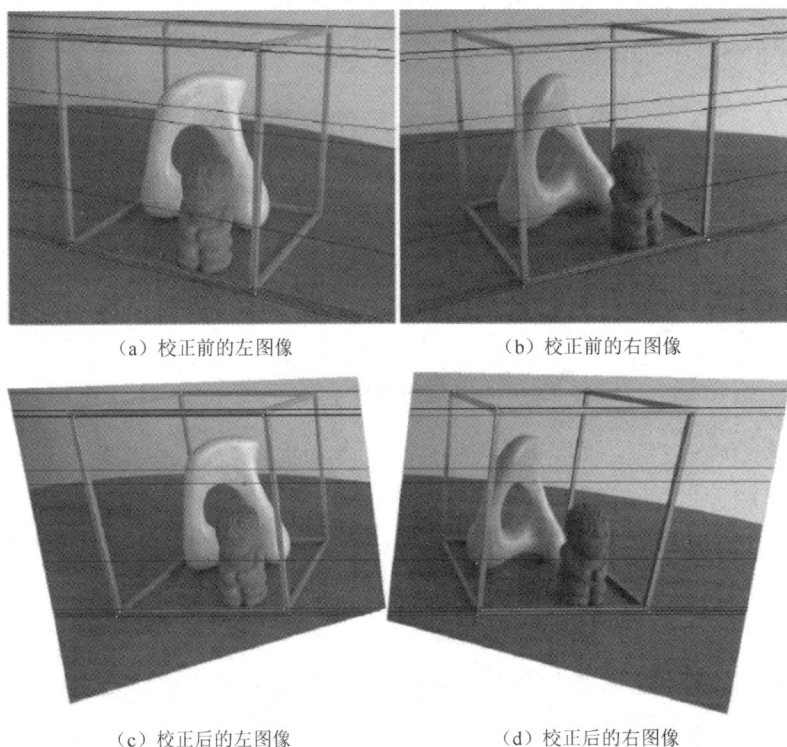

（a）校正前的左图像　　　　　　　　（b）校正前的右图像

（c）校正后的左图像　　　　　　　　（d）校正后的右图像

图 10-8　极线校正前后对比结果

10.6　图像配准与图像匹配

图像配准（image registration）和图像匹配（image matching）是计算机视觉与图像处理领域的两个相关但不同的概念。图像配准是图像处理、目标识别、图像重建、机器人视觉等领域的关键技术之一，该技术在立体视觉、航空摄影测量、遥感图像处理、自然资源分析、医学图像分析、光学和雷达跟踪、自动导航等领域得到广泛应用。

图像配准的核心任务是将不同图像传感器采集的同一场景的多光谱、多波段图像，或者同一图像传感器在不同时间、不同方位、不同条件下（如气候、照度、摄像机位置和角度等）采集的同一场景的两幅及以上图像，在空间位置和灰度值上进行对准。具体而言，图像配准是指通过估计多幅图像之间的几何关系（如平移、旋转、缩放、仿射变换或射影变换），将待配准图像映射到参考图像的坐标系中，从而实现同一场景的多幅图像在空间位置上的对准。

图像匹配是指在一幅图像中寻找它与另一幅图像中的特定区域（或特征）相似部分的过程，它属于图像配准技术的一个步骤。图像匹配不涉及几何变换，主要关注特征提取和相似程度计算。本节介绍 3 种常用的图像匹配算法。

图像匹配是双目立体视觉测量中最重要且最具挑战性的技术环节。其主要难点如下：对于特殊结构的景物，如存在平坦区域、缺乏纹理细节或存在周期性重复特征的场景，在图像匹配时容易产生错误；当图像特征的方向与极线平行时，图像匹配过程容易出现歧义；当基线长度较大时，遮挡现象较严重，导致部分空间点在另一幅图像中不可见，从而减少可重建的空间点数量。

10.6.1　图像配准概述

1. 图像配准的基本内容

假设参考图像与待配准图像分别用 $g(x,y)$ 和 $f(x,y)$ 表示，则图像配准关系式可以表示为

$$f(x,y) = T_g\left\{g\left[T_s(x,y)\right]\right\} \tag{10-40}$$

其中，T_s 表示空间几何变换；T_g 表示灰度变换。

图像配准的主要任务是寻找最佳的空间几何关系与灰度变换关系，使两幅图像实现最佳匹配。在有些情况下，灰度变换关系的求解并不是必需的，也可以将其归为图像预处理部分。通常意义上，图像配准的关键在于寻找图像空间几何关系。因此，上式可改写成更为一般的表达式，即

$$f(x,y) = g\left\{T_s(x,y)\right\} \tag{10-41}$$

图像配准要素如图 10-9 所示，包括 4 个方面内容，即特征空间、搜索空间、相似性测度和搜索策略。

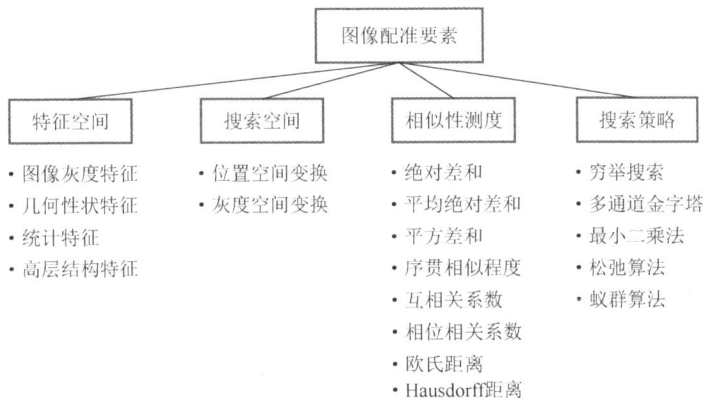

图 10-9　图像配准要素

（1）特征空间。特征空间是指通过图像处理技术，从参考图像和待配准图像中提取的、能够用于配准的目标信息，包括图像灰度特征、几何形状特征（如边缘、轮廓、角点、线交叉点、高曲率点等）、统计特征（如矩不变量、重心等）和高层结构特征（如结构描述、句法描述等）。选择合适的特征空间是图像配准的首要步骤，它不仅决定了图像配准算法对哪些特征敏感，以及哪些特征将被用于匹配，还直接关系到图像配准算法的计算效率、稳定性和最终的配准精度。

（2）搜索空间。搜索空间是指由所有可能的变换参数构成的空间，从数学角度来看，图像配准问题可以被视为一个变换参数的最优化估计问题。换句话说，由所有待估计参数组成的空间即搜索空间。

图像的变换范围分全局变换和局部变换。全局变换是指可以用一组相同的变换参数描述整幅图像的空间变换；局部变换是指对图像的不同区域可以采用不同的变换参数，适用于图像中存在局部形变的情况。

图像的变换方式是指刚体变换、仿射变换、射影变换和非线性变换等空间几何变换。

（3）相似性测度。相似性测度是用来度量图像灰度特征相似程度的指标，它与特征空间、搜索空间紧密相关。对不同的特征空间，通常需要采用与之相适应的相似性测度。相似性测度值直接反映在当前变换模型下图像之间是否能够实现正确匹配。通常，图像配准算法的稳定性由特征提取和相似性度量共同决定。

（4）搜索策略。搜索策略是指在搜索空间中寻找相似性测度极值（如最小值或最大值）的优化算法。由于图像配准通常涉及大量的计算，因此常规的穷举搜索方法在实践中往往因计算复杂度高而难以接受。为此，需要设计一种高效且稳定的搜索策略，这对于实现快速、准确的图像配准至关重要。

2．图像配准的应用

图像配准的应用主要体现在以下 3 个方面：

（1）多模态图像配准。多模态图像配准是指对由不同图像传感器或成像设备获取的同一场景图像进行配准。例如，在医学领域，不同模态的图像有各自的特点：计算机断层扫描（CT）图像和磁共振成像（MRI）图像能够以较高的空间分辨率提供器官的解剖结构信息，而正电子发射断层成像（PET）图像和单光子发射计算机断层成像（SPECT）图像则以较低的空间分辨率提供器官的功能代谢信息。在实际临床应用中，单一模态图像往往无法提供足够的信息，因此需要将不同模态的图像进行融合，以获得更全面的诊断信息。例如，PET 图像与 CT 图像的融合提高了影像定位和诊断的准确性。在遥感领域，多模态图像配准用于融合不同波段的图像，以全面了解环境和自然资源，广泛应用于大地测绘、植被分类与农作物生长监测。

（2）多视角图像配准。多视角图像配准是指由不同视角或角度获取的同一场景图像的配准，主要用于解决由视角差异导致的图像几何变形问题，常用于三维重建、立体视觉、多图像传感器数据融合和增强现实等。

（3）时间序列图像配准。时间序列图像配准是指对在不同时间或不同环境条件下获取的同一场景图像进行配准，主要用于检测和监控场景的变化。例如，数字减影血管造影术（DSA）通过配准同一患者在不同时间的血管造影图像观察血管的动态变化；在遥感领域，通过配准不同时间拍摄的遥感图像实现自然资源的动态监控，如森林覆盖率变化、农田利用及灾害评估等。

3．图像配准中常用的约束条件

受到噪声、光照变化、透视变形、目标相似性等因素的影响，一幅图像中的某个特征点或子图像区域在另一幅图像中可能存在多个相似的候选匹配点。因此，需要引入额外的信息或约束条件作为辅助判据，确保获得唯一且准确的匹配结果，同时缩小搜索范围并提高匹配效率。图像配准中常用的约束条件如下：

（1）极线约束。一幅图像中的任意一点在另一幅图像中的对应点必然位于与该点对应的极线上。

（2）唯一性约束。两幅图像中的对应点应满足一一对应的关系，即一幅图像中的一个特征点在另一幅图像中应有且仅有一个对应点。

（3）视差连续性约束。除了遮挡区域和视差不连续区域，视差的变化通常是平滑且渐变的。

（4）顺序一致性约束。位于一幅图像极线上的一系列点映射到另一幅图像对应极线上时应保持相同的顺序。这一约束条件适用于无交叉遮挡的场景，能够进一步减少误匹配概率。

10.6.2　基于模板（区域）的匹配算法

基于模板的匹配算法直接利用图像的灰度信息构建相似性测度，通过在待配准图像上滑动二维模板图像搜索最佳匹配位置。基于模板的匹配算法具有原理直观、实现简单等优点，但计算量较大，对图像的灰度变化较为敏感，难以处理光照变化或灰度不一致的情况。此外，面对缩放、旋转、形变等因素时稳定性较差，并且未充分利用图像的空间结构信息。

基于模板的匹配算法示意如图 10-10 所示。首先，从参考图像中提取目标区域作为模板图像；其次，将该模板图像在待配准图像上滑动，逐像素计算相似性测度；最后根据相似性测度的极值确定最佳匹配位置。不同的基于模板的匹配算法主要区别在于相似性测度的定义以及搜索策略的优化。

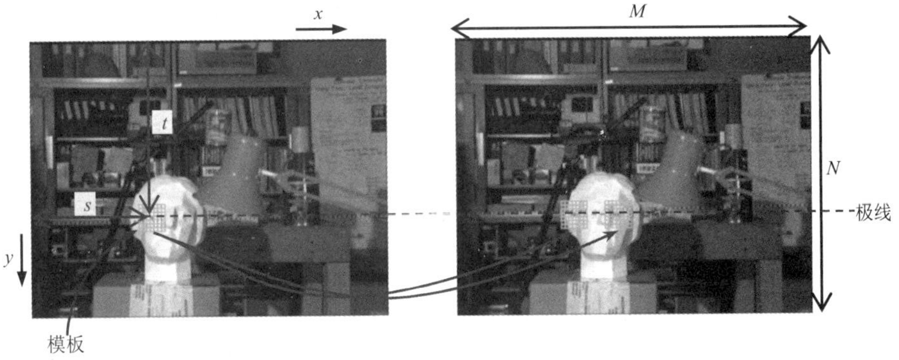

（a）参考图像　　　（b）待配准图像

图 10-10　基于模板的匹配算法示意

1. 序贯相似性匹配

序贯相似性匹配是指通过逐步计算相似性测度，在计算过程中动态判断是否提前终止当前匹配位置的搜索。这样避免不必要的计算，通过减少计算量加速匹配过程。

设待配准图像为 $f(x,y)$，其大小为 M 像素×N 像素；模板图像为 $g(x,y)$，其大小为 m 像素×n 像素。定义绝对误差如下：

$$E(s,t) = \sum_x \sum_y \left| \left[g(x,y) - \overline{g} \right] - \left[f(x-s, y-t) - \overline{f}(s,t) \right] \right| \tag{10-42}$$

其中，$\overline{g} = \dfrac{1}{mn} \sum_{x=1}^{m} \sum_{y=1}^{n} g(x,y)$，它是 g 的均值，只需计算一次；$\overline{f}(s,t)$ 是待配准图像中与模板图像当前位置相对应区域的均值。

上式采用归一化差的绝对值形式，相对于单纯的差的绝对值，能够较好地解决模板图像与待配准图像由亮度变化引起的匹配误差。

在模板图像滑动到当前位置的区域时，按式（10-42）计算待配准图像中对应区域各点与模板图像中对应点的差值。将得到的一系列差值累加，当累加值达到预先设定的阈值 E 时，停止计算并记录累加次数 r，则

$$R(s,t) = \left\{ r \mid \min_{1 \leqslant r \leqslant mn} \left[\sum_{i=1}^{r} E_{(s,t)}(x,y) \geqslant E \right] \right\} \tag{10-43}$$

在遍历所有点后，选取 $R(s,t)$ 中最大的点作为最佳匹配位置。基于模板的匹配算法能够节省大量的非匹配位置的无用计算，从而提高匹配效率。

2. 归一化互相关法

以归一化互相关系数作为相似性测度的图像匹配算法也称图像相关法。沿用上述的符号含义，定义归一化互相关系数如下：

$$c(s,t) = \frac{\displaystyle\sum_x \sum_y \left[g(x,y) - \overline{g} \right] \left[f(x-s, y-t) - \overline{f}(s,t) \right]}{\left\{ \displaystyle\sum_x \sum_y \left[g(x,y) - \overline{g} \right]^2 \right\}^{\frac{1}{2}} \left\{ \displaystyle\sum_x \sum_y \left[f(x-s, y-t) - \overline{f}(s,t) \right]^2 \right\}^{\frac{1}{2}}} \tag{10-44}$$

式中的求和运算是针对模板图像和待配准图像之间的重叠区域的，搜索范围最大为 $(M-m+1) \times (N-n+1)$。当 s 和 t 变化时，将模板图像在待配准图像内滑动，并计算函数 $c(s,t)$ 的值。$c(s,t)$ 的值越接近 1，说明二者匹配程度越好。因此，选取 $c(s,t)$ 值最大的点作为最佳匹配位置。

图 10-11 为基于模板的匹配算法应用举例，图 10-11（a）为一幅含有文字的图像，将它作为待配准图像。选取图 10-11（b）所示字母 a 作为模板图像，匹配结果如图 10-11（c）所示，其中的亮点为该模板图像在待配准图像中的最佳匹配位置。

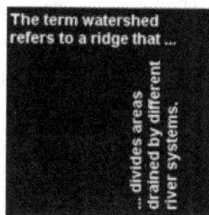

（a）含有文字的图像　　　　（b）字母 a 的模板图像　　　　（c）匹配结果

图 10-11　基于模板的匹配算法应用示例

10.6.3　基于频域的匹配算法

将图像 $f(x,y)$ 沿 x 轴和 y 轴方向分别平移 Δx 和 Δy 后形成的图像记为 $g(x,y)$，即

$$g(x,y) = f(x - \Delta x, y - \Delta y) \tag{10-45}$$

设 $g(x,y)$ 和 $f(x,y)$ 对应的傅里叶变换分别为 $G(u,v)$ 与 $F(u,v)$，二者有如下关系：

$$G(u,v) = F(u,v)\mathrm{e}^{-\mathrm{j}2\pi(u\Delta x + v\Delta y)} \tag{10-46}$$

上式说明，对于两幅仅存在平移关系的图像，它们的傅里叶频谱具有相同的幅值，但在相位上存在差异。这一相位差与图像之间的平移量直接相关。

将以上两幅图像的互功率谱表示为

$$\frac{G(u,v)F^*(u,v)}{\left|G(u,v)F^*(u,v)\right|} = \mathrm{e}^{-\mathrm{j}2\pi(u\Delta x + v\Delta y)} \tag{10-47}$$

其中，F^* 表示 F 的复共轭。通过对式（10-47）进行傅里叶逆变换，在空域的（Δx，Δy）位置形成一个单位脉冲函数。由此计算出两幅图像之间的平移量，从而实现图像匹配。

上述方法就是基于频域的匹配算法，也称相位相关法（phase correlation method），对窄带噪声、以及光照变化具有较强的稳定性。图 10-12 所示为利用相位相关法计算两幅图像之间的平移量。在该图中，图像 B 相对图像 A 在 x 轴和 y 轴方向分别有 25 像素的平移量。这两幅图像的互功率谱的傅里叶逆变换如图 10-12（c）所示，其中峰值坐标（25,25）对应这两幅图像之间的平移量，单位为像素。

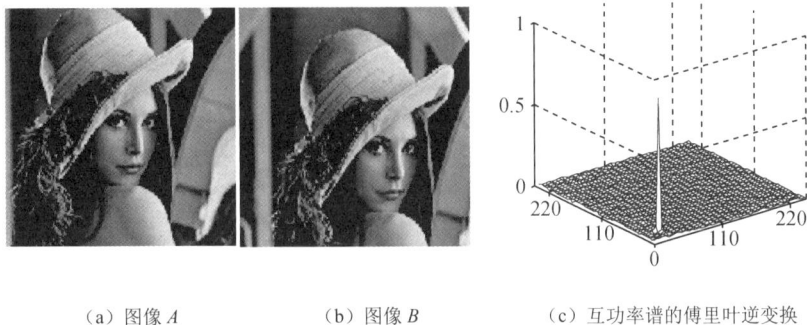

（a）图像 A　　　　（b）图像 B　　　　（c）互功率谱的傅里叶逆变换

图 10-12　利用相位相关法计算两幅图像之间的平移量

为了将基于频域的匹配算法扩展到既有位移又有旋转的图像匹配中，可以将直角坐标系中的旋转看作极坐标系中的平移，从而解决旋转参数的估计问题。

将图像 $f(x,y)$ 经过平移、旋转和比例缩放后形成的图像记为 $g(x,y)$，即

$$g(x,y) = f\left[\sigma(x\cos\alpha + y\sin\alpha) - \Delta x, \sigma(-x\sin\alpha + y\cos\alpha) - \Delta y\right] \tag{10-48}$$

式中，α 为旋转角，σ 为缩放因子。上述两幅图像的傅里叶变换具有如下关系：

$$G(u,v) = \sigma^{-2}\mathrm{e}^{-\mathrm{j}2\pi(u\Delta x + v\Delta y)}F\left[\sigma^{-1}(u\cos\alpha + v\sin\alpha), \sigma^{-1}(-u\sin\alpha + v\cos\alpha)\right] \tag{10-49}$$

通过取模，得到幅度谱之间的关系式，即

$$\left|G(u,v)\right| = \sigma^{-2}\left|F\left[\sigma^{-1}(u\cos\alpha + v\sin\alpha), \sigma^{-1}(-u\sin\alpha + v\cos\alpha)\right]\right| \tag{10-50}$$

由此可见，幅度谱仅与旋转角 α 和缩放因子 σ 有关，而与平移量 $(\Delta x, \Delta y)$ 无关。因此计算变

换参数可以分两个步骤。

（1）通过图像幅度谱求旋转角和缩放因子。对幅度谱进行极坐标变换，将原来的坐标 (u,v) 变成 (θ,r)。定义 G_p 和 F_p 分别为图像 $g(x,y)$ 和 $f(x,y)$ 在极坐标系中的幅度谱，则

$$G_{pl}(\theta,\ln r) = F_{pl}(\theta - \alpha, \ln r - \ln \sigma) \tag{10-51}$$

上述结果说明，当两幅图像之间存在旋转和比例缩放时，通过对幅度谱进行极坐标变换，然后进行取对数（底数为 e）运算（称为傅里叶-梅林变换变换），便可将旋转角和缩放因子转化为平移量。图像的对数极坐标变换示例如图 10-13 所示，其中图像 B 为图像 A 顺时针旋转 10° 并缩小 0.86 倍后的结果。分别对这两幅图像进行对数极坐标变换，旋转角 α 转化为水平方向的平移量，缩放参数 $\ln\sigma$ 转化为竖直方向的平移量。

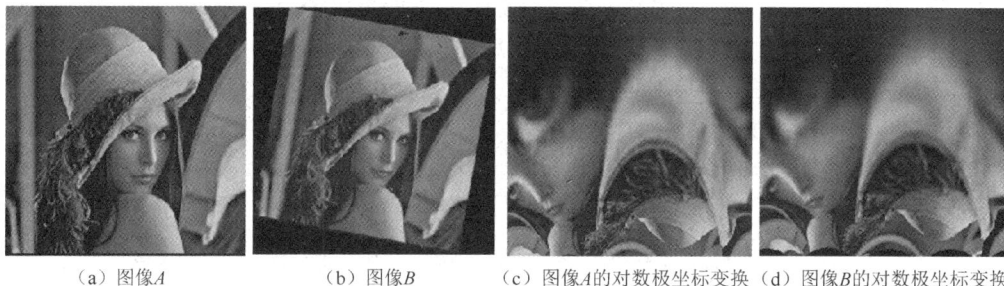

（a）图像A　　　　　（b）图像B　　　　（c）图像A的对数极坐标变换　（d）图像B的对数极坐标变换

图 10-13　图像的对数极坐标变换示例

对式（10-51）进行傅里叶逆变换，找到峰值坐标，即可求得 α 和 $\kappa = \ln\sigma$，进一步得到 $\sigma = e^{\kappa}$。

（2）利用相位相关法求平移参数。根据步骤（1）求出的旋转角和缩放因子，对图像 $g(x,y)$ 进行逆变换，也就是对该图像进行旋转和缩放校正，得到 $g'(x,y)$。计算 $f(x,y)$ 与 $g'(x,y)$ 的互功率谱，然后进行傅里叶逆变换，根据其峰值坐标即可求得平移参数 Δx 和 Δy。

10.6.4　基于特征的匹配算法

通常，能够用于图像匹配的图像特征包括点（如角点和拐点）、线（如直线段和曲线）、边缘、闭合区域、矩等局部特征。基于特征的匹配算法步骤如下：

（1）特征提取。提取图像中的显著特征，可以是单一特征，也可以融合多种特征。合理选择特征能够降低特征空间的复杂度，同时提高匹配算法的稳定性和准确性。

（2）特征匹配。利用相似性测度完成特征匹配。特征匹配中常用的相似性测度包括相关系数、边缘方向直方图、距离度量（欧几里得距离、Manhattan 距离、Hausdorff 距离）以及角度等。

Hausdorff 距离可以用来测量两个点集的相似程度，可作为二值图像（如边缘图像）匹配的一种相似性度量。给定两个有限非空的点集 $A = \{a_1, a_2, \cdots, a_p\}$ 和 $B = \{b_1, b_2, \cdots, b_q\}$，则点集 A 与 B 之间 Hausdorff 距离定义为

$$H(A,B) = \max(h(A,B), h(B,A)) \tag{10-52}$$

其中，$h(A,B) = \max\limits_{a_i \in A} \min\limits_{b_j \in B} \|a_i - b_j\|$，$h(B,A) = \max\limits_{b_i \in B} \min\limits_{a_j \in A} \|b_i - a_j\|$，$\|\cdot\|$ 为定义在点集 A 和点集 B

上的某种距离范数，如欧几里得距离。$H(A,B)$ 称为双向 Hausdorff 距离，是 Hausdorff 距离的最基本形式；$h(A,B)$ 和 $h(B,A)$ 分别称为从点集 A 到点集 B、从点集 B 到点集 A 之间的单向 Hausdorff 距离。

一个点到一个点集的距离定义如下：该点与这个点集中所有点的距离的最小值。于是，$h(A,B)$ 表示点集 A 中的每个点到点集 B 的距离的最大值。从上面的定义可以看出，一般情况下 $h(A,B)$ 不等于 $h(B,A)$。

（3）几何变换模型估计。根据特征匹配结果，估计两幅图像之间的几何变换模型。

（4）图像重采样与变换。在待配准图像经过几何变换后，利用插值方法计算位于非整数坐标下的图像灰度值。

10.7　双目立体视觉测量流程

双目立体视觉测量流程如图 10-14 所示，分摄像机参数已知和摄像机参数未知两种情况。测量步骤总结如下：

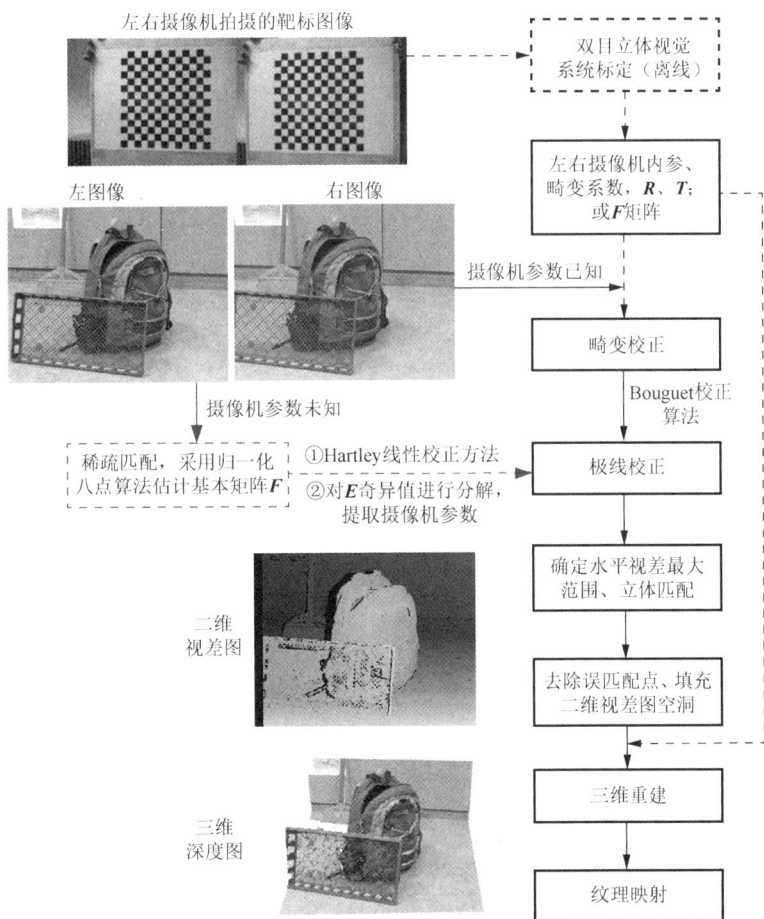

图 10-14　双目立体视觉测量流程

（1）双目立体视觉系统标定。利用左右摄像机分别拍摄多组同一靶标在不同姿态下的图像。利用 MATLAB 双目标定工具箱，得到左右摄像机的内参矩阵 M_{in1} 和 M_{in2}、畸变系数 K_1 和 K_2，以及左右摄像机的相对位置参数关系矩阵，即旋转矩阵 R 和平移向量 T。双目立体视觉系统标定结果见表 10-1。

（2）畸变校正。采集场景图像，对左右图像分别进行畸变校正，消除镜头畸变影响。

（3）极线校正。根据双目立体视觉系统标定结果，采用 Bouguet 校正算法进行极线校正。

表 10-1　双目立体视觉系统标定结果（极线校正前）

参　　数	左摄像机	右摄像机
内参矩阵	$M_{in1} = \begin{bmatrix} 2414.7 & 0 & 519.6 \\ 0 & 2404.7 & 528.0 \\ 0 & 0 & 1 \end{bmatrix}$	$M_{in2} = \begin{bmatrix} 2370.5 & 0 & 445.5 \\ 0 & 2362.1 & 575.6 \\ 0 & 0 & 1 \end{bmatrix}$
左右摄像机的旋转矩阵和平移向量	$R = \begin{bmatrix} 0.987 & -0.027 & 0.154 \\ 0.030 & 0.999 & -0.020 \\ -0.154 & 0.024 & 0.987 \end{bmatrix}$	$T = \begin{bmatrix} -128.74 \\ -2.50 \\ -6.47 \end{bmatrix}$
畸变系数	$K_1 = \begin{bmatrix} -0.015 & -0.011 \end{bmatrix}$	$K_2 = \begin{bmatrix} -0.102 & -0.018 \end{bmatrix}$

极线校正后，摄像机内部参数以及 R、T 都发生了变化。其中，有效焦距 α_x 和 α_y 都被校正成相等的 f'，旋转矩阵 R 被校正成单位矩阵，平移向量 T 只剩下 x 轴方向分量，即基线长度。极线校正后左右摄像机的投影矩阵分别如下：

$$P_1 = \begin{bmatrix} f' & 0 & u'_{01} & 0 \\ 0 & f' & v'_0 & 0 \\ 0 & 0 & 1 & 0 \end{bmatrix} \quad P_2 = \begin{bmatrix} f' & 0 & u'_{02} & t'_x f' \\ 0 & f' & v'_0 & 0 \\ 0 & 0 & 1 & 0 \end{bmatrix} \tag{10-53}$$

极线校正后的双目立体视觉系统参数见表 10-2，计算得到 $f' = 2362$，$B = -t'_x = 128.93$。

表 10-2　极线校正后的双目立体视觉系统参数

参　　数	左摄像机	右摄像机
内参矩阵	$M'_{in1} = \begin{bmatrix} 2362 & 0 & 8.12 \\ 0 & 2362 & 559.06 \\ 0 & 0 & 1 \end{bmatrix}$	$M'_{in2} = \begin{bmatrix} 2362 & 0 & 314.03 \\ 0 & 2362 & 559.06 \\ 0 & 0 & 1 \end{bmatrix}$
左右摄像机的旋转矩阵、平移向量	$R' = \begin{bmatrix} 1 & 0 & 0 \\ 0 & 1 & 0 \\ 0 & 0 & 1 \end{bmatrix}$	$T' = \begin{bmatrix} -128.93 \\ 0 \\ 0 \end{bmatrix}$

对于非标定图像对（摄像机参数未知）的处理过程：通过稀疏匹配求得部分对应点对，采用归一化八点算法计算出基本矩阵 F；根据 F 计算出极线校正所需的变换矩阵，然后进行极线校正。

（4）特征点提取与立体匹配。在极线校正后的左右图像中，对应点仅存在水平视差。基于这一特性，可以根据水平视差的范围确定对应点的搜索范围，利用相似性测度实现立体匹配。

可以采用以下两种方法去除误匹配点：

① 基于视差均值的滤波算法。通过计算对应点的视差均值，设定合理的阈值范围，剔除视差异常的误匹配点。

② 利用已找到的对应点，通过 RANSAC 算法（随机样本一致算法）估计左右图像之间的单应性矩阵。然后将左图像中的对应点坐标通过单应性矩阵映射到右视图，计算映射点与匹配结果之间的欧几里得距离。若该距离值超过预设阈值，则判定为误匹配点，应予以剔除。

（5）计算二维视差图。通过立体匹配得到左右图像中的所有对应点对，对于左图像中像素坐标 (u,v)，其视差值为 $d(u,v)$，即左右图像中对应点横坐标之差。遍历左图像中的所有像素，最终生成二维视差图。

由于遮挡、纹理缺失等原因，生成的二维视差图中可能存在空洞（未匹配成功的像素）。可以填充空洞进行视差图优化，以获得高质量的二维视差图。

（6）三维重建。计算出对应点后，可以利用最小二乘法优化空间点的三维坐标。这种方法适用于非平行式光轴双目立体视觉系统或存在噪声的情况，能够提高三维重建精度。

另外，对于极线校正后的双目立体视觉系统，其结构已转化为平行双目结构。基于校正后的系统参数，可以采用三角法直接计算空间点的三维坐标，这里给出两种算法。

算法 1：根据二维视差图，利用 f' 和 B 通过几何关系计算深度信息（物距）。式（10-3）中各参数的单位均为 mm，将该公式中部分参数的单位用像素表示，则式（10-3）可改写为

$$X = \frac{B(u - u'_{01})}{d'}$$

$$Y = \frac{B(v - v'_0)}{d'} \tag{10-54}$$

$$Z = \frac{Bf'}{d'}, \quad d' = d(u,v) - (u'_{01} - u'_{02})$$

其中，$d(u,v)$ 为视差值，单位为像素；f' 为摄像机的等效焦距，单位为像素；B 为基线长度，单位为 mm；u'_{01} 和 u'_{02} 分别为左右摄像机光轴中心（原点）在各自图像像素坐标下的横坐标，极线校正后 $u'_{01} = u'_{02}$。在计算上式中的 X 和 Y 时之所以要减去 u'_{01} 或 v'_0 是因为图像像素坐标系的原点在左上角，而摄像机坐标系的原点在光轴上。

算法 2：通过摄像机标定，可以知道极线校正后的左图像映射到世界坐标系中的变换矩阵，即重投影矩阵 Q，其表达式如下：

$$Q = \begin{bmatrix} 1 & 0 & 0 & -u'_{01} \\ 0 & 1 & 0 & -v'_0 \\ 0 & 0 & 0 & f' \\ 0 & 0 & -\dfrac{1}{t'_x} & \dfrac{u'_{01} - u'_{02}}{t'_x} \end{bmatrix} \tag{10-55}$$

根据二维视差图，利用重投影矩阵 Q 计算空间点的三维坐标，即

$$\begin{bmatrix} X' \\ Y' \\ Z' \\ W \end{bmatrix} = Q \begin{bmatrix} u \\ v \\ d(u,v) \\ 1 \end{bmatrix} \tag{10-56}$$

最终得到的空间点的三维坐标 $(X,Y,Z) = (X'/W, Y'/W, Z'/W)$。

（7）纹理映射。纹理映射是指把二维图像上的灰度值映射到三维实体模型的对应点上，从而增强三维实体模型的真实感和视觉效果。本质上，是一个二维纹理平面映射到三维景物表面的过程。

为了实现三维点集的纹理映射，通常需对该点集进行三角剖分，将其分割为多个三角面。其中，Delaunay 三角剖分是一种常用的三角剖分方法。在 OpenCV 中，可以直接调用库函数完成二维 Delaunay 三角剖分。

思 考 与 练 习

10-1　简述视差的概念。

10-2　简述双目立体视觉测量原理。

10-3　简述极线约束在立体图像匹配中的作用。

10-4　双目立体视觉系统标定与单摄像机标定有什么区别？

10-5　列举几种图像配准的应用实例。

10-6　说明归一化互相关系数计算公式中每个变量的含义。解释该公式计算结果等于 1 时的物理意义。

10-7　说明相似性测度和搜索策略是如何影响图像匹配速度的。

10-8　说明傅里叶-梅林变换（Fourier-Mellin）变换的作用。

10-9　基于模板的匹配算法的主要局限是什么？

10-10　简述双目立体视觉测量流程。

参 考 文 献

[1] 于起峰，尚洋. 摄影测量学原理与应用研究. 北京：科学出版社，2009.

[2] 张广军. 视觉测量. 北京：科学出版社，2008

[3] 邾继贵，于之靖. 视觉测量原理与方法. 北京：机械工业出版社，2012.

[4] 杨丹，赵海滨，龙哲，等. MATLAB 图像处理实例详解. 北京：清华大学出版社，2013.

[5] 石照耀，方一鸣，王笑一. 齿轮视觉检测仪器与技术研究进展. 激光与光电子学进展，2022，59(14):1415006.

[6] 魏振忠，冯广堃，周丹雅，等. 位姿视觉测量方法及应用综述. 激光与光电子学进展，2022，60(3):0312010.

[7] 徐德，谭民，李原. 机器人视觉测量与控制. 北京：国防工业出版社，2016.

[8] 许毅. 光电图像处理. 北京：电子工业出版社，2015.

[9] 刘世凯，周志远，史保森. 光学图像边缘检测技术研究进展. 激光与光电子学进展，2021,58(10)：1011014.

[10] MARR D. Vision：A computational investigation into the human representation and processing of visual information. San Francisco：W H Freeman，1982.

[11] 吴健康，肖锦玉. 计算机视觉基本理论和方法. 合肥：中国科学技术大学出版社，1993.

[12] 吴立德. 计算机视觉. 上海：复旦大学出版社，1993.

[13] 马颂德，张正友. 计算机视觉——计算理论与算法基础. 北京：科学出版社，1998.

[14] 迟健男，白福忠. 视觉测量技术. 北京：机械工业出版社，2011.

[15] （美）RAMESH J，（美）RANGACHAR K，（美）BRIAN G S.《机器视觉（英文版）》. 北京：机械工业出版社，2003.

[16] 金伟其，胡威捷. 辐射度、光度与色度及其测量. 北京：北京理工大学出版社，2006.

[17] 高晓娟，梅秀庄，白福忠，等. 航拍巡线低照度彩色图像增强与电力小部件检测. 内蒙古工业大学学报（自然科学版），2021，40(6)：461-467.

[18] 徐兆鑫，李萍，白福忠，等. 基于 YCbCr 颜色空间的高反射柱状工件轮廓检测. 组合机床与自动化加工技术，2022，(3)：64-67.

[19] 郭秀艳，杨治良. 基础实验心理学. 北京：高等教育出版社，2005.

[20] 郝葆源，张厚粲，陈舒永. 实验心理学. 北京：北京大学出版社，1983.

[21] 杨少荣，吴迪靖，段德山. 机器视觉算法与应用. 北京：清华大学出版社，2008.

[22] 李朝辉，张弘. 数字图像处理及应用. 北京：机械工业出版社，2009.

[23] LIU Z，WANG J W，BAI F Z，WEN C F，et al. Analysis of near-wake deflection characteristics of horizontal axis wind turbine tower under yaw state，Energy Engineering，2021，118(6)：1627-1640.

[24] 郭延杰，白福忠，张铁英，等. 基于 Radon 变换与灰度重心法的环形目标直径测量方法，激光与光电子学进展. 2015，52：081501.

[25] 阮秋琦. 数字图像处理学. 3 版. 北京：电子工业出版社，2013.

[26] GONZALEZ R C，WOODS R E. Digital Image Processing. Addison-Wesley，1992.

[27] （美）MILAN SONKA，（美）VACLAV HLAVAC，（美）ROGER BOYLE. 图像处理分析与机器视觉. 2 版. 艾海舟，武勃，等译. 北京：人民邮电出版社，2003.

[28] 张铮，王艳平，薛桂香. 数字图像处理与机器视觉——Visual C++与 MATLAB 实现. 北京：人民邮电出版社，2010.

[29] 胡学龙. 数字图像处理. 2 版. 北京：电子工业出版社，2011.

[30] 傅德胜，寿亦禾. 图形图像处理学. 南京：东南大学出版社，2002.

[31] 姚敏. 数字图像处理. 3 版. 北京：机械工业出版社，2017.

[32] 彭真明，杨春平. 光电图像处理. 北京：科学出版社，2021.

[33] ZHUO H B，BAI F Z，XU Y X. Machine vision detection of pointer features in images of analog meter displays. Metrology and Measurement Systems，2020，27(4)：589-599.

[34] 宋小燕，白福忠，武建新，等. 应用灰度直方图特征识别木材表面节子缺陷. 激光与光电子学进展，2015，52：031501.

[35] HU M K. Visual pattern recognition by moment invariants. IRE Transactions on Information Theory. 1962，8（2）：179-187.

[36] 马庆禄，唐小垚. 融合时域和分水岭信息的车辆检测算法. 计算机工程与应用，2021，57（24）：227-233.

[37] 张晓华，高晓娟，赫玉会，等. 牛顿环条纹几何参数的自动视觉检测. 中国测试，2023，49（03）：41-46.

[38] HUTTENLOCHER D P，KLANDERMAN G A，RUCKLIDGE W J. Comparing images using the Hausdorff distance. IEEE Transactions on Pattern Analysis and Machine Intelligence，1993，15：850-863.

[39] VIOLA P，WELLS W M. Alignment by maximization of mutual information. International Journal of Computer Vision，1997，24(2)：137-154.

[40] 孔祥俊，白福忠，徐永祥，等. 傅里叶变换轮廓术中二维非对称滤波器的设计. 应用光学，2019，40(4)：669-675.

[41] PLUIM J W，J MAINTZ B A，VIERGEVER M A. Image registration by maximization of combined mutual information and gradient information. IEEE Transactions on Medical Imaging，2000，19(8)：1-6.

[42] BIANCONI F，FERNÁNDEZ A. Evaluation of the effects of Gabor filter parameters on texture classification. Pattern Recognition，2007，40：3325-3335.

[43] 白福忠，张铁英，高晓娟，等. 基于傅里叶-极坐标变换的光带图像局部弯曲检测. 光学学报，2018，38(8)：0815019.

[44] 李苋兰，张顶，黄晞. 基于 2D-FFT 的掌静脉图像 Gabor 滤波快速增强法. 计算机系统应用，2019，28（11）：168-175

[45] 赵海英，冯月萍. 应用 Gabor 滤波器和局部边缘概率直方图的全局纹理方向性度量. 光学精密工程，2010，18（17）：1668-1674.

[46] 卓海波，李卫国，白福忠. 指示表图像特征的视觉检测方法. 机床与液压，2020，48(10)：92-96.

[47] CASTRO E D，MORANDI C. Registration of translated and rotated images using finite Fourier transform. IEEE Transactions on Pattern Analysis and Machine Intelligence，1987，9：700-703.

[48] REDDY B S，CHATTERJI B N. An FFT-based technique for translation, rotation and scale-invariant image registration. IEEE Transactions On Imaging Processing，1996，5(8)：1266-1271.

[49] 何斌，马天予，等. Visual C++数字图像处理. 北京：人民邮电出版社，2001.

[50] SHAN W X，BAI F Z，XU Y X，et al. Perspective Deformation correction for circular pointer meter based on prior indication structure feature. Measurement，2024，229：114423.

[51] BROWN D C. Decentering distortion of lenses. Photogrammetric Engineering and Remote Sensing. 1966，pp.444-462.

[52] TSAI R Y. An efficient and accurate camera calibration technique for 3D machine vision. Proceedings of IEEE Conference of Computer Vision and Pattern Recognition，1986，364-374.

[53] TSAI R Y. A versatile camera calibration technique for high-accuracy 3D machine vision metrology using off-the-shelf TV cameras and lenses. IEEE Journal of Robotics and Automation，1987，3(4)：323-344.

[54] ZHANG Z Y. A flexible new technique for camera calibration. IEEE Transactions on Pattern Analysis and Machine Intelligence，2000，22(11)：1330-1334.

[55] FAUGERAS O，Hebert M. The representation, recognition and locating of 3-d objects. International Journal of Robotics Research，1986，5(3)：27-52.

[56] HARTLEY R，Zisserman A. Multiple view geometry in computer vision. Cambridge：Cambridge University Press，2003.

[57] 田枫，白福忠，吴亚琴，等. 基于统计分析方法的同步移相干涉图位置配准. 光学学报，2014，34（6）：0626001.

[58] 王红平，王宇，赵世辰，等. 基于十字激光的双目视觉钻铆孔质量检测. 中国激光，2022，49(21)：2104002.

[59] 卢荣胜，史艳琼，胡海兵. 机器人视觉三维成像技术综述. 激光与光电子学进展，2020，57(4)：040001.

[60] 崔少飞. 基于边缘的图像配准方法研究[D]. 保定：华北电力大学，2008.

[61] 高宏伟. 计算机双目立体视觉. 北京：电子工业出版社，2012.

[62] LONGUET-HIGGINS H C. A computer algorithm for reconstructing a scene from two projections. Nature，1981，293：133-135.

[63] FUSIELLO A，TRUCCO E，VERRI A. A compact algorithm for rectification of stereo pairs. Machine Vision and Applications，2000，(12)：16-22.

[64] LOOP C，ZHANG Z. Computing rectifying homographies for stereo vision. In Baldwin T，Sipple RS，eds. Proceeding of the International Conference on Computer Vision and Pattern Recognition. Los Alamitos：IEEE Press，1999，pp.125-131.

[65] HARTLEY R. Theory and practice of projective rectification. International Journal of Computer Vision. 1999，35(2)：115-127

[66] POLLEFEYS M，KOCH R，GOOL LV. A simple and efficient rectification method for general motion. Proceedings of the Seventh IEEE International Conference on Computer Vision，1999，pp.496-501.